마흔 전에 챙겨먹는 채소 요리

마흔 전에 챙겨먹는 채소 요리

맛있게 비워서 몸이 가벼워지는 채소 중심 레시피

1판 1쇄 펴낸 날 2018년 8월 27일
1판 2쇄 펴낸 날 2018년 11월 30일

지은이 | 마쓰무라 마유코
사　진 | 이시구로 히로유키, 혼다 이누토모
옮긴이 | 조민정

펴낸이 | 박윤태
펴낸곳 | 보누스
등　록 | 2001년 8월 17일 제313-2002-179호
주　소 | 서울시 마포구 동교로12안길 31
전　화 | 02-333-3114
팩　스 | 02-3143-3254
E-mail | bonusbook@naver.com

ISBN 978-89-6494-346-5 13590

• 책값은 뒤표지에 있습니다.
• 이 도서의 국립중앙도서관 출판예정도서목록(CIP)은 서지정보유통지원시스템 홈페이지(http://seoji.nl.go.kr)와 국가자료공동목록시스템(http://www.nl.go.kr/kolisnet)에서 이용하실 수 있습니다.(CIP제어번호: 2018022281)

마흔 전에 챙겨 먹는 채소 요리

맛있게 비워서 몸이 가벼워지는
채소 중심 레시피

마쓰무라 마유코 지음 · 조민정 옮김

보누스

들어가며

"○○가 암에 그렇게 좋대."

이런 이야기를 많이 들어봤을 겁니다. 아무리 건강에 좋은 식재료가 들어갔더라도 '이것만 먹으면 병이 낫는' 음식은 없습니다. 하지만 병에 걸리지 않게 건강을 지켜주는 음식은 있습니다.

음식은 사람이 살아가는 데 필수적 근간입니다. 맛있고 올바른 식생활은 신체 건강을 지키고, 행복과 웃음을 만들어 정신 건강까지도 보호합니다.

맛있고 올바른 식생활을 위해서는 물론 여러 가지를 가리지 않고 먹는 것도 좋지만, 나아가 서로 어울리는 식재료의 영양소를 조합해서 먹는다면 훨씬 효율적이고 건강한 식사를 할 수 있습니다.

'오늘은 피곤해서 피로를 해소할 수 있는 음식이 먹고 싶다'라는 생각이 들었을 때, 냉장고 속 어떤 것을 먹어야 할지 안다면 피로도 금방 풀리고, 건강하고 즐거운 시간이 점점 늘어나지 않을까요? 한발 더 나아가 영양소 흡수에 좋은 식재료 조합으로 요리하면 그 가치는 더욱 빛을 발할 겁니다. 하루에 세 끼를 먹는 만큼 음식을 통해 얻는 효과도 세 배 늘어나리라고 생각합니다.

이 책은 그래서 단순한 설명에 그치지 않고, 성인병과 질환 예방에 좋은 조합과 함께 맛있고 간단한 요리법까지 공개합니다.

식재료의 환상적인 조합을 머리로만 이해하는 것이 아니라 요리를 통한 '맛'으로 기억한다면, 매번 책을 살펴보지 않고도 얼마든지 요리할 수 있어 노력하지 않아도 자연스레 지식이 쌓이겠지요.

단, 조합표에 실린 식재료들은 대표적인 예일 뿐 꼭 그대로 따라야 하는 것은 아닙니다. 그리고 모든 식재료는 다양한 영양소를 함유하고 있지만, 그중에서 주된 영양소 한 종류만 실었음을 미리 밝혀둡니다. 영양소를 따라 다른 식재료와도 조합해본다면 요리의 레퍼토리는 얼마든지 늘어날 수 있습니다.

요리가 쉽도록 식재료의 조합은 되도록 소개된 채소의 제철과 비슷한 시기에 나는 것, 주요 영양소 함유율이 높은 것으로 선별했습니다. 영양가가 높아도 소량밖에 쓸 수 없는 식재료는 최소한으로 줄였고, 조합한 식재료로 요리했을 때 어색함이 없도록 주의를 기울였습니다.

책에 나오는 레시피를 따라 해보며 여러분이 할 줄 아는 비장의 요리가 하나씩 늘어난다면 저자로서 더없이 기쁠 것 같습니다.

이 책이 부디 여러분의 건강을 지켜주는 소중한 식사의 '길잡이'가 되길 바랍니다.

마쓰무라 마유코

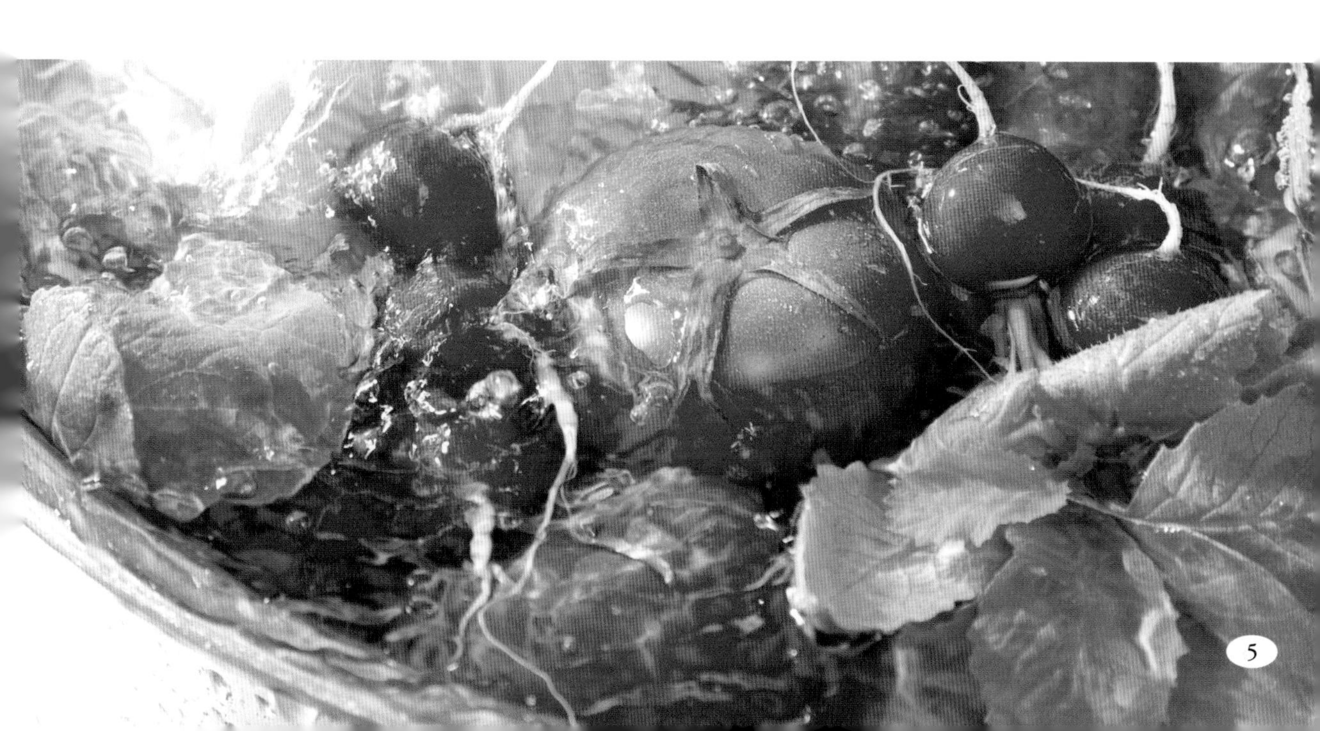

차례

잎채소

기타 채소

이 책의 활용법

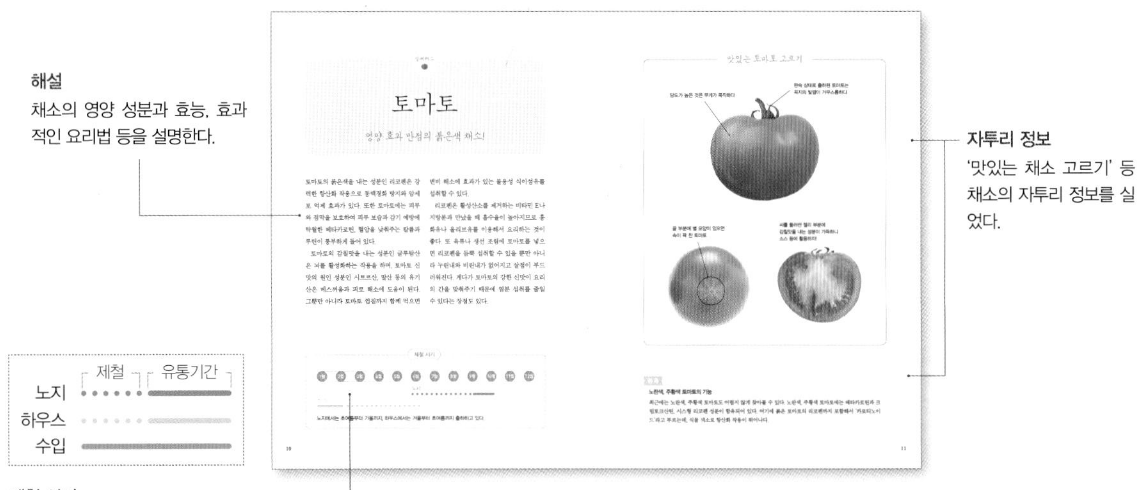

해설
채소의 영양 성분과 효능, 효과적인 요리법 등을 설명한다.

자투리 정보
'맛있는 채소 고르기' 등 채소의 자투리 정보를 실었다.

제철 유통기간
노지
하우스
수입

제철 시기
제때 수확 또는 저장한 후 출하하는 모든 기간이 '유통기간'이다.
그리고 수확한 것을 바로 출하하는 기간을 표시한 것이 '제철'이다.

※농촌진흥청의 '농사로'를 기준으로 한다.

식재료와 그 효능
해당 채소와 함께 요리에 쓰이는 식재료 조합과 도움이 되는 증상을 알 수 있다.

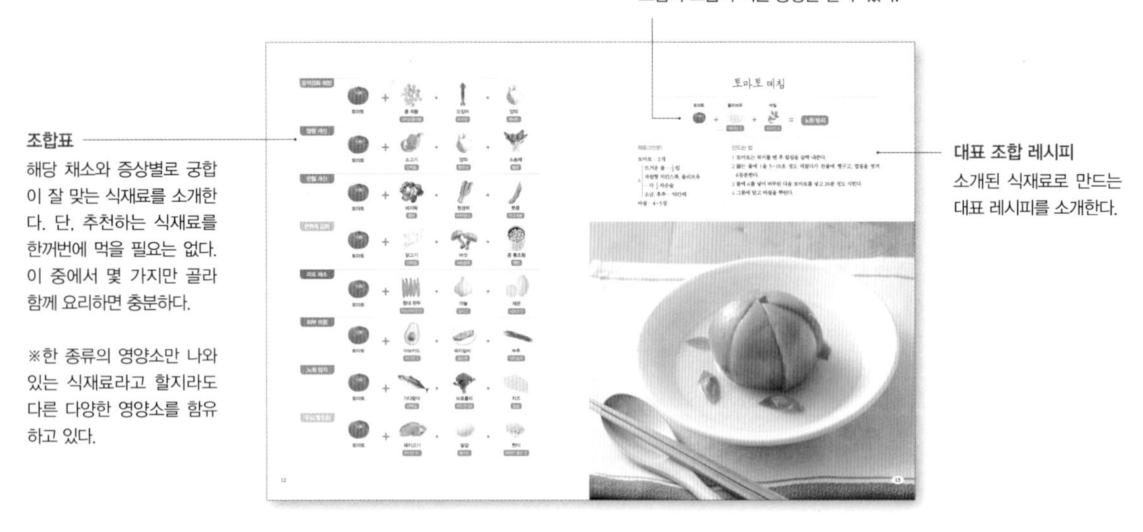

조합표
해당 채소와 증상별로 궁합이 잘 맞는 식재료를 소개한다. 단, 추천하는 식재료를 한꺼번에 먹을 필요는 없다. 이 중에서 몇 가지만 골라 함께 요리하면 충분하다.

※한 종류의 영양소만 나와 있는 식재료라고 할지라도 다른 다양한 영양소를 함유하고 있다.

대표 조합 레시피
소개된 식재료로 만드는 대표 레시피를 소개한다.

채소 궁합이 맞는 식재료와 그 속에 함유된 영양소

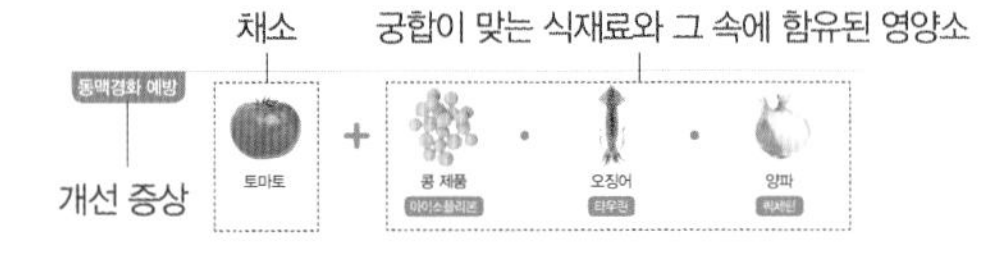

개선 증상

증상에 따른 색깔 구분
- 동맥경화 예방 · 고혈압 예방 · 혈행 개선 · 빈혈 개선 · 냉증 해소
- 당뇨병 예방 · 이뇨 작용 · 간 기능 향상
- 면역력 강화
- 변비 해소 · 소화 촉진 · 위장병 예방
- 피로 해소
- 피부 미용 · 눈의 피로 해소
- 노화 방지
- 스트레스 해소
- 식욕 증진
- 골다공증 예방
- 두뇌 활성화

레시피 표기에 대하여
· 1작은술은 5ml, 1큰술은 15ml, 1컵은 200ml를 나타낸다. 단, 밥을 지을 경우, 1컵은 180ml=1홉이다.
· 전자레인지의 출력 기준은 600W이며, 만약 500W일 경우는 레시피에 나온 시간의 1.2배로 돌린다. 가열 시간은 전자레인지의 기종에 따라 다소 달라질 수 있으므로 유연하게 대처하도록 한다.
· 불의 세기를 따로 표기하지 않은 것은 전부 중불이다.
· '맛국물'이라고 표기되어 있으나 특별한 설명이 없는 것은 다시마 국물을 의미한다. 분말, 큐브형이나 과립형의 치킨스톡도 국물에 사용한다.
· 일반적으로 껍질을 벗겨서 사용하는 식재료는 준비를 생략한 경우도 있다.
· 우리나라에 흔하지 않은 일본 특유의 식재료인 '간모도키'나 '가모보코 어묵'은 '두부볼'이나 '어묵'으로 대체한다.

토마토
피망
파프리카
호박
고추
꽈리고추
꼬투리강낭콩
청대완두
청완두
오크라
쥬키니호박
오이
가지
여주
동아
옥수수

열매채소

토마토

영양 효과 만점의 붉은색 채소!

토마토의 붉은색을 내는 성분인 리코펜은 강력한 항산화 작용으로 동맥경화 방지와 암세포 억제 효과가 있다. 또한 토마토에는 피부와 점막을 보호하여 피부 보습과 감기 예방에 탁월한 베타카로틴, 혈압을 낮춰주는 칼륨과 루틴이 풍부하게 들어 있다.

토마토의 감칠맛을 내는 성분인 글루탐산은 뇌를 활성화하는 작용을 하며, 토마토 신맛의 원인 성분인 시트르산, 말산 등의 유기산은 메스꺼움과 피로 해소에 도움이 된다. 그뿐만 아니라 토마토 껍질까지 함께 먹으면 변비 해소에 효과가 있는 불용성 식이섬유를 섭취할 수 있다.

리코펜은 활성산소를 제거하는 비타민 E나 지방분과 만났을 때 흡수율이 높아지므로 홍화유나 올리브유를 이용해서 요리하는 것이 좋다. 또 육류나 생선 조림에 토마토를 넣으면 리코펜을 듬뿍 섭취할 수 있을 뿐만 아니라 누린내와 비린내가 없어지고 살점이 부드러워진다. 게다가 토마토의 강한 신맛이 요리의 간을 맞춰주기 때문에 염분 섭취를 줄일 수 있다는 장점도 있다.

맛있는 토마토 고르기

종류

노란색, 주황색 토마토의 기능

최근에는 노란색, 주황색 토마토도 어렵지 않게 찾아볼 수 있다. 노란색, 주황색 토마토에는 베타카로틴과 크립토크산틴, 시스형 리코펜 성분이 함유되어 있다. 여기에 붉은 토마토의 리코펜까지 포함해서 '카로티노이드'라고 부르는데, 식물 색소로 항산화 작용이 뛰어나다.

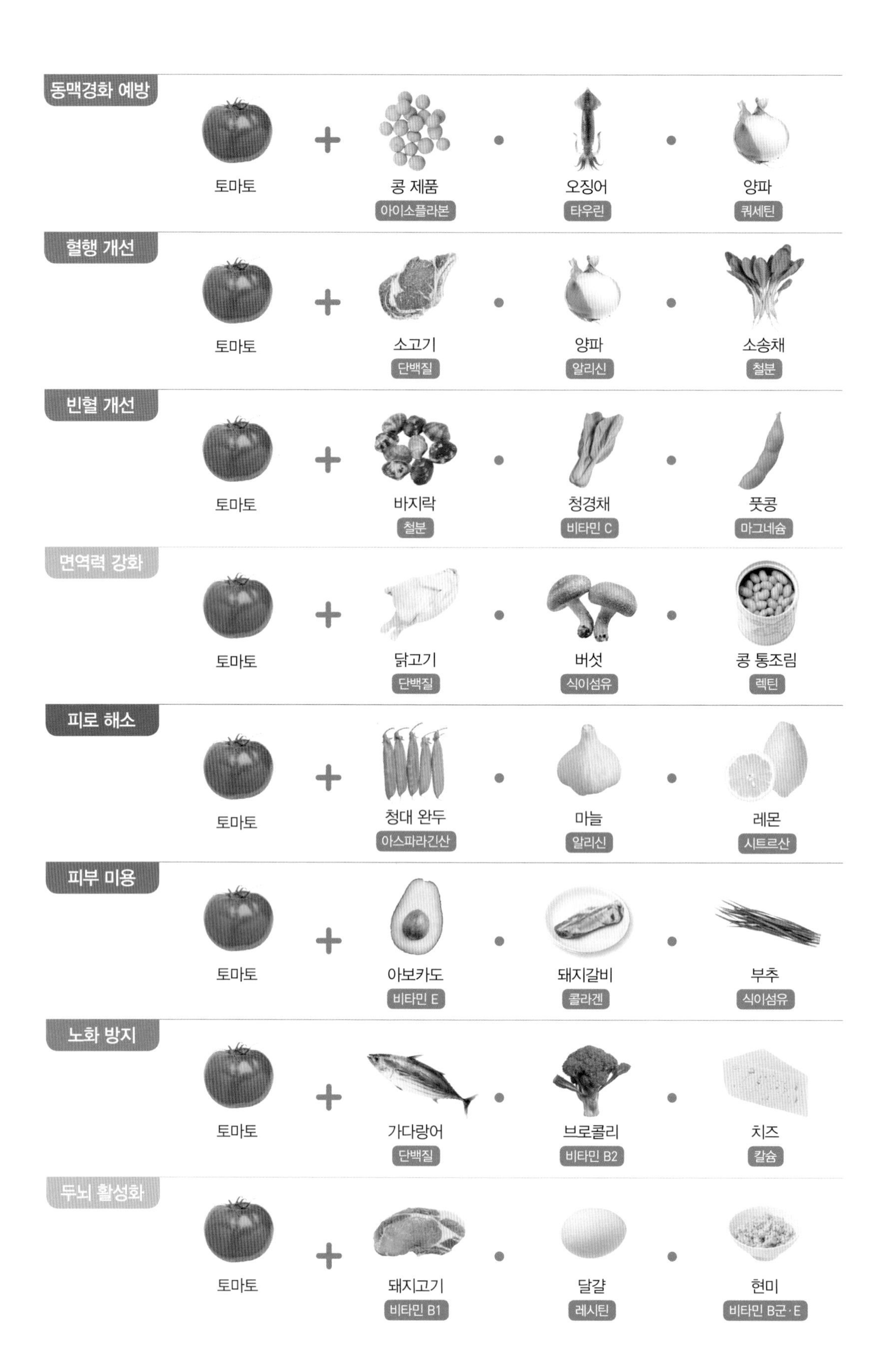

동맥경화 예방
토마토
콩 제품
아이소플라본
오징어
타우린
양파
퀘세틴
혈행 개선
토마토
소고기
단백질
양파
알리신
소송채
철분
빈혈 개선
토마토
바지락
철분
청경채
비타민 C
풋콩
마그네슘
면역력 강화
토마토
닭고기
단백질
버섯
식이섬유
콩 통조림
렉틴
피로 해소
토마토
청대 완두
아스파라긴산
마늘
알리신
레몬
시트르산
피부 미용
토마토
아보카도
비타민 E
돼지갈비
콜라겐
부추
식이섬유
노화 방지
토마토
가다랑어
단백질
브로콜리
비타민 B2
치즈
칼슘
두뇌 활성화
토마토
돼지고기
비타민 B1
달걀
레시틴
현미
비타민 B군·E

토마토 데침

토마토

+

올리브유
비타민 E

+

바질
비타민 A

= 노화 방지

재료(2인분)

토마토…2개

A
- 뜨거운 물…$\frac{1}{2}$컵
- 과립형 치킨스톡, 올리브유…각 $\frac{1}{2}$작은술
- 소금, 후추…약간씩

바질…4~5장

만드는 법

1 토마토는 꼭지를 뗀 후 칼집을 살짝 내준다.
2 끓는 물에 1을 5~10초 정도 데쳤다가 찬물에 헹구고, 껍질을 벗겨 6등분한다.
3 볼에 A를 넣어 버무린 다음 토마토를 넣고 20분 정도 식힌다.
4 그릇에 담고 바질을 뿌린다.

열매채소

피망·파프리카

뛰어난 항산화 작용으로 튼튼한 몸 만들기!

피망과 파프리카는 항산화 작용이 뛰어난 베타카로틴, 비타민 C·E를 듬뿍 포함하고 있다. 청피망에는 엽록소 성분이 있으며, 빨간색·노란색·주황색 파프리카는 베타카로틴을 포함한 카로티노이드 색소를 함유하고 있어서 항산화 작용이 더욱 뛰어나다. 그래서 노화 방지, 면역력 강화, 암 예방 등에 도움이 되므로 적극적인 섭취를 권한다.

청피망에서만 나는 특유의 풋내는 미리 살짝 삶거나 볶아두면 어느 정도 사라진다.

빨간색, 노란색 파프리카는 달고 거부감이 없는 맛이어서 생으로 먹기에도 적합하다. 또 피망에 함유된 비타민 C는 가열해도 손상이 적은 편이어서 아삭한 식감이 유지되도록 잠깐 데치면 영양가 손실도 걱정 없다.

피망과 파프리카는 지용성 비타민을 다량으로 함유했다. 따라서 기름에 볶는 요리나 구워서 기름을 바르는 마리네이드 요리를 만들어 먹으면 더욱 효과적으로 영양소를 섭취할 수 있다.

노지는 여름 내내, 하우스는 일 년 내내 출하한다.

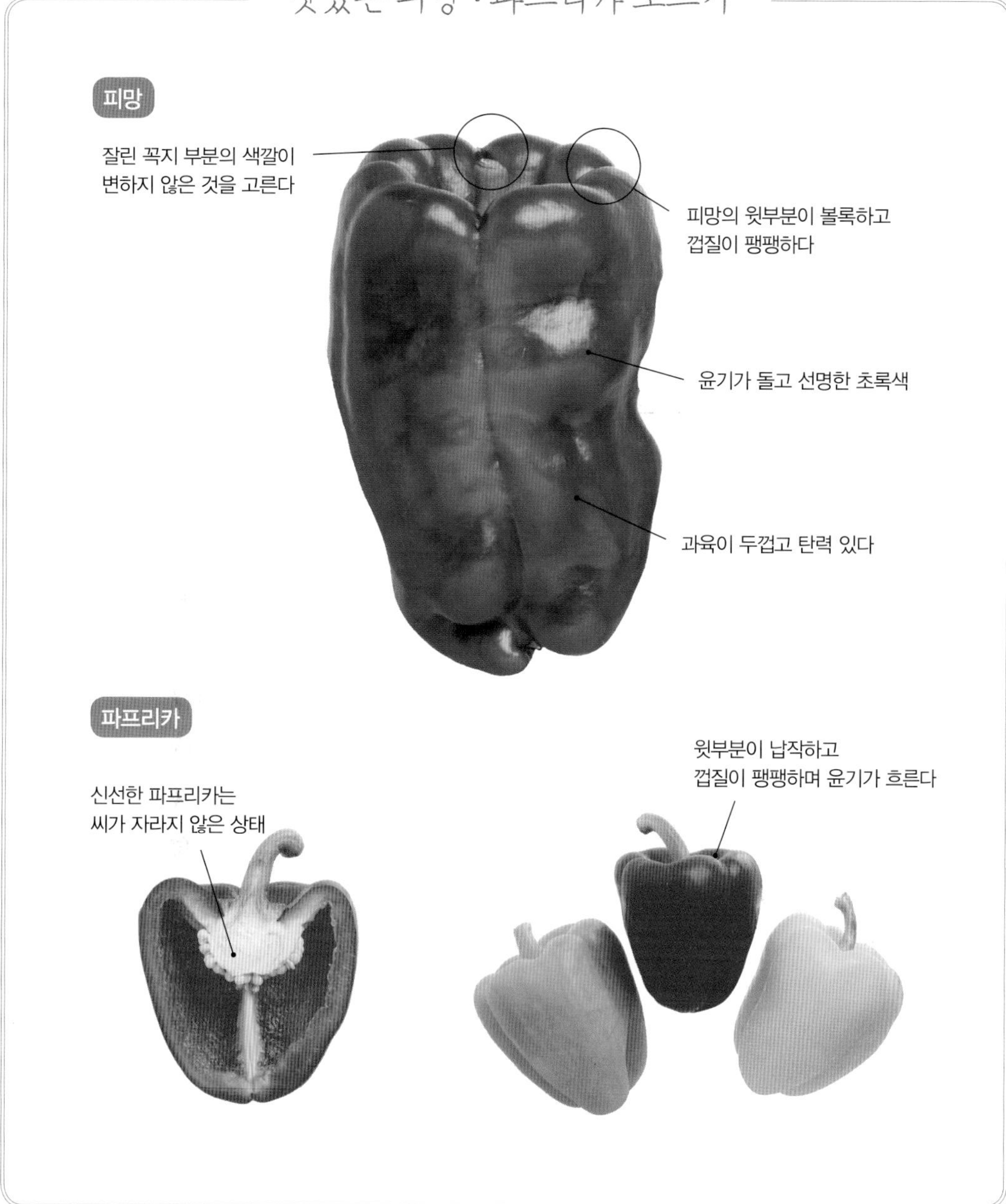

영양

색깔과 영양의 차이

청피망이 다 자라면 표피가 붉게 변하는데, 이 홍피망은 비타민 C와 베타카로틴 함유율이 청피망보다 2배 이상 많다. 빨간색, 노란색, 주황색 파프리카 역시 다 자란 것으로 홍피망만큼 영양가가 높고 캡산틴과 눈에 좋은 루테인이라는 카로티노이드 색소도 포함하고 있다.

동맥경화 예방
피망
호박
비타민 A·C·E
양파
알리신
말린 잔멸치
칼슘
혈행 개선
파프리카
소고기
단백질
마늘
알리신
누에콩
비타민 B군
간 기능 향상
피망
황새치
타우린
카레 가루
커큐민
무말랭이
비타민 B6
면역력 강화
파프리카
병아리콩
단백질
멜로키아
비타민 A
아몬드
비타민 E
피부 미용
피망
닭날개
콜라겐
토마토
리코펜
버섯
식이섬유
노화 방지
파프리카
꽈리고추
비타민 B6
열빙어
칼슘
닭고기
단백질
스트레스 해소
피망
돼지고기
단백질
다시마
마그네슘
쌀
당질
골다공증 예방
파프리카
정어리
칼슘
상추
비타민 K
치즈
칼슘

구운 피망 레몬 마리네이드

피망  + 올리브유  비타민 E + 레몬 비타민 C = 면역력 강화

재료(2인분)

피망…2개
파프리카(빨간색, 노란색)…각 1개
레몬…$\frac{1}{2}$개

A
- 올리브유…2큰술
- 소금…$\frac{1}{4}$작은술
- 후추…약간
- 월계수 잎…1장

만드는 법

1 피망과 파프리카는 그릴에 올려서 껍질이 거무스름해질 때까지 강불로 굽는다.
2 구운 피망과 파프리카를 물에 살짝 담가서 열이 식기 전에 껍질을 벗겨내고, 한입 크기로 자른다.
3 레몬은 얇게 2장 정도를 통썰기 하고, 나머지는 즙을 짜내 볼에 A와 섞는다.
4 볼에 통썰기 한 레몬과 2를 넣고 15분 이상 절여두면 끝!

열매채소

호박

항산화 트리오 '비타민 A·C·E'가 듬뿍!

호박의 속살은 베타카로틴 성분이 있어 선명한 주황색을 띤다. 베타카로틴은 몸속에서 비타민 A로 전환되어 점막을 튼튼하게 하고 면역력을 키워준다. 예부터 '동지에 호박을 먹으면 감기에 걸리지 않는다'는 말이 전해 내려오는 것은 바로 이런 이유 때문이다.

또한, 호박은 노화 방지와 혈행 개선에 효과적인 비타민 E의 함유율이 채소 중에서 가장 높은 것으로 알려져 있다.

주로 서양계 호박과 동양계 호박이 출하되고 있는데, 영양가는 서양계 호박이 더 높은 편이다. 단, 칼로리는 동양계 호박의 약 두 배 가까이 되므로 다이어트를 하는 사람이라면 그 점을 고려해서 선택하는 것이 좋다.

호박은 기름과 함께 요리하면 베타카로틴의 흡수율이 더욱 높아지므로 튀김, 육류 조림, 드레싱이나 마요네즈를 뿌린 샐러드 등의 요리를 추천한다.

맛있는 호박 고르기

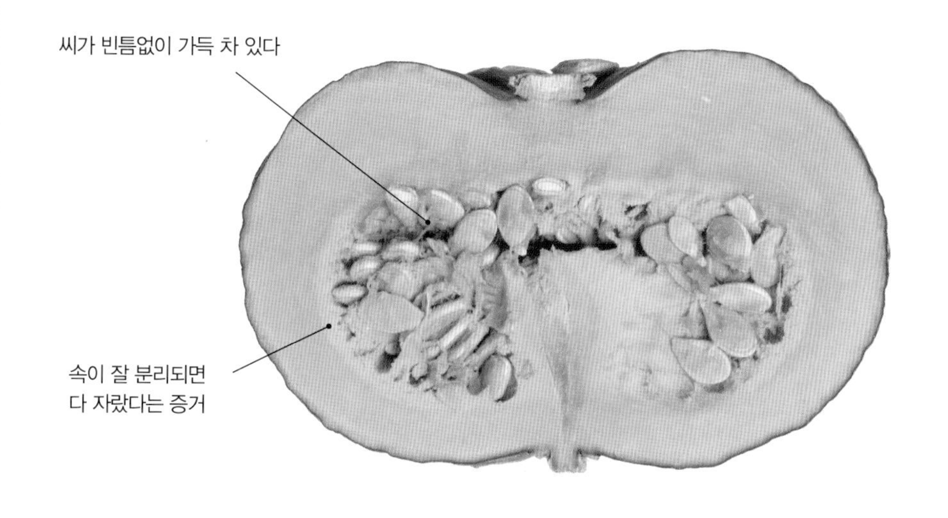

종류

서양계 호박과 동양계 호박의 차이점

대표적인 서양계 호박으로는 단호박을 꼽을 수 있는데, 전체적으로 말랑말랑하고 단맛이 강하다는 특징이 있다. 반면 동양계 호박은 수분이 많고 식감이 끈적하다. 국내에서 가장 일반적인 동양계 호박으로는 애호박, 땅콩호박 등이 있다.

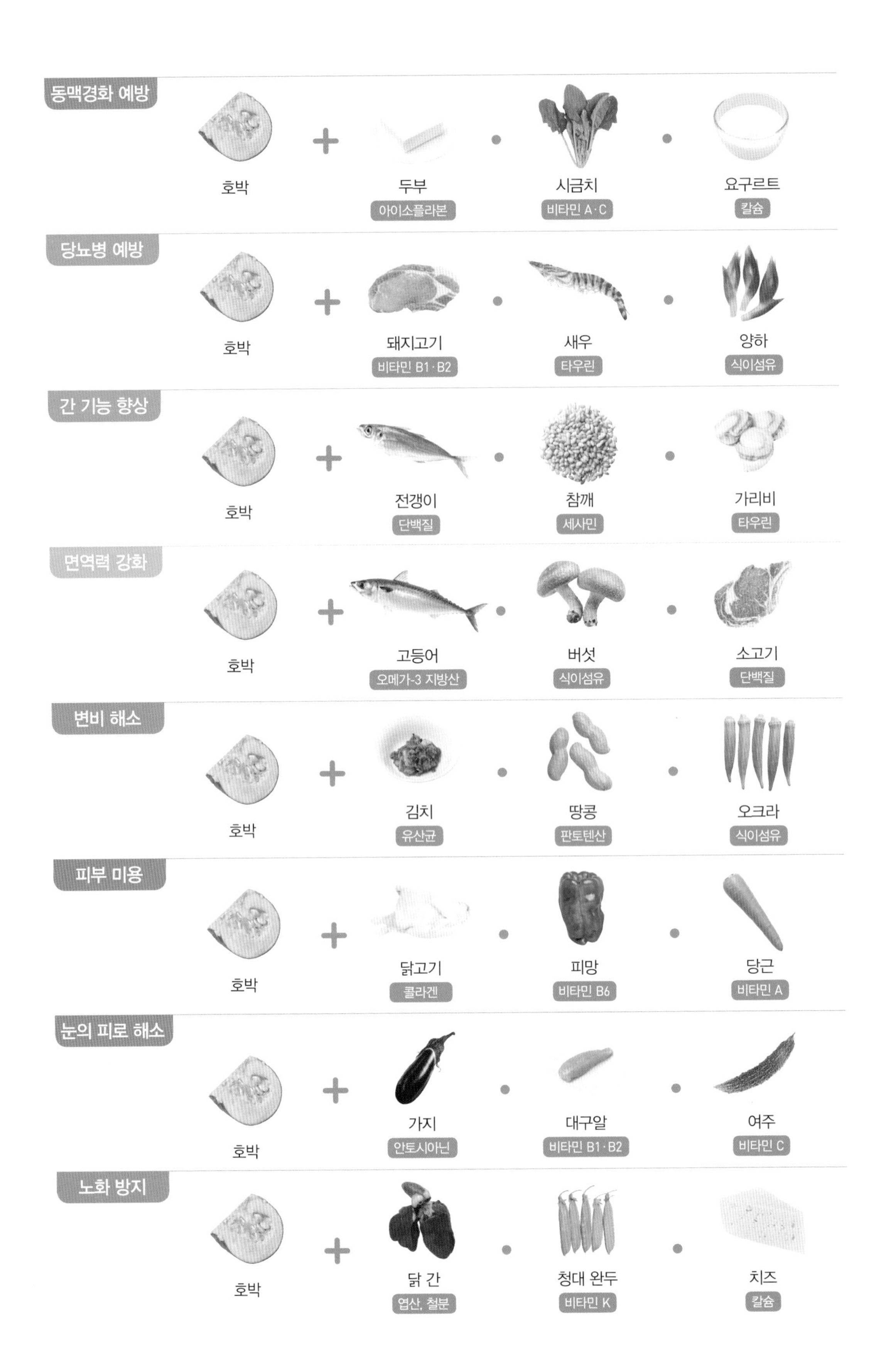
동맥경화 예방
호박
두부
아이소플라본
시금치
비타민 A·C
요구르트
칼슘
당뇨병 예방
호박
돼지고기
비타민 B1·B2
새우
타우린
양하
식이섬유
간 기능 향상
호박
전갱이
단백질
참깨
세사민
가리비
타우린
면역력 강화
호박
고등어
오메가-3 지방산
버섯
식이섬유
소고기
단백질
변비 해소
호박
김치
유산균
땅콩
판토텐산
오크라
식이섬유
피부 미용
호박
닭고기
콜라겐
피망
비타민 B6
당근
비타민 A
눈의 피로 해소
호박
가지
안토시아닌
대구알
비타민 B1·B2
여주
비타민 C
노화 방지
호박
닭 간
엽산, 철분
청대 완두
비타민 K
치즈
칼슘

단호박 돼지고기 마늘 볶음

재료(2인분)

단호박…200g
돼지 목심…50g
마늘…1쪽
붉은 고추…$\frac{1}{2}$개
소금, 후추…적당량
올리브유…1큰술

만드는 법

1 단호박은 속을 파낸 뒤 5mm 굵기로 빗 모양 썰기를 한다. 그런 다음 내열 접시에 담아 랩을 씌우고 전자레인지에 1~2분간 돌린다.
2 돼지고기는 3cm 간격으로 썰어서 소금과 후추를 조금씩 뿌린다.
3 마늘은 얇게 썰고, 붉은 고추는 끝에서부터 잘게 썬다.
4 프라이팬에 올리브유와 마늘, 붉은 고추를 넣고 약불에서 볶다가 고소한 냄새가 나면 돼지고기를 넣어 강불에서 볶는다.
5 고기가 노릇노릇해지면 단호박을 넣고, 익을 때까지 중불에서 볶다가 소금과 후추로 간을 맞춘다.

열매채소

고추 · 꽈리고추

매운맛을 내는 성분 캡사이신이 신진대사를 촉진한다!

입안이 얼얼하게 매운 고추는 전 세계인이 즐겨 쓰는 향신료 중 하나다. 고추의 매운맛을 내는 성분인 캡사이신은 소화와 혈행을 개선해주고 체지방 연소를 돕는 기능을 해서 식욕부진에 효과적이며 냉증 완화, 비만 예방·개선에 탁월하다. 또한, 고추의 화끈한 맛 덕분에 자연스레 염분 섭취가 줄어들며 고혈압을 예방할 수 있다. 참고로 말린 고추보다는 생고추가 비타민 C와 무기질이 풍부하다.

한편 매운맛이 거의 없는 꽈리고추도 일반 고추만큼이나 베타카로틴과 비타민 C를 많이 함유하고 있다.

고추는 기름과 궁합이 잘 맞아서 함께 요리하면 풋내가 없어진다. 고추를 익힐 때 미리 칼집을 내면 고추 속의 공기가 팽창해서 터지는 상황을 방지할 수 있다. 또, 육류나 생선 등 단백질이 풍부한 식재료와 함께 볶아 먹으면 몸이 튼튼해진다. 다만 고추를 지나치게 많이 섭취하면 위와 장에 부담이 올 수 있으므로 적당히 먹어야 한다.

맛있는 고추·꽈리고추 고르기

고추

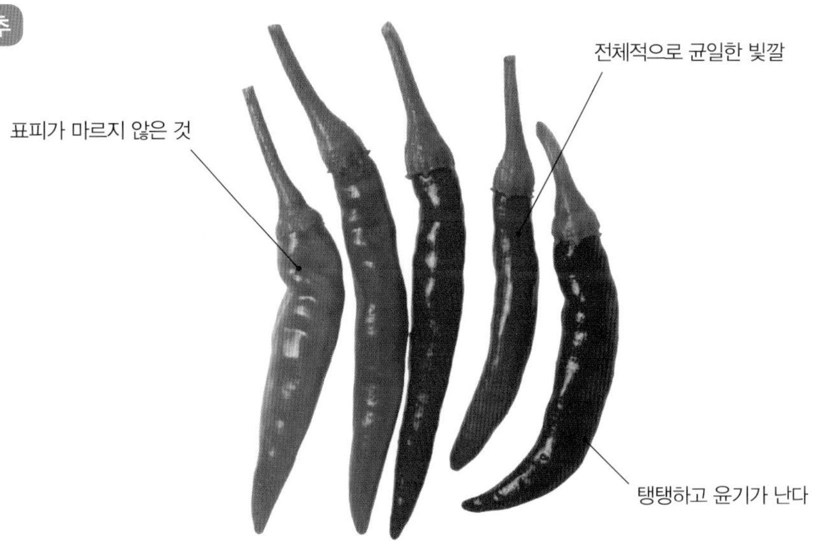

표피가 마르지 않은 것

전체적으로 균일한 빛깔

탱탱하고 윤기가 난다

꽈리고추

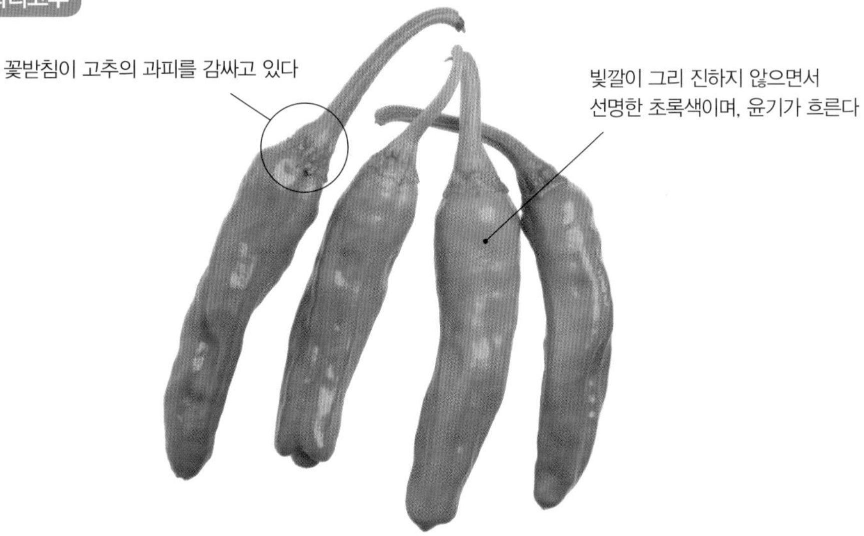

꽃받침이 고추의 과피를 감싸고 있다

빛깔이 그리 진하지 않으면서
선명한 초록색이며, 윤기가 흐른다

재배

꽈리고추인데도 맵다?!

맵지 않은 것이 특징인 꽈리고추라도 재배 시기와 기후, 재배 환경에 따라 무척 매워질 수 있다.

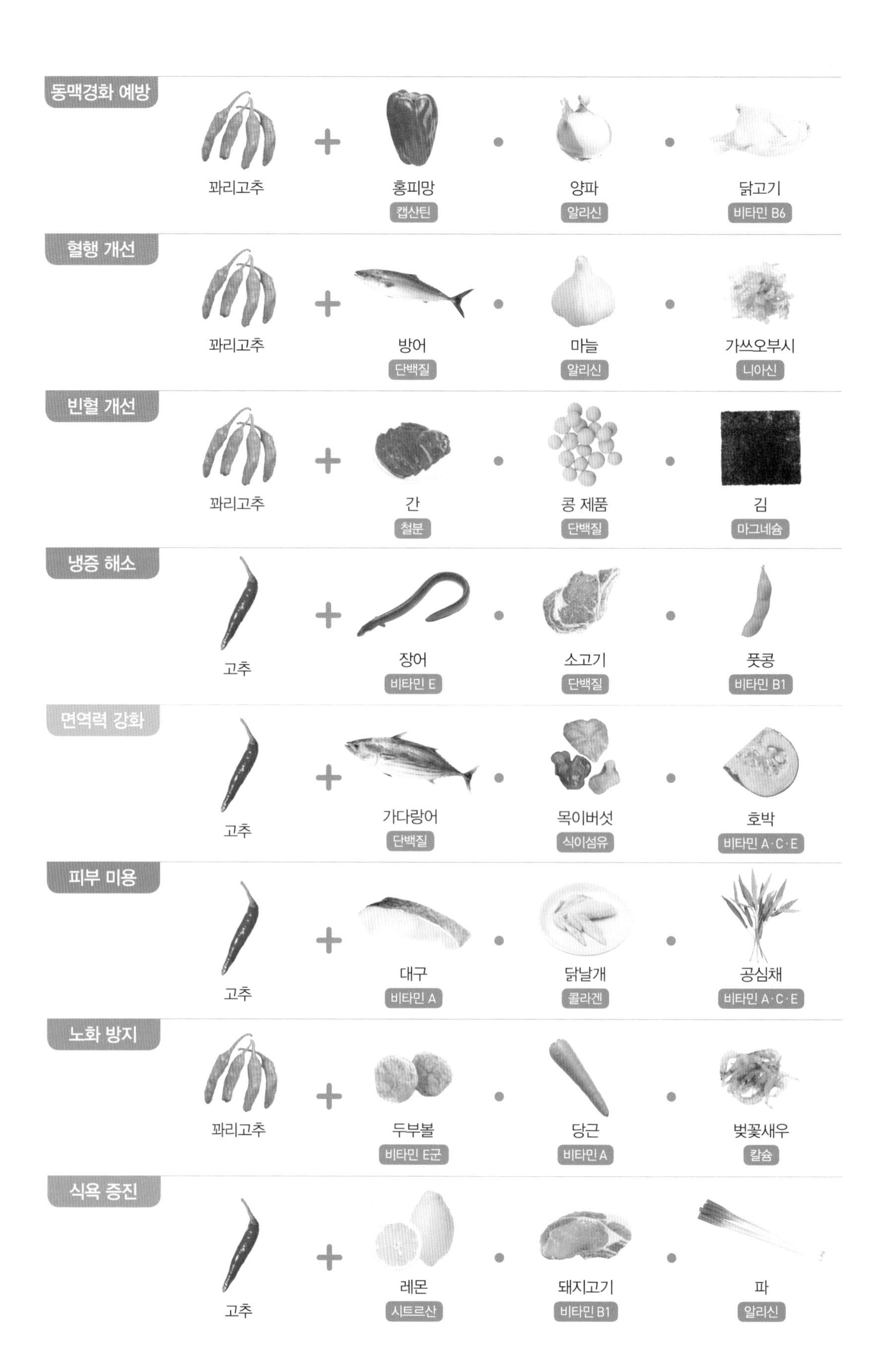
동맥경화 예방
꽈리고추
홍피망
캡산틴
양파
알리신
닭고기
비타민 B6
혈행 개선
꽈리고추
방어
단백질
마늘
알리신
가쓰오부시
니아신
빈혈 개선
꽈리고추
간
철분
콩 제품
단백질
김
마그네슘
냉증 해소
고추
장어
비타민 E
소고기
단백질
풋콩
비타민 B1
면역력 강화
고추
가다랑어
단백질
목이버섯
식이섬유
호박
비타민 A·C·E
피부 미용
고추
대구
비타민 A
닭날개
콜라겐
공심채
비타민 A·C·E
노화 방지
꽈리고추
두부볼
비타민 E군
당근
비타민 A
벚꽃새우
칼슘
식욕 증진
고추
레몬
시트르산
돼지고기
비타민 B1
파
알리신

꽈리고추 뱅어 자소엽 볶음

꽈리고추  + 자소엽 (베타카로틴) + 말린 뱅어   (칼슘) = **동맥경화 예방**

재료(2인분)

꽈리고추…1팩
자소엽…3장
말린 뱅어…2큰술
참기름…1작은술
A | 자소엽 가루…1작은술
  | 설탕, 간장, 청주…각각 1작은술

만드는 법

1 꽈리고추는 꼭지를 가지런히 자르고 칼집을 낸다. 자소엽는 채 썰어 물에 헹군 후 물기를 제거한다.
2 프라이팬에 참기름을 두르고 꽈리고추를 넣어 볶는다. 꽈리고추에 기름이 고루 발리면 말린 뱅어와 A를 넣고 1~2분 정도 볶는다.
3 그릇에 2를 담은 후 자소엽를 얹는다.

열매채소

꼬투리 강낭콩

풍부한 비타민 B군과 아스파라긴산으로 피로를 물리치자!

꼬투리 강낭콩에는 베타카로틴, 무기질, 식이섬유, 비타민 B1·B2·B6·C·K 등 많은 영양소가 들어 있고, 특히 원활한 에너지대사와 지칠 줄 모르는 체력 형성에 반드시 필요한 비타민 B군을 두루 갖추고 있다. 비타민 B군은 한 종류보다 여러 가지 비타민 B를 함께 섭취해야 효과가 있다고 하니 꼬투리 강낭콩만큼 효율성 높은 채소도 없겠다.

또, 꼬투리 강낭콩은 젖산 등의 피로 물질을 제거해서 피로 해소를 돕는 아스파라긴산, 쌀에는 부족한 필수 아미노산 라이신도 듬뿍 함유하고 있어 쌀과 함께 먹으면 단백질을 효과적으로 얻을 수 있다.

한편, 꼬투리 강낭콩은 베타카로틴 흡수를 높이는 지방이 함유된 식재료와 함께 요리하는 것이 좋다. 단, 비타민 B1은 물에 잘 녹고 열에 약한 성질이 있으므로 되도록 단시간에 조리해야 한다.

시중에 유통되는 꼬투리 강낭콩의 90퍼센트는 심이 없다고 하지만, 그래도 1~2개 정도를 꺼내 미리 확인해보고 만약 심이 있으면 제거한 후 조리한다.

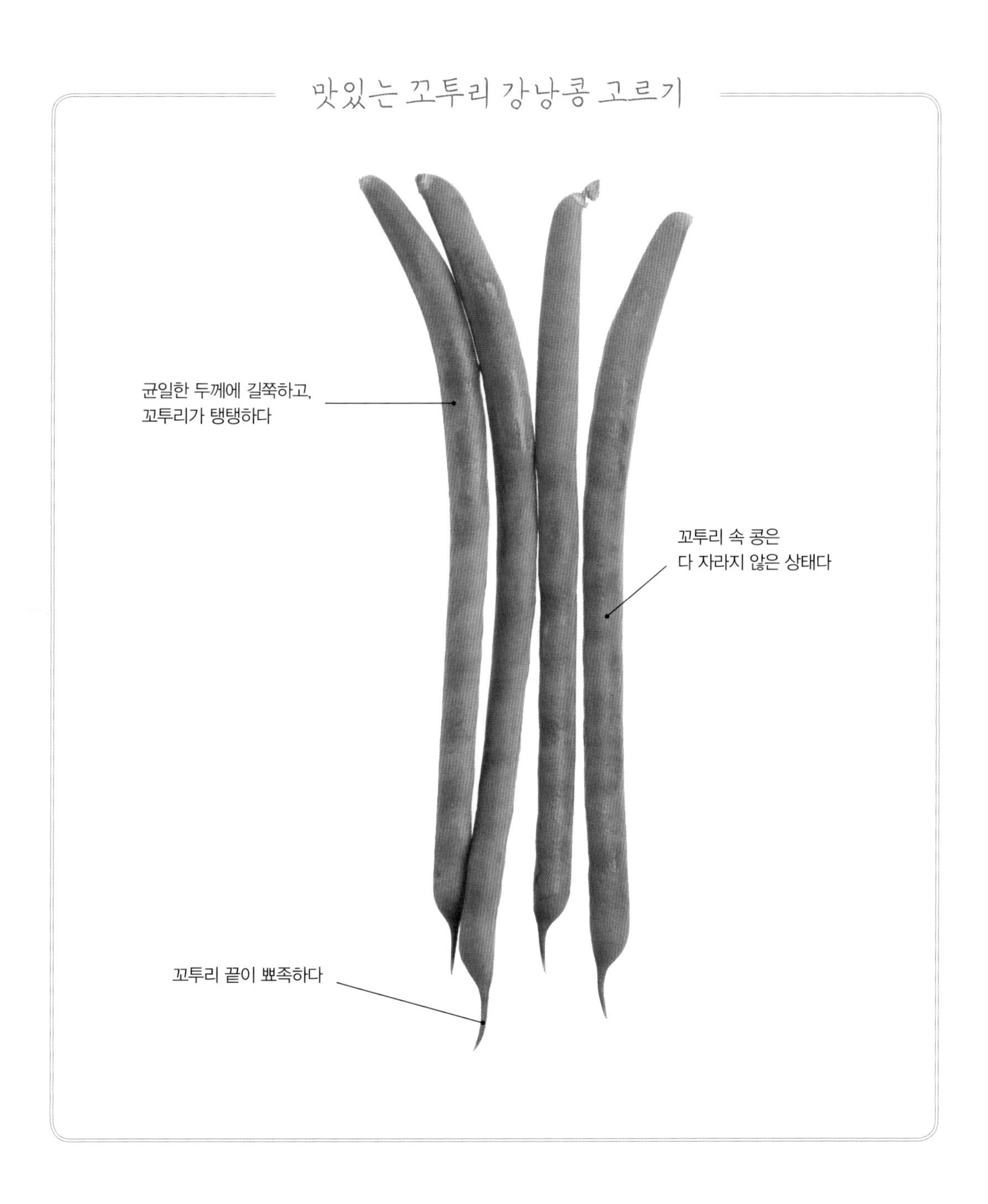

종류

꼬투리 강낭콩과 강낭콩

콩이 다 영글기 전에 꼬투리째 먹는 것이 꼬투리 강낭콩이고, 그대로 놔두어 완숙한 콩을 말린 것이 붉은 강낭콩, 흰 강낭콩, 얼룩 강낭콩 등 강낭콩(총칭)이다.

붉은 강낭콩

흰 강낭콩

얼룩 강낭콩

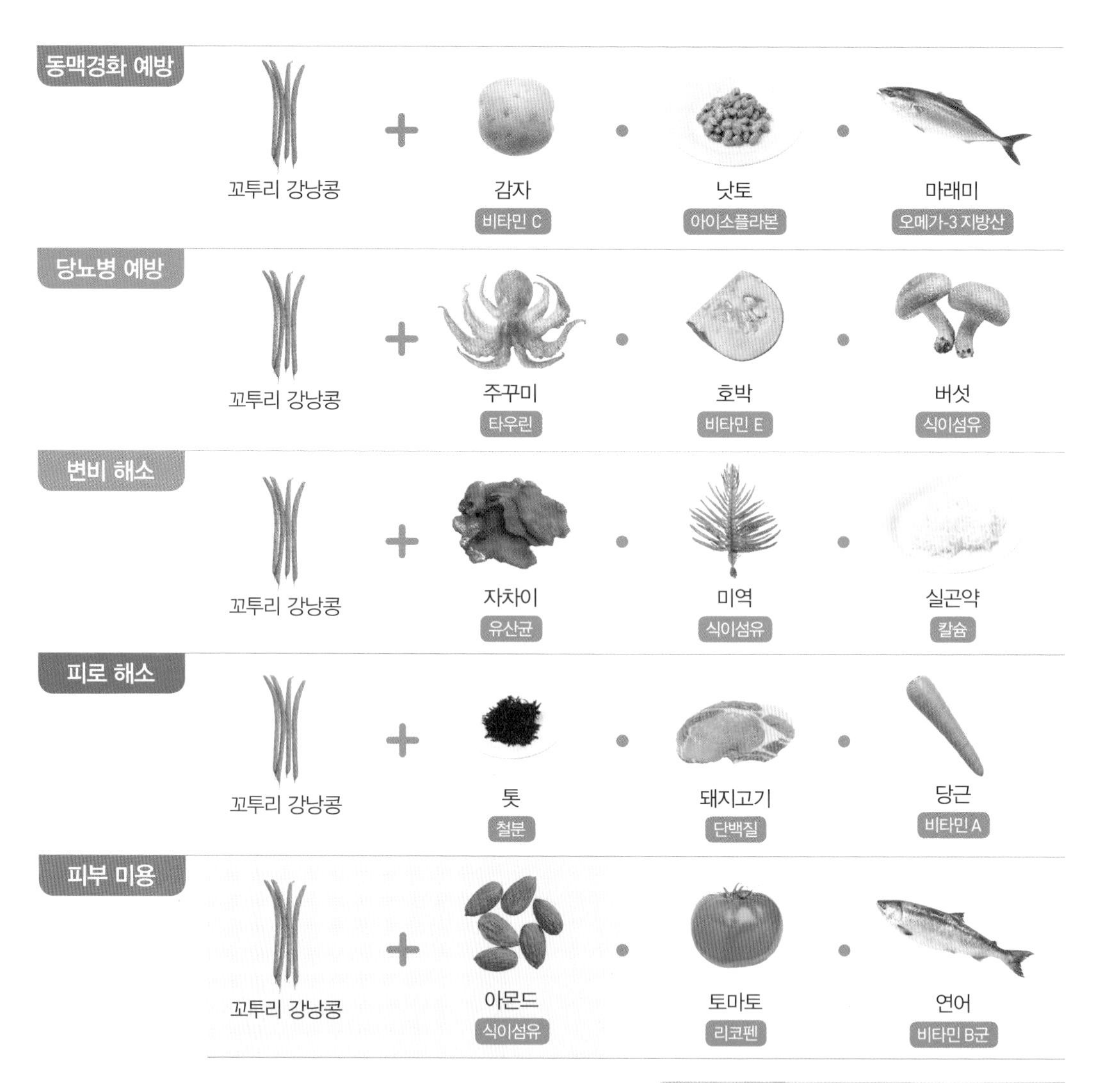

꼬투리 강낭콩과 견과류

견과류에 함유된 지방은 대부분 몸에 좋은 불포화지방산이어서 안심하고 먹어도 괜찮다. 게다가 비타민, 무기질, 식이섬유 등도 풍부해서 식탁에 자주 올리기 좋은 식재료다.

꼬투리 강낭콩 팽이버섯 생강 무침

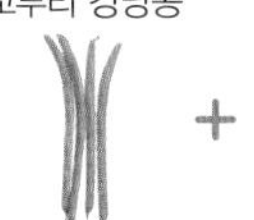
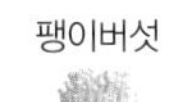

재료(2인분)

꼬투리 강낭콩…20줄기
팽이버섯…$\frac{1}{2}$팩

A
- 생강(다진 것)…1쪽
- 간장…2작은술
- 맛술(미림)…1작은술
- 볶은 검은깨…$\frac{1}{2}$작은술

만드는 법

1 꼬투리 강낭콩을 4cm 길이로 자른다. 팽이버섯은 밑동을 제거하고 반으로 자른다.
2 끓는 물에 꼬투리 강낭콩을 넣고 2~3분 정도 삶은 후 팽이버섯을 넣는다. 보글보글 끓으면 소쿠리에 건져 물기를 뺀다.
3 A를 볼에 넣고 버무린 다음 2를 넣어 무친다.

열매채소

청대 완두 · 청완두

몸속 노폐물을 제거하고 콩의 영양가까지 풍부!

완두에는 콩이 다 익지 않았을 때 수확하여 껍질째 먹는 청대 완두, 완숙한 꼬투리 속 콩을 먹는 청완두가 있다. 둘 다 콩류의 특징인 단백질과 당질을 함유하고 있는데, 완두의 단백질 속에는 간 기능 효과를 높여주는 필수 아미노산 '라이신'도 들어 있다.

여기서 주목할 만한 사실은 청대 완두가 딸기에 대적할 만큼 비타민 C를 많이 함유하고 있다는 점이다. 비타민 C는 세포의 산화를 막아주기 때문에 암 예방과 노화 억제에 효과적이다. 또, 풍부하게 함유된 베타카로틴과 마찬가지로 매끈한 피부 형성에도 도움을 준다.

한편, 청완두는 청대 완두보다 영양가가 훨씬 높으며, 모든 채소를 통틀어 식이섬유 함유량이 최고 수준이다. 장의 연동 운동을 촉진하는 불용성 식이섬유의 비율이 높아서 변비 개선과 대장암 예방에도 좋다.

청대 완두는 수용성 성분이 많으므로 조리할 때 너무 오래 삶거나 가열하지 않도록 주의해야 한다. 또, 청완두는 밥에 넣어 먹거나 수프 등 영양소가 그대로 녹아든 국물로 즐길 수 있는 요리를 추천한다.

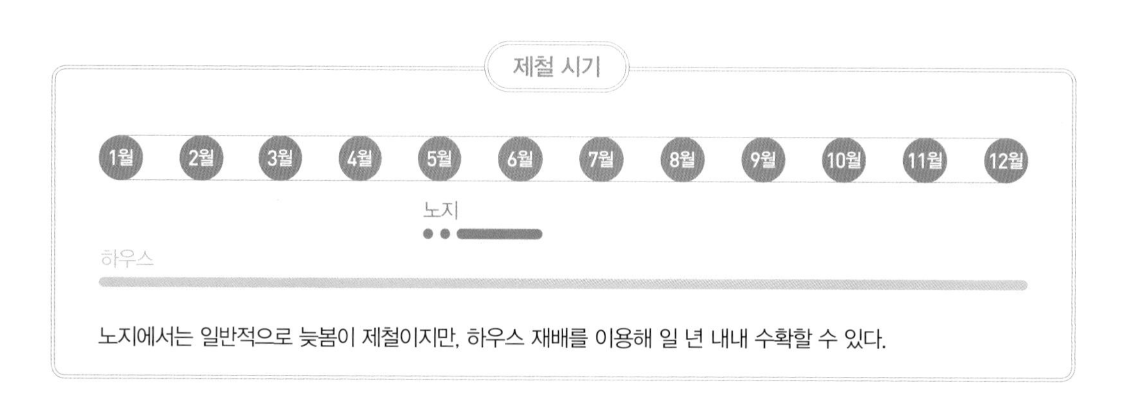

맛있는 청대 완두·청완두 고르기

청대 완두

선명한 초록색이고 탱탱하다

콩은 작고 납작하며,
껍질이 얇다

꼬투리 끝이 희고
뾰족 나온 것

청완두

껍질이 마르지
않은 것

콩이 모여 있고 윤기가 난다

종류

열매와 꼬투리 둘 다 맛볼 수 있는 깍지완두

깍지완두는 청완두를 개량한 것으로 콩이 커져도 꼬투리가 딱딱해지지 않아서 꼬투리째 먹을 수 있는 완두의 일종이다.

깍지완두

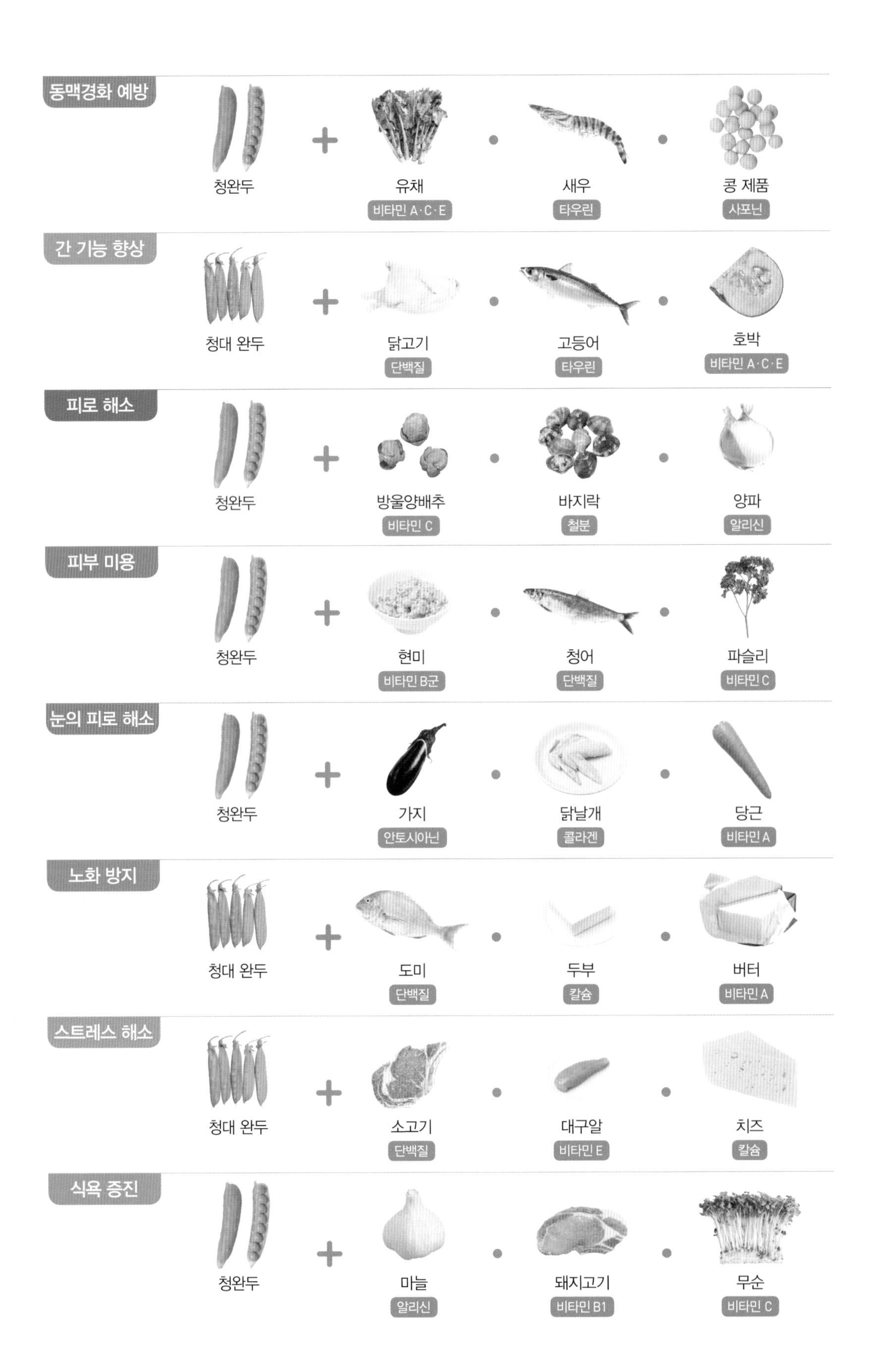
동맥경화 예방
청완두
유채
비타민 A·C·E
새우
타우린
콩 제품
사포닌
간 기능 향상
청대 완두
닭고기
단백질
고등어
타우린
호박
비타민 A·C·E
피로 해소
청완두
방울양배추
비타민 C
바지락
철분
양파
알리신
피부 미용
청완두
현미
비타민 B군
청어
단백질
파슬리
비타민 C
눈의 피로 해소
청완두
가지
안토시아닌
닭날개
콜라겐
당근
비타민 A
노화 방지
청대 완두
도미
단백질
두부
칼슘
버터
비타민 A
스트레스 해소
청대 완두
소고기
단백질
대구알
비타민 E
치즈
칼슘
식욕 증진
청완두
마늘
알리신
돼지고기
비타민 B1
무순
비타민 C

청대 완두 새우 볶음

청대 완두

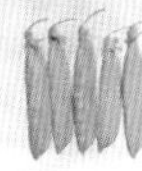

\+ 새우

타우린

\+ 표고버섯

식이섬유

= **당뇨병 예방**

재료(2인분)

청대 완두…30개
새우…6마리
표고버섯…3개
파…10cm
생강…$\frac{1}{2}$쪽
샐러드유…$\frac{1}{2}$큰술

A | 녹말가루, 청주…각 1작은술
물…$\frac{1}{2}$컵
과립형 치킨스톡…$\frac{1}{2}$작은술

B | 녹말가루…1작은술
소금…$\frac{1}{6}$작은술
후추…약간

만드는 법

1 청대 완두는 심을 제거하고, 표고버섯은 밑동을 잘라내고 난 뒤 반으로 비스듬히 자른다.
2 파는 얇게 어슷썰기 하고, 생강은 채 썰어둔다.
3 새우의 껍질과 내장을 제거한 후 반으로 자르고 그 위에 A를 붓는다.
4 프라이팬에 샐러드유를 두르고 2를 넣어 볶는다. 구수한 냄새가 나면 강불로 올린 다음 3, 표고버섯, 청대 완두 순으로 넣고 볶는다.
5 새우의 빛깔이 변하면 한데 버무린 B를 넣고, 국물이 걸쭉해질 때까지 익힌다.

열매채소

오크라

오크라의 끈기로 성인병을 물리치자!

오크라는 아프리카가 원산지로 고대 이집트에서도 재배한 채소다. 끈적한 점액질이 특징인데, 점액질의 정체는 바로 펙틴, 뮤신 등 수용성 식이섬유다. 수용성 식이섬유는 위장 활동을 조절해 변비와 설사를 예방하며, 혈당치 상승을 억제해서 나쁜 콜레스테롤 흡수를 막는다. 특히 뮤신은 위 점막을 보호해 위염과 위궤양을 예방하고, 감기 등 전염병에 쉽게 걸리지 않게 면역력을 높이는 효과가 있다.

그 밖에도 베타카로틴, 비타민 E, 칼슘이 풍부하므로 적극적으로 섭취하면 좋은 채소다.

뮤신은 수용성이어서 열에 약한 만큼 오래 삶지 않도록 주의해야 한다. 수프나 카레를 만들 때 함께 넣으면 배출된 영양 성분까지 놓치지 않고 섭취할 수 있다. 또한 뮤신은 단백질의 분해와 흡수를 도와주므로 육류나 생선 요리에 곁들여도 좋고, 반찬으로 먹기에도 안성맞춤이다.

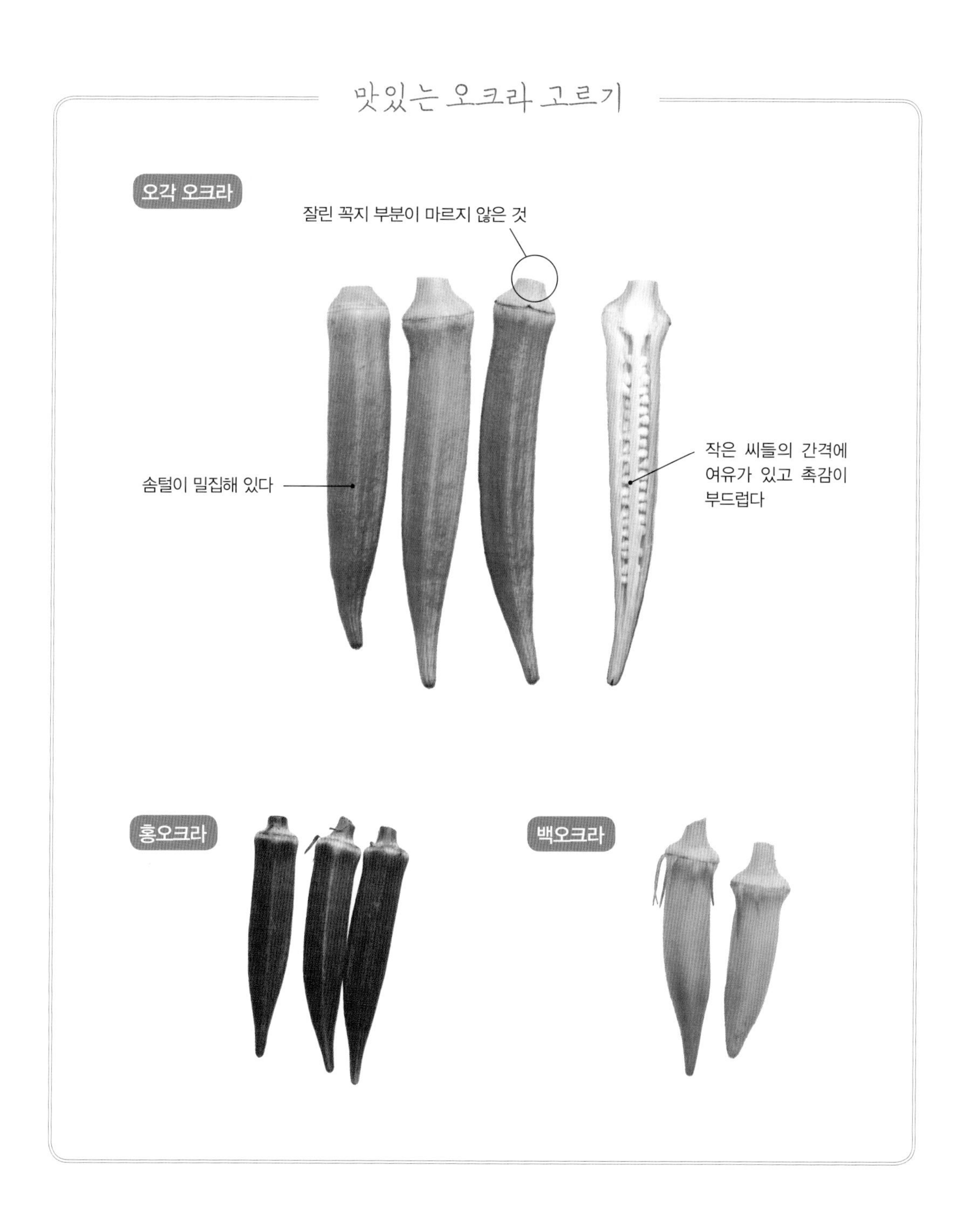

영양

끈끈한 특성이 있는 채소와 찰떡궁합!

참마와 나도팽나무버섯, 낫토 등 뮤신을 다량으로 지닌 식재료와 함께 섭취하면 상승 효과가 일어나 위 점막을 보호하는 기능이 강화된다.

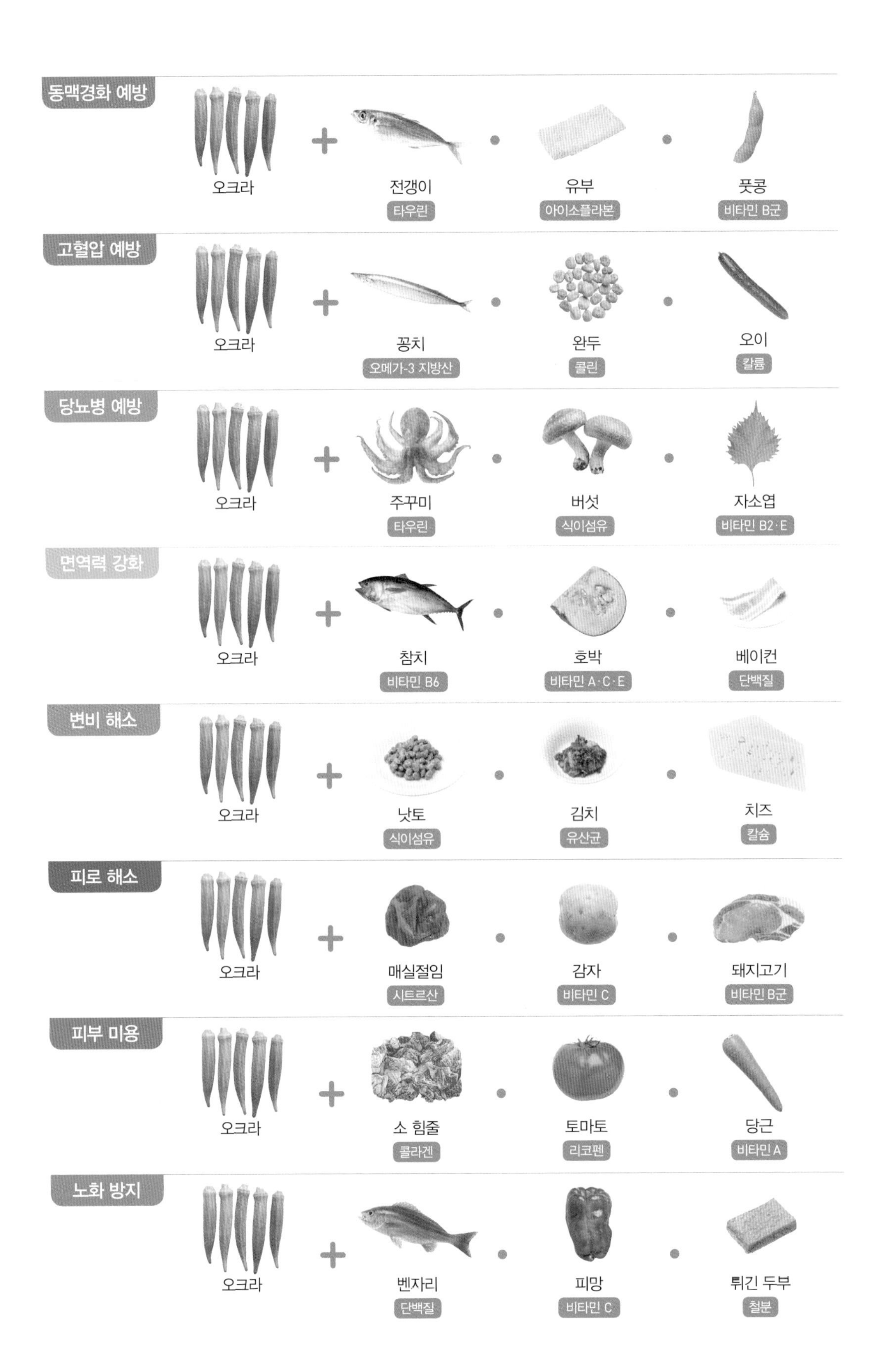
동맥경화 예방
오크라
전갱이
타우린
유부
아이소플라본
풋콩
비타민 B군
고혈압 예방
오크라
꽁치
오메가-3 지방산
완두
콜린
오이
칼륨
당뇨병 예방
오크라
주꾸미
타우린
버섯
식이섬유
자소엽
비타민 B2·E
면역력 강화
오크라
참치
비타민 B6
호박
비타민 A·C·E
베이컨
단백질
변비 해소
오크라
낫토
식이섬유
김치
유산균
치즈
칼슘
피로 해소
오크라
매실절임
시트르산
감자
비타민 C
돼지고기
비타민 B군
피부 미용
오크라
소 힘줄
콜라겐
토마토
리코펜
당근
비타민 A
노화 방지
오크라
벤자리
단백질
피망
비타민 C
튀긴 두부
철분

오크라 돼지고기 카레 조림

재료(2인분)

오크라…10개
돼지 뒷다리살…150g
양파…$\frac{1}{2}$개
마늘…1쪽
밀가루…1큰술
샐러드유…$\frac{1}{2}$큰술

A
소금, 후추…약간씩
백포도주…$\frac{1}{2}$큰술

B
물…$\frac{1}{2}$컵
치킨스톡 큐브…1개
카레 가루…1큰술
간장…1작은술

만드는 법

1 꼭지를 뗀 오크라를 살짝 데쳐서 2~3cm 길이로 어슷썰기 한다. 양파는 반으로 잘라 얇게 썰고, 마늘은 잘게 다져둔다.
2 돼지고기를 한입 크기로 잘라 A를 넣고 버무린 후, 밀가루를 묻힌다.
3 냄비에 샐러드유를 발라 달군 후 다진 마늘과 돼지고기를 넣고 볶는다. 고기 색이 변하면 양파를 넣고 부드러워질 때까지 볶다가 B를 넣고 약불에서 15분 정도 끓인다. 마지막으로 오크라를 넣고 3~4분 정도 조린다.

열매채소

쥬키니호박

담백한 맛으로 부종과 골다공증을 예방하자!

쥬키니호박은 오이와 비슷하게 생겼지만 사실 호박의 일종이다. 하지만 호박과는 다른 독특한 식감이 있고, 호박보다 베타카로틴과 비타민 C의 함유량이 적어 녹황색 채소가 아닌 담색 채소로 분류된다.

쥬키니호박에는 과다 섭취한 나트륨을 체외로 배출시켜서 혈압을 유지하게 해주는 칼륨과 지혈에 중요한 혈액 응고 성분인 비타민 K가 풍부하다. 또한, 뼈를 튼튼하게 만드는 칼슘, 망간과 빈혈 예방에 효과적인 구리 등의 무기질도 균형 있게 갖추었다.

쥬키니호박에는 비타민 E가 많아서 올리브유를 사용하는 것이 좋다. 비타민 E는 물론 지용성 비타민 A와 K의 흡수도 좋아진다. 대표적으로 쥬키니호박을 가지, 토마토, 마늘 등과 함께 볶은 채소 요리 '라타투이'는 맛과 영양을 모두 잡을 수 있는 여름철 음식이다.

쥬키니호박은 떫은맛이 적으며 전자레인지로도 충분히 익힐 수 있다. 게다가 칼로리는 낮지만 포만감은 커서 샐러드나 나물로 만들어 다이어트 등의 식이요법에 활용하는 것도 추천한다.

맛있는 쥬키니호박 고르기

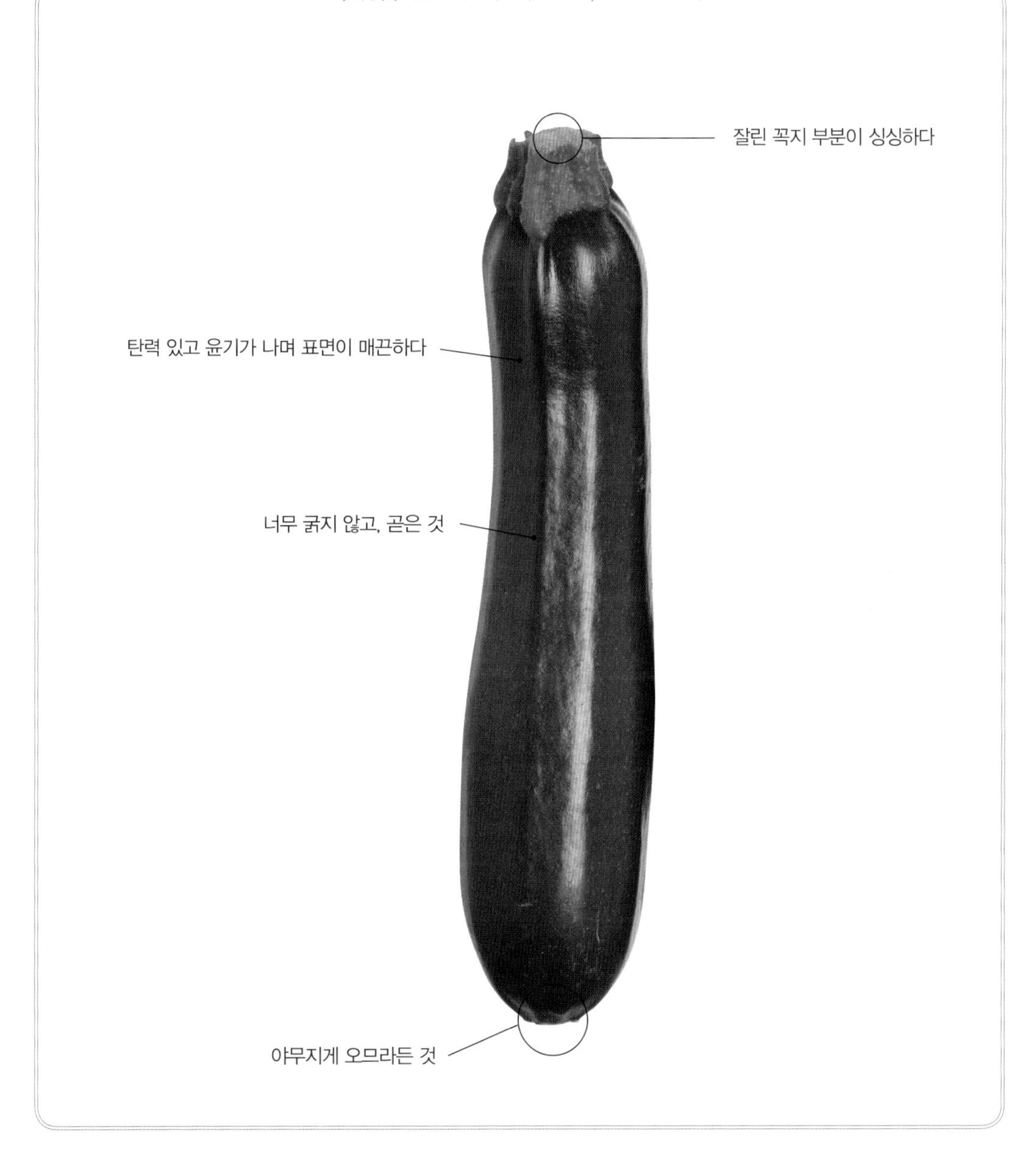

요리

화려한 쥬키니호박 꽃

꽃이 피기 직전의 암꽃을 수확한 것. 이탈리안 레스토랑에서는 쥬키니호박 꽃 안에 치즈를 채워 튀긴 요리를 내놓는다.

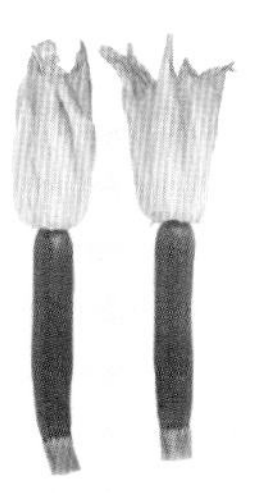

산지

한국은 경남 진주시 금곡면 쥬키니호박이 약 40퍼센트

금곡면에서는 쥬키니호박의 시설 단지화가 활발하게 이루어지고 있는데, 한국 쥬키니호박 전체 생산량의 약 40퍼센트를 차지한다. (2012년도 기준)

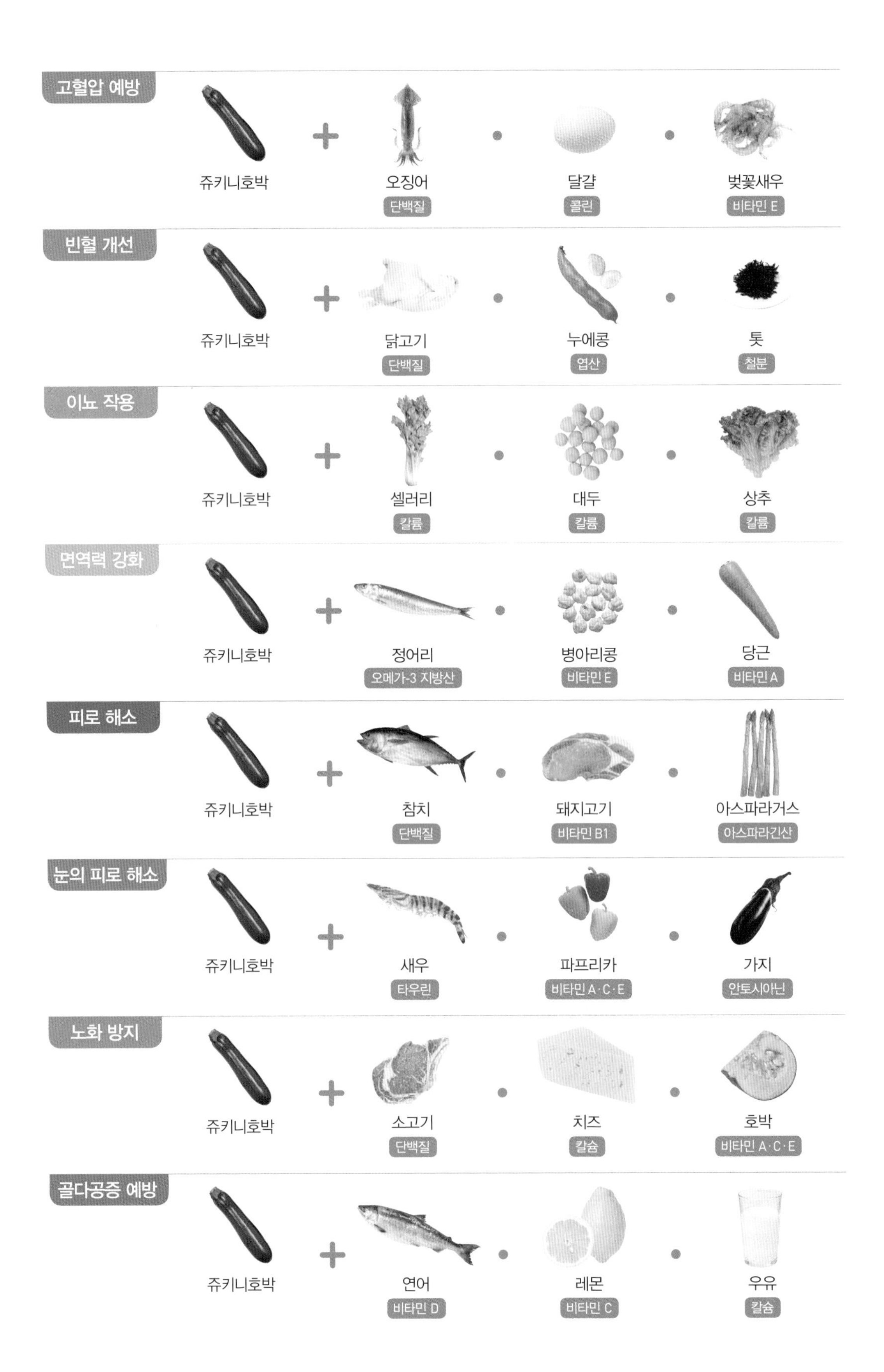
고혈압 예방
쥬키니호박
오징어
단백질
달걀
콜린
벚꽃새우
비타민 E
빈혈 개선
쥬키니호박
닭고기
단백질
누에콩
엽산
톳
철분
이뇨 작용
쥬키니호박
셀러리
칼륨
대두
칼륨
상추
칼륨
면역력 강화
쥬키니호박
정어리
오메가-3 지방산
병아리콩
비타민 E
당근
비타민 A
피로 해소
쥬키니호박
참치
단백질
돼지고기
비타민 B1
아스파라거스
아스파라긴산
눈의 피로 해소
쥬키니호박
새우
타우린
파프리카
비타민 A·C·E
가지
안토시아닌
노화 방지
쥬키니호박
소고기
단백질
치즈
칼슘
호박
비타민 A·C·E
골다공증 예방
쥬키니호박
연어
비타민 D
레몬
비타민 C
우유
칼슘

쥬키니호박 양파 드레싱

재료(2인분)

쥬키니호박…1개
햄…1장
A
- 갈아놓은 양파…$\frac{1}{8}$개
- 식초, 올리브유…각 $1\frac{1}{2}$큰술
- 간장…2작은술
- 설탕…약간

만드는 법

1 쥬키니호박은 5mm 두께로 통썰기 하고, 햄은 잘게 다진다.
2 접시에 쥬키니호박을 담고 한데 섞은 A를 붓는다. 그리고 랩을 씌운 후 전자레인지에 넣고 2~3분간 가열한다.
3 어느 정도 식으면 햄을 뿌린다.

열매채소

오이

몸의 열기를 식혀주고 무기질과 수분을 보충하자!

수분이 95퍼센트 이상인 오이는 갈증 해소에 탁월한 채소다. 그만큼 영양분을 기대하기는 어렵지만, 나트륨을 체외로 배출해주는 칼륨이 비교적 많이 들어 있어서 이뇨 작용에 뛰어나다. 여름 들어 심해지는 부종이나 안면 홍조 개선에도 효과 만점이다.

오이의 시원한 모양새와 식감은 식욕을 마구 돋워준다. 또한, 한 연구에서 오이 껍질에 함유된 쓴맛 내는 성분 쿠쿠르비타신 C가 항암 작용을 한다는 사실이 밝혀지기도 했다.

한편 오이에 함유된 효소는 다른 채소와 과일의 비타민 C를 파괴하므로, 샐러드나 무침 요리를 할 때는 식초 혹은 드레싱을 첨가하거나 살짝 익혀서 효소 성분을 제거하고 먹는 것이 좋다.

또 소금에 절여 먹는 방법도 추천한다. 오이를 소금에 절이면 칼륨이 3배, 비타민 B1은 약 10배나 늘어나는 데다 유산균 작용으로 피로 해소에도 도움이 된다. 다만 염분이 높은 만큼 양을 잘 조절해서 먹어야 한다.

맛있는 오이 고르기

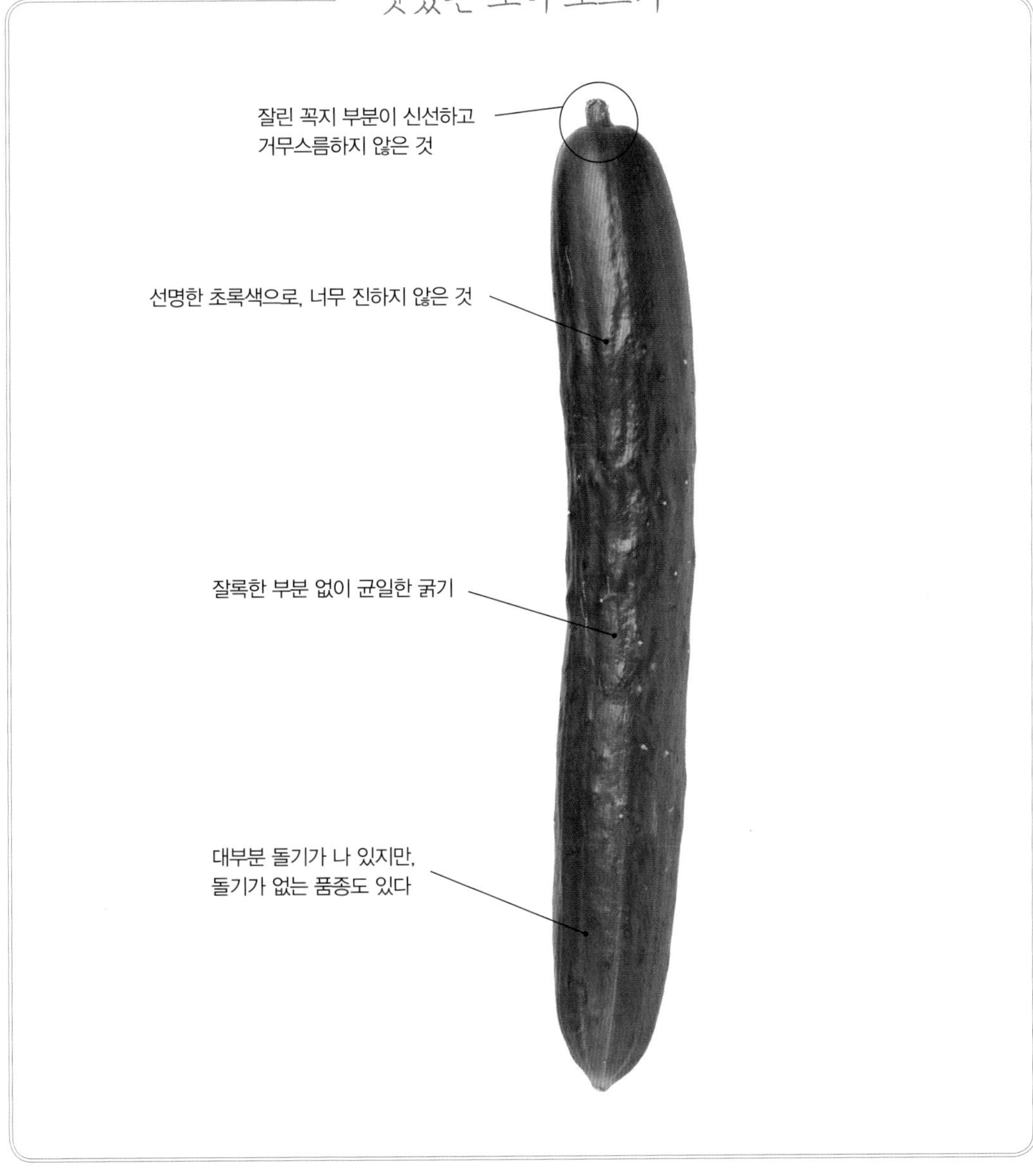

품종

돌기가 있는 품종이 은근히 인기 있다

사엽오이, 삼척오이는 돌기가 많고 식감이 아삭아삭한 품종이다. 껍질에 붙어 있는 흰 가루(브롬)는 오이 표면을 보호해주는 물질로, 신선도를 유지하는 역할도 한다.

삼척오이

고혈압 예방

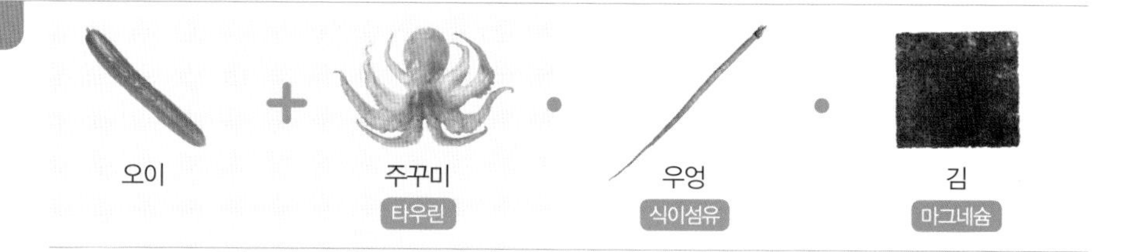

오이 주꾸미 초무침

주꾸미에는 마그네슘과 혈중 콜레스테롤 수치를 내려주는 타우린이 듬뿍 들어 있다.

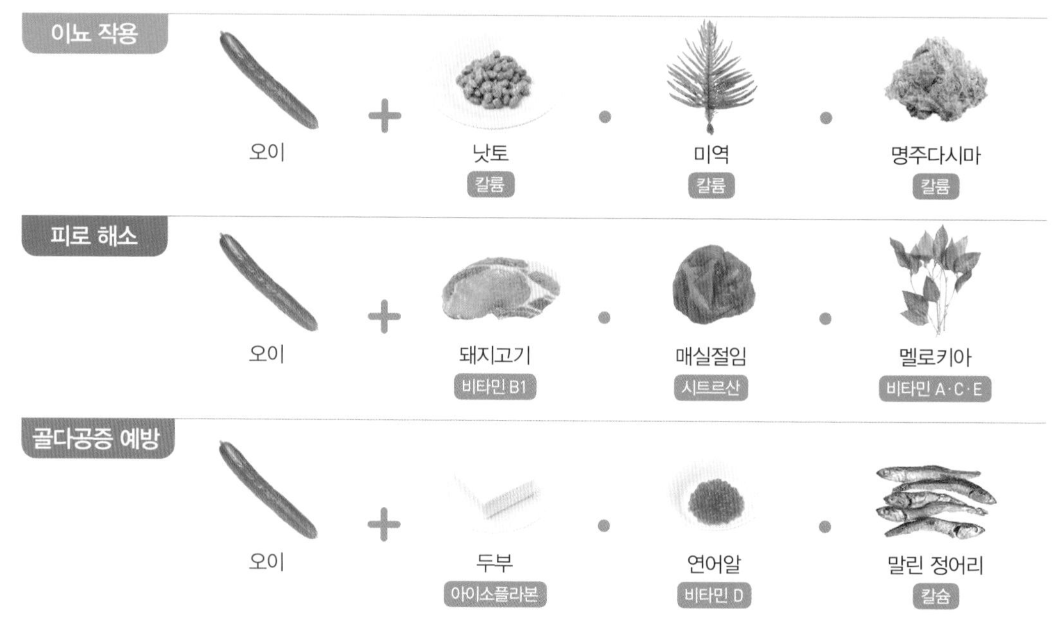

오이 닭가슴살 초무침

재료(2인분)

오이…1개
닭가슴살…50g
생강…1쪽
소금…$\frac{1}{6}$작은술
A | 소금, 청주…약간씩
B | 설탕…1작은술
B | 식초…2작은술
B | 간장, 참기름…각 $\frac{1}{2}$작은술

만드는 법

1 오이를 얇게 썰어 소금을 뿌리고 5분 정도 두었다가 물기를 짜낸다. 생강은 채 썰어둔다.
2 닭고기에 칼집을 내어 두께를 비슷하게 맞춰준 후 A를 끼얹는다.
3 2에 랩을 씌워 전자레인지로 1~2분간 가열하고, 열이 어느 정도 식으면 고기를 잘게 찢는다.
4 볼에 B를 넣어 잘 섞은 다음 1과 3을 넣고 무친다.

열매채소

가지

껍질의 색소 성분이 노화와 암 예방을!

가지는 수분이 90퍼센트 이상이며 영양분은 그리 많지 않다. 하지만 일본이나 중국 등지에서는 열을 내려주고 해독 작용을 하는 채소로 알려져 옛날부터 민간요법에 이용되었다. 특히 열을 내리는 작용과 이뇨 작용에 뛰어난 효과가 있어 여름이 되면 심해지는 안면 홍조 개선에 큰 도움이 된다.

가지 껍질에는 강력한 항산화 작용을 하는 안토시아닌계 색소 나스닌이 포함되어 있다. 나스닌은 성인병의 원인인 활성산소 생성과 콜레스테롤 흡수를 억제하고, 눈의 피로를 덜어주는 작용을 한다. 또한, 자른 단면의 착색을 일으키는 폴리페놀 물질인 클로로겐산은 노화와 암을 예방하는 효과가 있다.

가지는 기름에 볶거나 튀기면 색깔이 한결 선명해지고 알싸한 맛도 줄어들어 달게 느껴진다. 다만 가지는 기름을 잘 흡수하므로 칼로리를 너무 많이 섭취하지 않도록 주의해야 한다. 껍질째 조리거나 절임, 무침으로 요리하면 나스닌을 효과적으로 섭취할 수 있다.

하우스 재배는 일 년 내내 출하하지만, 노지 재배는 여름부터 가을까지가 제철이다.

맛있는 가지 고르기

자른 꼭지 부분이 싱싱하다

씨가 변색되지 않은 것

꽃받침과 열매 사이에
서서히 진해지는
자줏빛이 아름답다

꽃받침이
꼿꼿하게 뻗었다

주름이 없고 반들반들
광택이 난다

품종

일본에는 다양한 가지가!

일본은 전국에서 지방 특유의 가지 품종을 많이 재배하고 있다. 길이 30cm에 달하는 긴 가지가 있는가 하면 절임용으로 쓰는 작은 가지, 수분이 많은 물 가지, 굽기용 가지, 초록색 가지, 흰색 가지 등 희귀한 품종이 많다.

흰 가지

물 가지

긴 가지

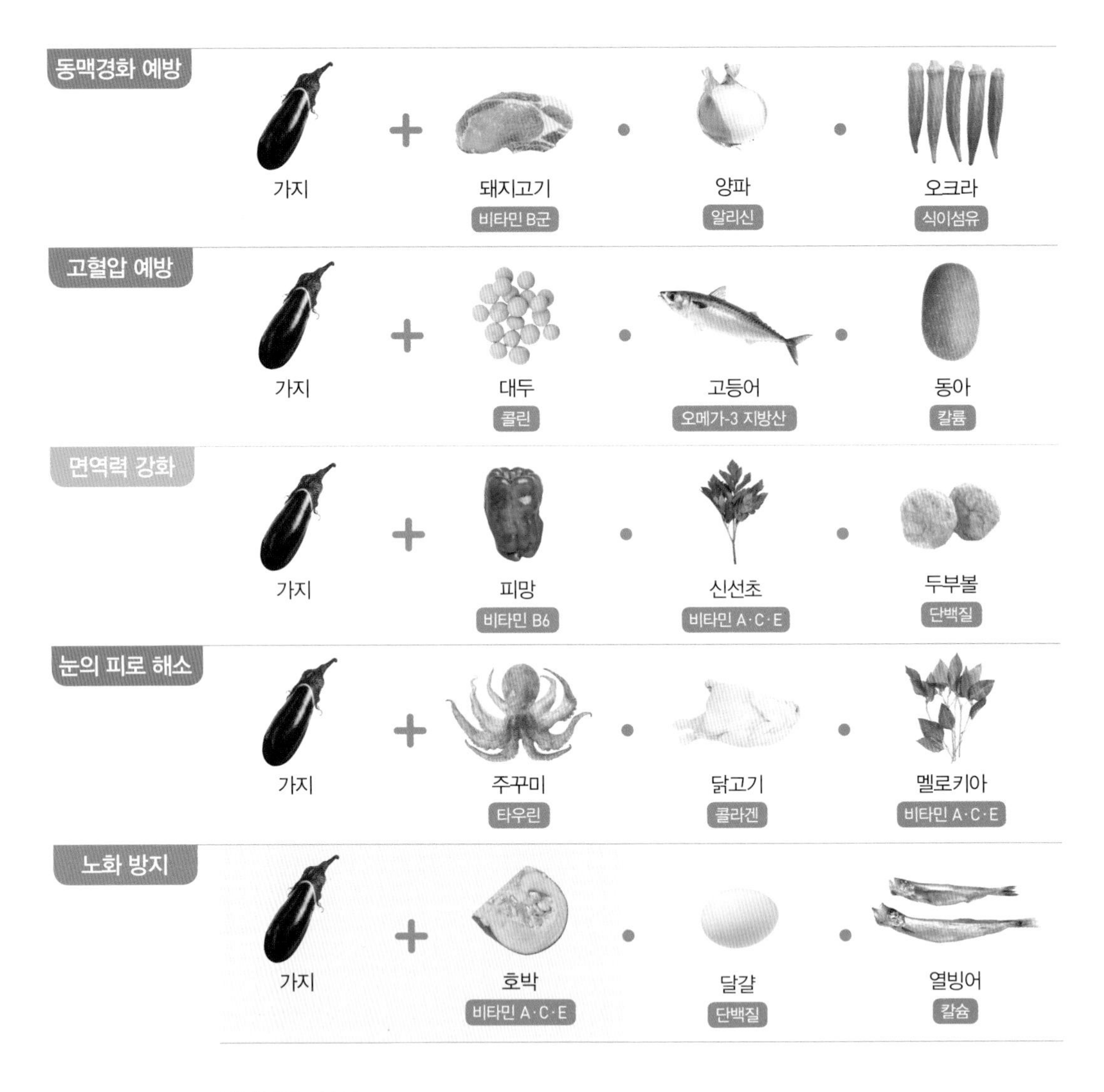

라타투이 파스타

녹황색 채소를 듬뿍 섭취할 수 있는 라타투이는 오래 두고 먹기에도 좋은 음식이다. 여름에는 시원한 상태에서 바로 먹어도 맛있다.

구운 가지 에스닉 샐러드

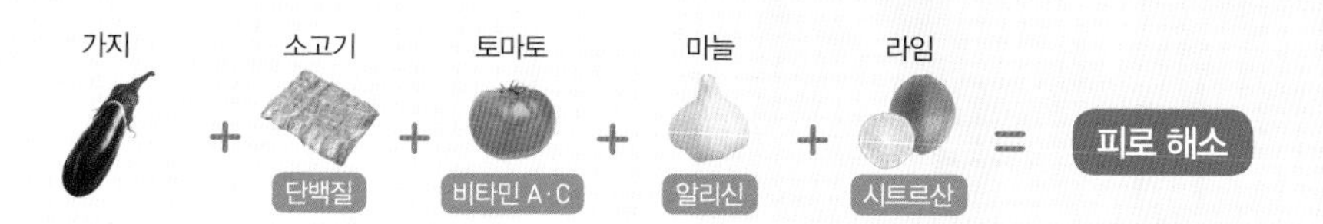

재료(2인분)

가지…2개(150g)
양파…$\frac{1}{6}$개
오이…$\frac{1}{2}$개
토마토…$\frac{1}{2}$개
소고기(샤브샤브용)…80g
A
다진 마늘…$\frac{1}{2}$쪽
송송 썰어둔 붉은 고추…$\frac{1}{2}$개
설탕, 어간장, 라임즙(혹은 레몬즙)
…각 1큰술

만드는 법

1 가지는 그릴에 올리고 강불에서 굽는다. 껍질이 거무스름해지면 물에 담갔다가 식기 전에 껍질을 벗긴 다음, 세로로 5~6등분하고 가로로는 반을 자른다.
2 양파는 얇게 썰고, 오이는 세로로 반 잘라 얇게 어슷썰기 한다. 토마토는 한입 크기로 자른다.
3 소고기는 5cm 폭으로 잘라 살짝 삶는다.
4 볼에 A를 넣어 잘 버무린 다음 1, 2, 3을 넣고 무친다.

열매채소

여주

강렬한 쓴맛이 열사병을 물리친다!

여주는 예부터 약용식물로 중국과 인도 등지에서 귀한 취급을 받았을 만큼 영양가 높은 채소다. 특히 비타민 C가 풍부하게 들어 있어서 피로와 더위 해소에 매우 탁월하다. 게다가 비교적 칼륨 함유율도 높은 편이라서 여름철의 체내 수분 유지에 도움을 준다.

여주 특유의 쓴맛은 테르페노이드 성분의 일종인 모몰데신 때문이다. 이 성분은 식욕을 돋우고 열사병을 방지하며 비타민 C와 상승작용을 일으켜 암과 노화 억제, 혈당치를 내려주는 효과가 있다.

쓴맛을 선호하지 않는 사람은 여주를 미리 물에 씻어 소금을 치고 끓는 물에 데치는 등 준비를 한 뒤에 요리하기를 권한다. 여주의 비타민 C는 열에 쉽게 손상되지 않으므로 삶거나 볶아도 상관없다. 또한 무침 요리를 할 때 비타민 E가 많은 견과류를 넣으면 노화 억제와 피부 미용에 도움이 된다.

맛있는 여주 고르기

노랗게 변색되지 않은 것

표피에 윤기가 흐른다

전체적으로 선명한 초록색이며,
들었을 때 묵직하다

돌기가 망가지지 않은 것

여러 가지 품종이 있어 고르는 재미가!

일본에서는 대지진 이후 전기를 절약하기 위해 덩굴식물로 건물 벽면을 가리는 '그린 커튼 운동'이 빠르게 유행하면서 여주 모종이 대거 출하되고 있다. 돌기가 진주같이 생긴 백여주는 쓴맛이 적은 편이어서 생식하기에 알맞다. 열매보다 무성한 잎을 활용하는 품종도 있다.

백여주

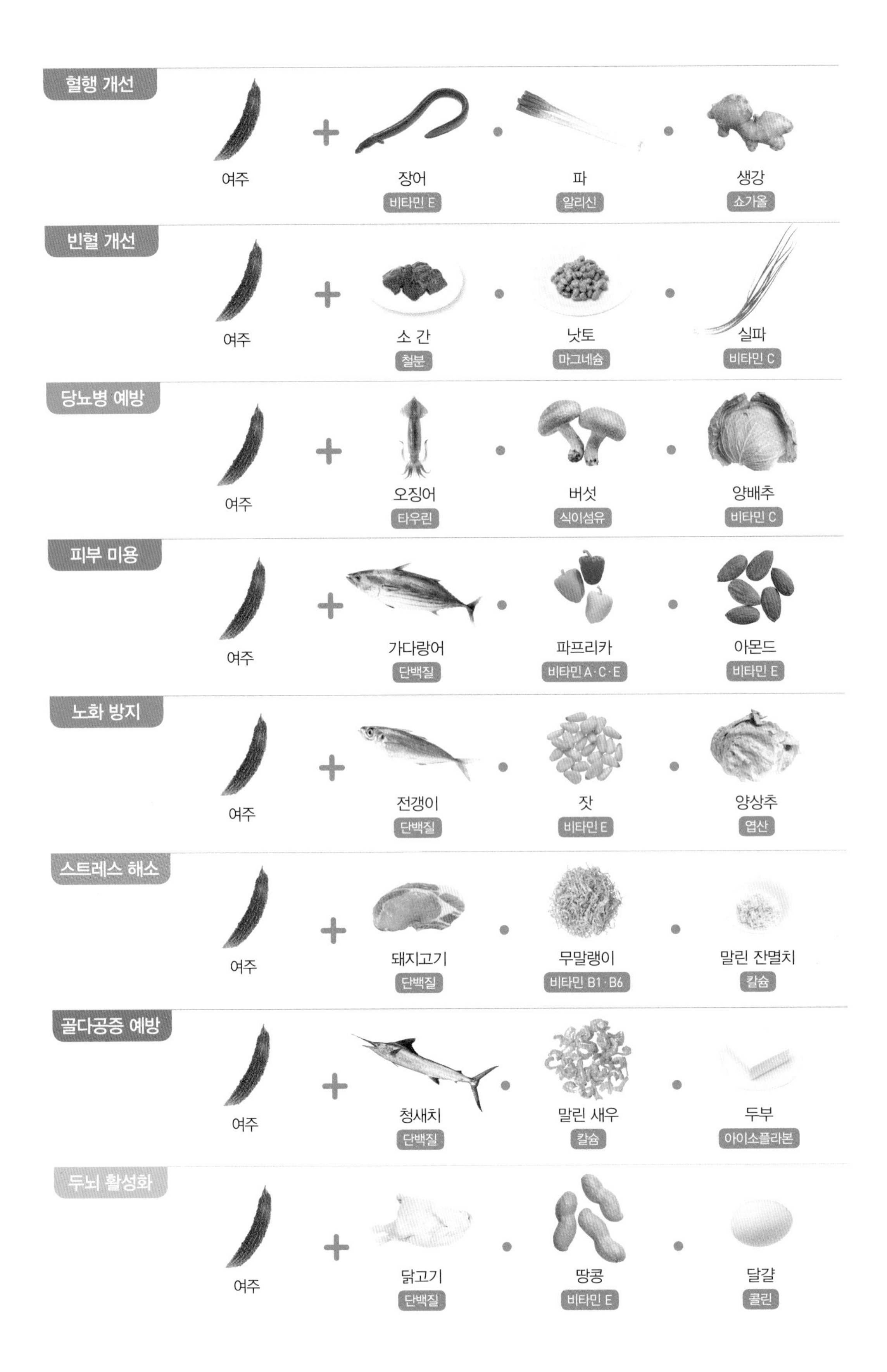
혈행 개선
여주
장어
비타민 E
파
알리신
생강
쇼가올
빈혈 개선
여주
소 간
철분
낫토
마그네슘
실파
비타민 C
당뇨병 예방
여주
오징어
타우린
버섯
식이섬유
양배추
비타민 C
피부 미용
여주
가다랑어
단백질
파프리카
비타민 A·C·E
아몬드
비타민 E
노화 방지
여주
전갱이
단백질
잣
비타민 E
양상추
엽산
스트레스 해소
여주
돼지고기
단백질
무말랭이
비타민 B1·B6
말린 잔멸치
칼슘
골다공증 예방
여주
청새치
단백질
말린 새우
칼슘
두부
아이소플라본
두뇌 활성화
여주
닭고기
단백질
땅콩
비타민 E
달걀
콜린

여주 땅콩소스 냉두부

재료(2인분)

여주…$\frac{1}{2}$개
두부…$\frac{1}{2}$모
소금…약간

A
- 땅콩버터…2큰술
- 맛술(미림), 청주…각 1큰술
- 간장…2작은술

만드는 법

1 여주는 세로로 반 잘라 씨와 속살을 빼낸 다음 얇게 썰어 소금을 뿌린다. 여주가 나긋나긋해지면 물에 한 번 헹구고 물기를 제거한다.
2 두부는 반으로 잘라둔다.
3 볼에 A를 차례차례 넣으면서 버무린다.
4 그릇에 두부를 담고 여주와 3을 뿌리고 가쓰오부시를 얹으면 완성!

열매채소

동아

부기를 빼주고 맛도 담백한 건강 채소!

여름 채소 동아는 겨울 동(冬)자를 쓰는데 서늘하고 그늘진 곳에 보관해두면 겨울까지 저장할 수 있다고 해서 붙은 이름이다. 영양가는 그리 높지 않지만, 칼륨을 비교적 많이 함유하고 있어서 과다 섭취한 나트륨을 배출시키는 데 효과적이다. 그 결과로 고혈압을 예방하고, 이뇨 작용 또한 뛰어나 부종 해소 효과를 기대할 수 있다. 또한, 수분이 많으며 비타민 C도 포함하고 있어서 땀 배출로 손실된 수분을 보충하기에 안성맞춤이다.

동아는 단백질과 비타민 B1이 풍부한 돼지고기나 닭고기와 함께 요리하면 피로 해소에 도움이 된다. 또 100g당 16kcal로 칼로리가 낮은데도 포만감을 느낄 수 있어 다이어트식으로도 그만이다.

동아의 담백한 맛은 단맛이 나는 식재료와 함께 요리하면 그 맛이 배가된다. 다만 몸을 냉하게 하는 작용을 하니 몸이 차거나 설사를 자주 하는 사람은 너무 많이 먹지 않도록 주의하자.

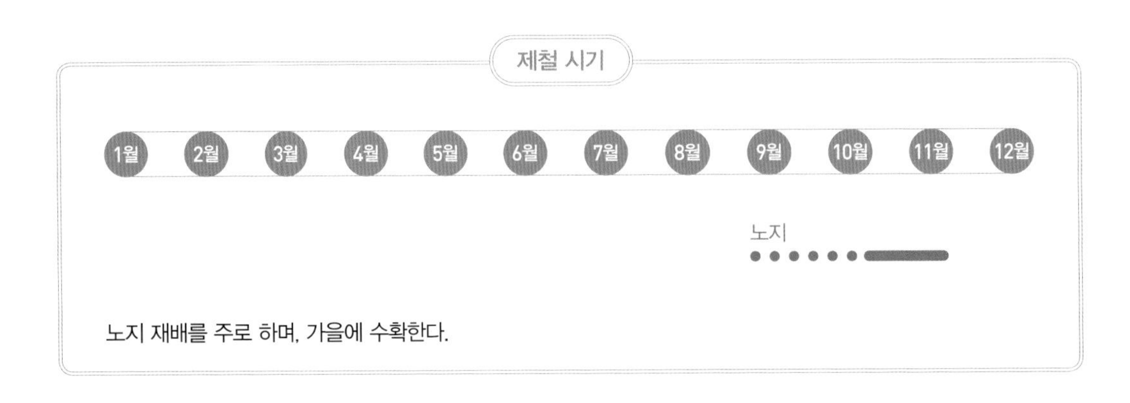

맛있는 동아 고르기

섭취

다양하게 즐길 수 있는 동아!

동아는 보통 즙이나 말린 것으로 판매하고 있다. 말린 동아와 동아의 씨는 차로도 마실 수 있다.

동아 얹은 게요리

맛이 담백하고 무난한 동아와 게의 고소한 풍미를 살리는 환상의 조합. 진한 국물에 생강으로 간을 맞추는 것이 포인트!

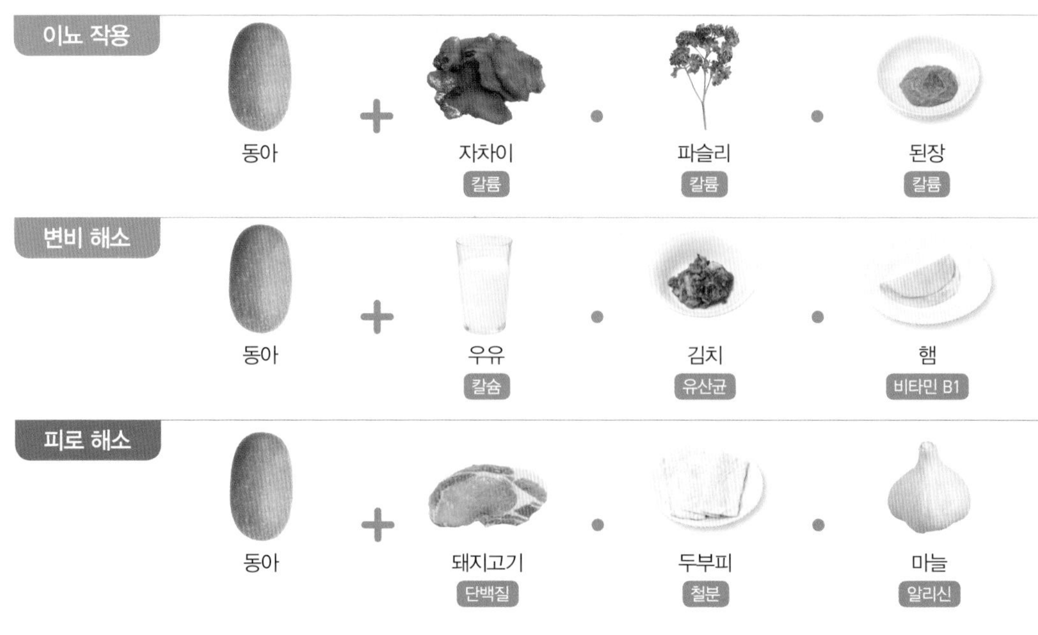

동아 닭날개탕

재료(2인분)

동아…400g
닭날개…4개
생강…1쪽
마늘…1쪽
소금, 후추…약간씩

A
붉은 고추…$\frac{1}{2}$개
물…2컵
치킨스톡 큐브…1개
청주…1큰술
간장…$\frac{1}{2}$큰술

B
녹말가루…1큰술
물…2큰술

만드는 법

1 동아는 씨를 파내고 껍질을 벗겨 4cm 크기로 깍둑썰기 한다.
2 생강은 얇게 썰고 마늘은 으깬다.
3 닭날개에 뜨거운 물을 붓는다.
4 냄비에 1, 2, 3과 A를 넣고 가열한다. 어느 정도 익으면 거품을 걷어내고, 뚜껑을 닫은 상태로 약불에서 30분간 끓인다.
5 소금과 후추로 간을 맞추고, 잘 섞은 B를 부은 후 국물이 걸쭉해지면 불을 끈다.

열매채소

옥수수

열매와 수염으로 일석이조의 영양 효과를!

벼, 밀과 함께 세계 3대 곡물에 꼽히는 옥수수. 하지만 한국에서는 주식이 아닌 간식 정도로 여겨진다. 옥수수는 단백질, 지방, 탄수화물을 많이 함유하고 있으며 채소 중에서 칼로리도 높은 편이다.

배아 부분에는 콜레스테롤 수치를 내리는 리놀레산, 피로 해소에 좋은 비타민 B1, 아스파라긴산, 신진대사를 촉진하는 비타민 B2, 두뇌를 활성화하는 글루탐산, 그 밖의 여러 가지 비타민과 무기질까지 균형 있게 함유되어 있다. 그리고 옥수수 알맹이 껍질에는 물에 녹지 않는 불용성 식이섬유가 많아서 장 활동을 촉진하고 그 결과 변비 해소, 대장암 예방에 도움이 되는 아주 우수한 채소다. 다만 신선도가 빨리 떨어지는 특징이 있어 수확 후 하루만 지나도 맛과 영양이 반감되므로 구입하고 곧바로 먹는 것이 좋다. 또한, 옥수수의 알맹이 껍질은 소화가 잘 안되므로 꼭꼭 씹어 먹어야 한다.

한편 옥수수는 식이섬유가 적은 육류와 궁합이 잘 맞아서 함께 요리하면 균형 있는 영양분을 섭취할 수 있다.

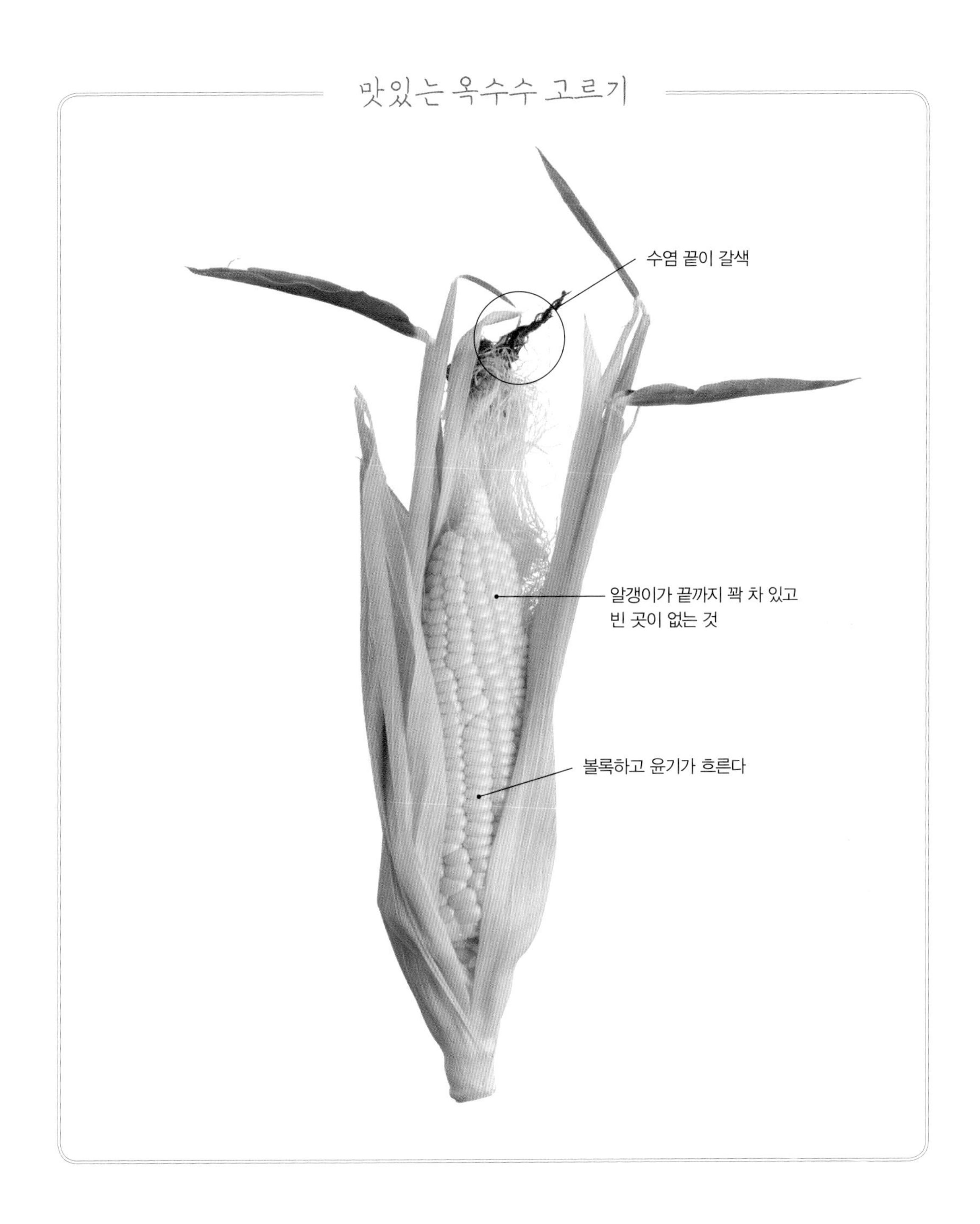

영양

옥수수수염에 약효가 듬뿍!

옥수수수염에는 이뇨 작용과 혈당치를 낮추는 효과가 있어서 한방에서는 남만모(南蠻毛)라고 부르기도 한다. 말린 수염을 약불에 끓이기만 해도 약효가 나므로 가정에서도 손쉽게 만들어 먹을 수 있다.

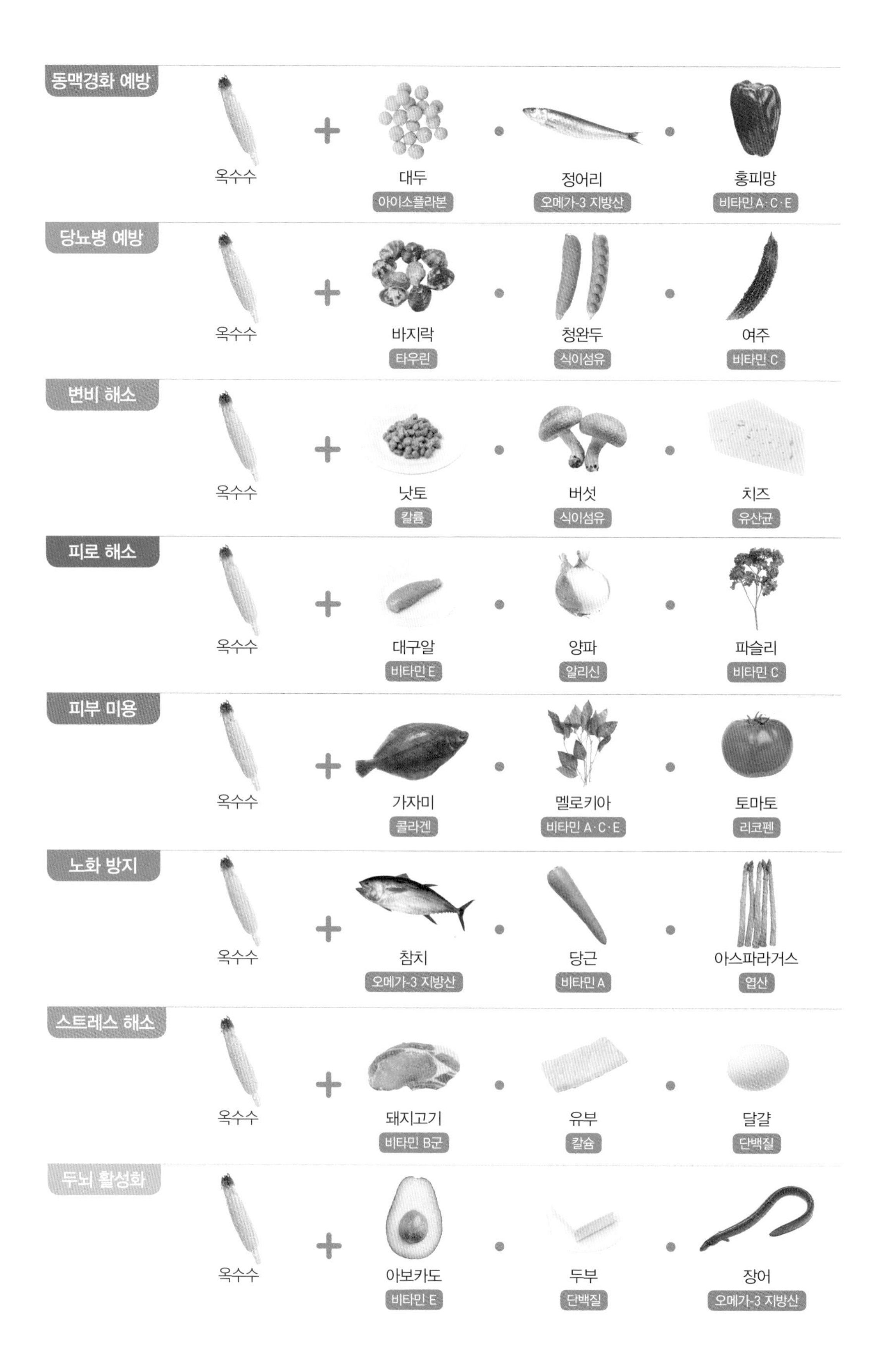
동맥경화 예방
옥수수
대두
아이소플라본
정어리
오메가-3 지방산
홍피망
비타민 A·C·E
당뇨병 예방
옥수수
바지락
타우린
청완두
식이섬유
여주
비타민 C
변비 해소
옥수수
낫토
칼륨
버섯
식이섬유
치즈
유산균
피로 해소
옥수수
대구알
비타민 E
양파
알리신
파슬리
비타민 C
피부 미용
옥수수
가자미
콜라겐
멜로키아
비타민 A·C·E
토마토
리코펜
노화 방지
옥수수
참치
오메가-3 지방산
당근
비타민 A
아스파라거스
엽산
스트레스 해소
옥수수
돼지고기
비타민 B군
유부
칼슘
달걀
단백질
두뇌 활성화
옥수수
아보카도
비타민 E
두부
단백질
장어
오메가-3 지방산

옥수수 달걀 부침

재료(2인분)

옥수수…$\frac{1}{2}$개
실파…2뿌리
달걀…2개
샐러드유…1작은술
A | 설탕…1작은술
  | 소금, 후추…약간씩

만드는 법

1 옥수수는 칼로 한 알씩 뜯어내고, 실파는 송송 썰어둔다.
2 볼에 달걀을 깨 넣은 다음 A와 1을 넣어 잘 섞는다.
3 달궈진 프라이팬에 샐러드유를 두른 후 2를 붓고 뒤집어가며 굽는다.
4 부채꼴 모양으로 먹음직스럽게 썬다.

바지락
제철:3월~6월,
9월~12월
산지:①서산 ②고흥 ③부안
간 기능을 돕는 타우린, 미각을 정상적으로 유지해주는 아연, 빈혈 예방에 도움이 되는 철이 많다

고등어
제철:연중 계속
산지:전 연안
두뇌 활동을 강화해주는 오메가-3 지방산과 뇌졸중, 심장병 예방에 뛰어난 타우린을 함유하고 있다

가리비
제철:11월~12월
산지:전 연안
성인병을 예방하는 타우린, 구내염과 피부 트러블을 예방하는 비타민 B2를 많이 함유하고 있다

주꾸미
제철:9월~10월
산지:①군산 ②서천 ③무창포
숙취 해소에 좋은 타우린, 두통과 냉증 개선에 도움이 되는 니아신이 듬뿍 들어 있다

재첩
제철:5월~6월
산지:①광양 ②하동
간 기능을 촉진하는 글리코겐과 비타민 B12가 풍부해서 숙취 해소에 최고다

전갱이
제철:연중 계속
산지:전 연안
오메가-3 지방산, 타우린이 풍부해서 고혈압과 동맥경화, 뇌경색 예방에 효과적이다

새우
제철:(대하)9월~11월
(보리새우)9월~12월
산지:①보령 ②제주 ③인천
혈당치, 콜레스테롤 수치를 낮추는 베타인과 간 기능을 높이는 타우린이 풍부하다

뱀장어
제철:8월~10월
산지:①서남해 ②충남 ③전북 ④경남 일대
면역력 강화에 좋은 비타민 A, 자양강장과 피로 해소에 효과적인 뮤신을 함유하고 있다

도미
제철:11월~3월
산지:①전 해안
고단백질 저지방 생선. 비타민, 무기질이 풍부해서 식욕과 숙취, 피부 미용에 좋다

미역
제철:연중 계속
산지:①완도 ②전 연안
신진대사를 촉진하는 요오드, 정장 작용을 하는 후코이단, 뼈를 튼튼하게 해주는 칼슘이 듬뿍 들어 있다

방어
제철:8월~12월
산지:①제주 ②어청도
농후한 맛이 일품이며 지방이 많은 방어는 성인병과 치매 예방에 효과적인 오메가-3 지방산이 풍부하다

대구
제철:11월~4월
산지:①고성 ②삼척 ③서해 대청만
지방이 적은 저칼로리 생선 대구는 비타민 D·E와 심장 기능을 강화하는 타우린이 풍부하다

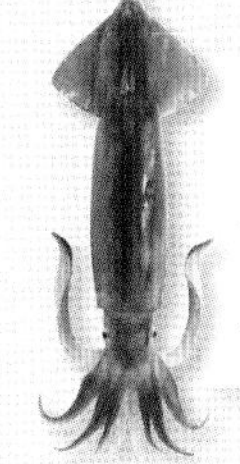

오징어
제철:연중 계속
산지:①울릉도 ②동해 일대 ③묵호
혈중 콜레스테롤 수치를 낮추고, 중성지방을 줄이는 타우린이 풍부하다

청어
제철:1월~2월
산지:①구룡포 ②동해안
혈액을 맑게 해주는 오메가-3 지방산, 피부 트러블 방지와 감기 예방에 좋은 비타민류가 풍부하다

연어
제철:9월~11월
산지:①고성 ②울진 ③동해안 일대
강력한 항산화 작용을 자랑하는 아스타잔틴이 풍부해서 동맥경화, 백내장, 위궤양 예방에 좋다

꽁치
제철:9월~12월
산지:①동해 ②주문진 ③부산
소고기에 필적하는 양질의 단백질과 성인병 예방에 효과적인 오메가-3 지방산을 함유하고 있다

정어리
제철:9월~11월
산지:①남해안 ②동해안 일대
혈액을 맑게 해주는 오메가-3 지방산, 뼈를 튼튼하게 해주는 칼슘, 빈혈을 방지하는 철분을 다량으로 함유하고 있다

굴
제철:10월~2월
산지:①통영 ②고성 ③남해
무기질이 풍부한 굴은 특히 고혈압 예방에 좋은 타우린, 미각 유지에 도움을 주는 아연을 많이 함유하고 있다

참치
제철:4월~6월
산지:①제주 ②동해안
훌륭한 단백질원인 참치는 뇌세포를 활성화시키고 혈액을 맑게 해주는 오메가-3 지방산을 다량 함유하고 있다

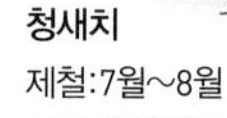

청새치
제철:7월~8월
산지:①제주도 ②남해안 일대
고단백질 저지방 생선. 칼륨이 풍부해서 고혈압 예방에 매우 효과적이다

삼치
제철:9월~11월
산지:①부산 ②남해 ③여수
눈의 충혈 예방에 효과적인 비타민 B2, 칼슘과 인 흡수를 돕는 비타민 D를 함유하고 있다

가다랑어
제철:연중계속
산지:①제주도 ②남해안 일대
신경을 안정시켜주는 비타민 B12, 피로 해소에 좋은 비타민 B10이 풍부하다

가자미
제철:4월~6월
10월~11월
산지:①동해안 ②소흑산도 ③제주
고단백질 저칼로리 생선. 지느러미 부분에 피부를 촉촉하게 해주는 콜라겐을 많이 함유하고 있다

잿방어
제철:9월~10월
산지:①남해 ②제주도
피부와 점막을 튼튼하게 유지해주는 니아신, 냉증 예방과 혈액에 좋은 철분이 풍부하다

그 밖의 해산물은 언제가 제철일까?

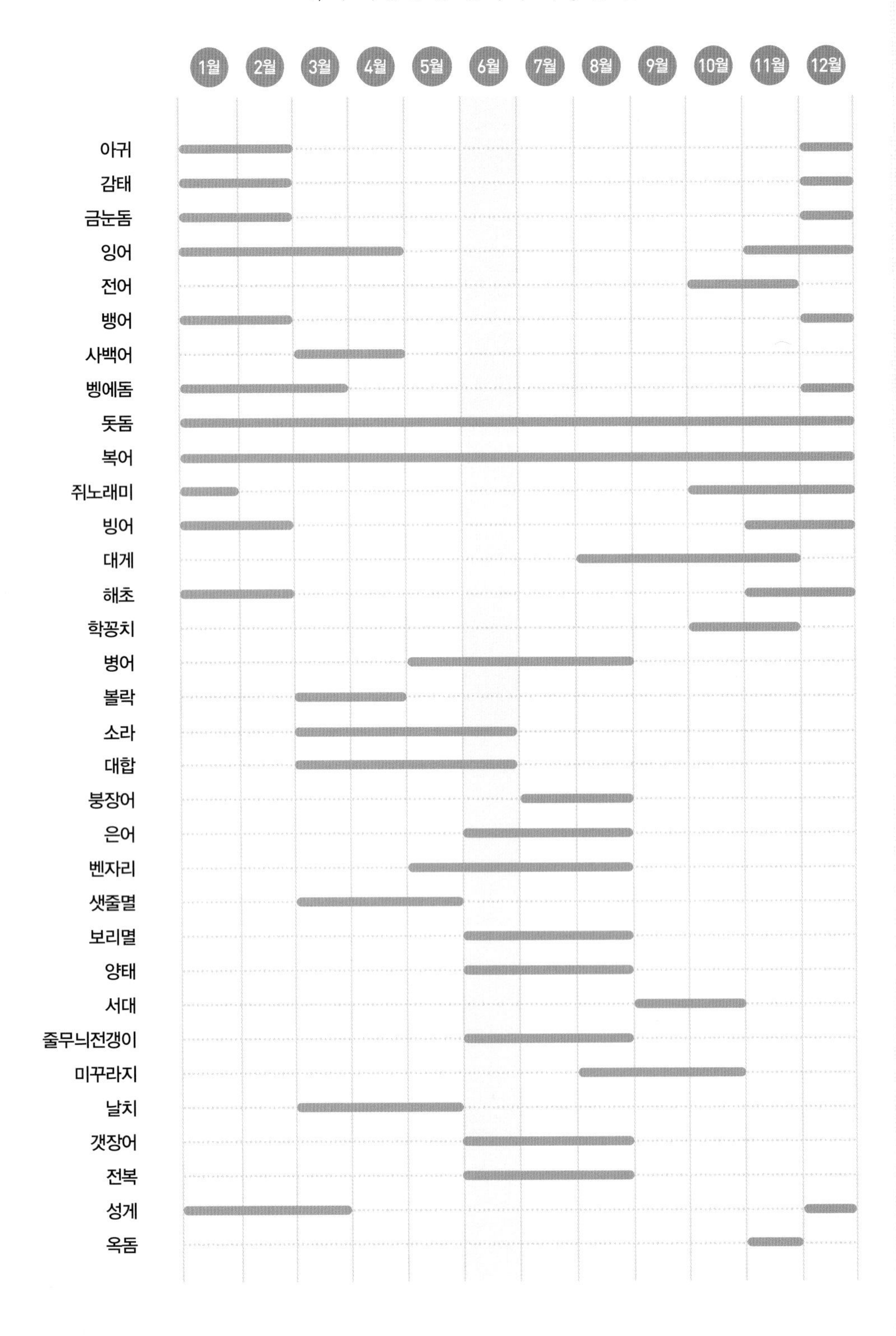

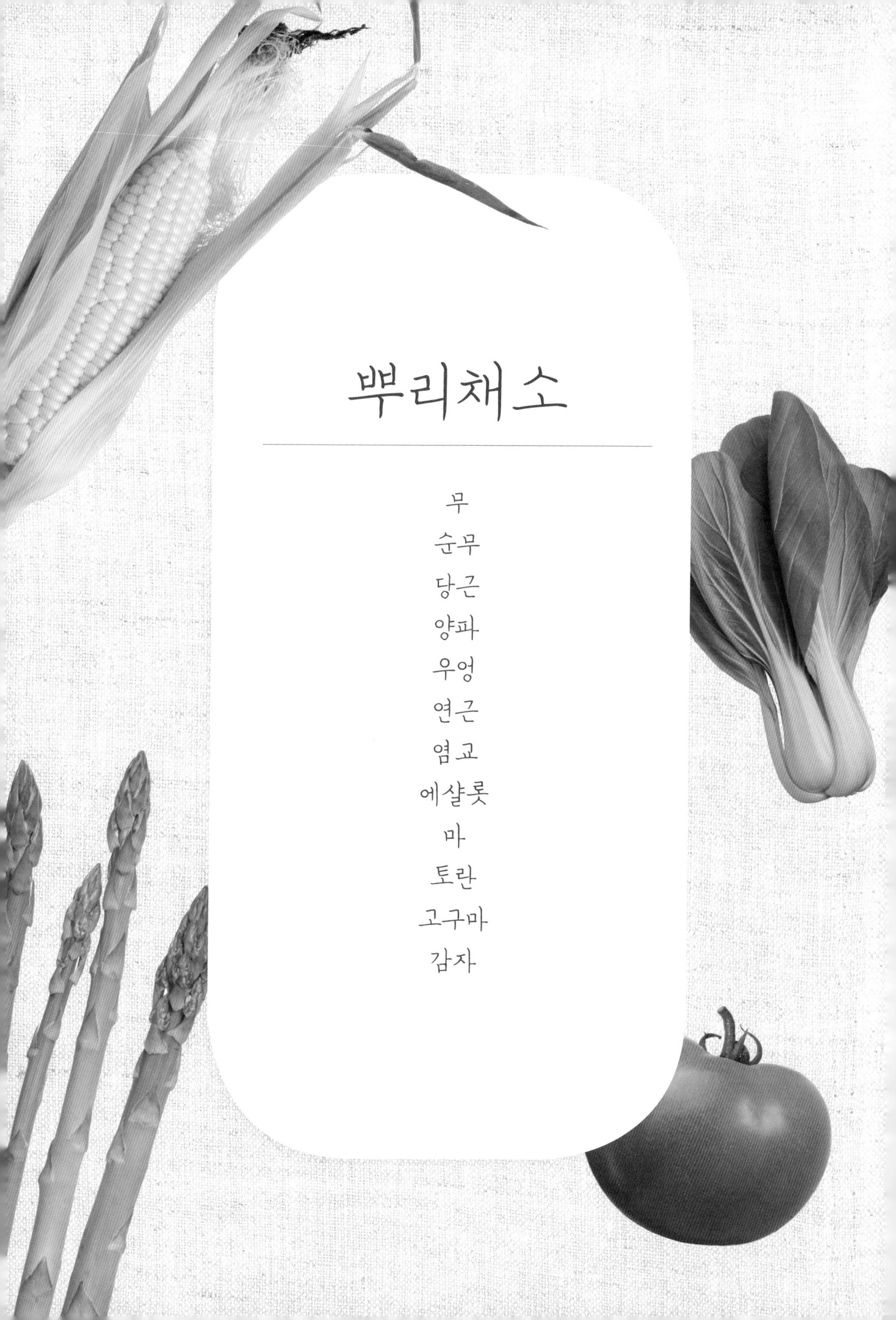

뿌리채소

무
순무
당근
양파
우엉
연근
염교
에샬롯
마
토란
고구마
감자

무

풍부한 소화 효소로 위장을 튼튼하게!

무는 소화를 촉진하는 여러 가지 효소를 풍부하게 함유하고 있다. 무에 포함된 녹말가루 분해 효소 아밀레이스는 위장 운동을 활발하게 해서 소화를 돕고 속 쓰림, 더부룩함, 숙취 예방에 도움을 주는 효과가 있다.

무 특유의 매운맛은 알릴이소티오시아네이트(AITC)라는 성분에서 나오고 위액 분비를 촉진해서 암을 예방하는 역할을 한다. 이 성분은 무를 갈 때 파괴되었던 세포가 효소에 닿으면서 생성되는데, 살균 작용으로 위와 점막에 자극을 주기도 하므로 너무 많이 먹지 않도록 주의해야 한다.

한편 녹황색 채소인 무청에는 베타카로틴, 칼슘, 식이섬유, 비타민 C가 풍부해서 감기 예방과 피부 미용에 탁월하다.

베타카로틴은 기름과 만나면 흡수율이 높아진다. 그래서 무청을 부드럽게 삶아 볶거나 된장찌개에 넣으면 한결 편하게 먹을 수 있다. 무 껍질 주위에 비타민 C가 많으니 껍질을 튀김으로 요리해 먹어도 좋다.

봄과 가을 재배로 일 년에 두 번 출하한다.

맛있는 무 고르기

영양

무말랭이는 슈퍼 무!

무를 햇볕에 말리면 칼슘이 22배, 칼륨과 식이섬유는 14배, 철분은 48배나! 눈이 휘둥그레질 만큼 영양가가 늘어난다.

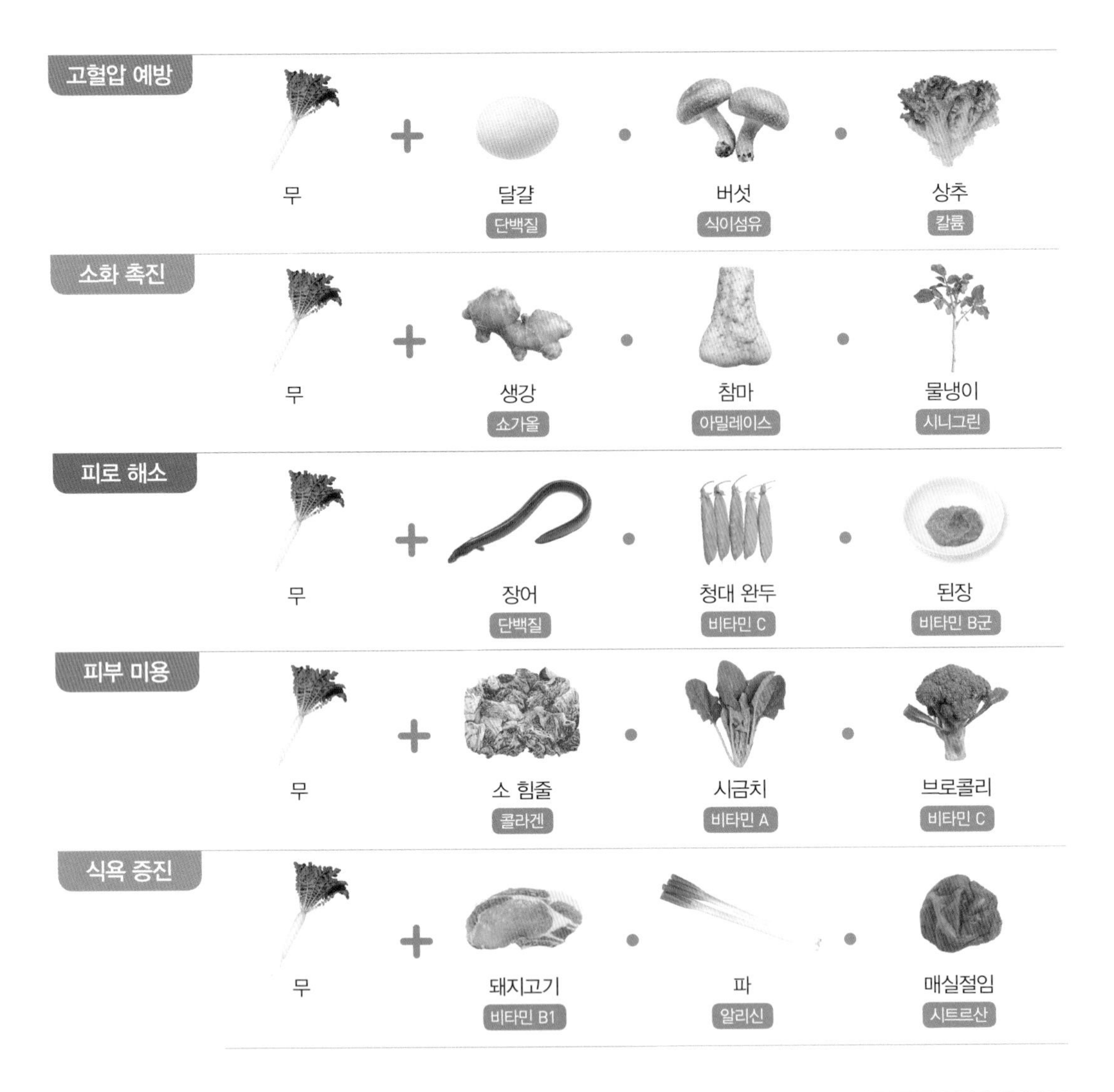

무 돼지고기 장조림

무에 듬뿍 들어 있는 식이섬유는 지방 흡수를 억제해준다. 이 점을 이용해서 비타민 B1이 많은 돼지고기와 무를 함께 섭취하자.

소고기 샤브샤브 무즙 무침

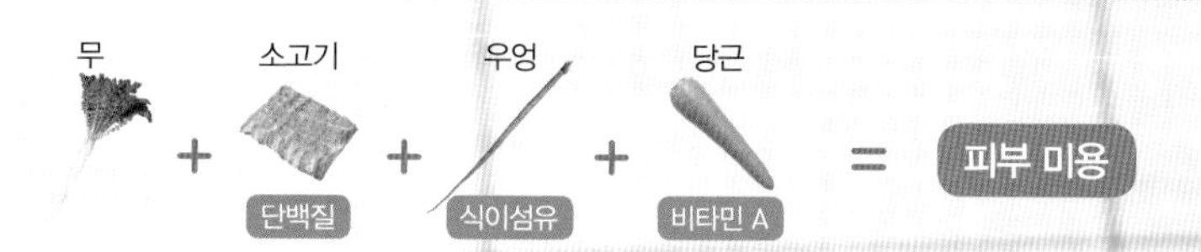

재료(2인분)

무…6cm
소고기(샤브샤브용)…50g
우엉…10cm
당근…5cm
폰즈 소스…적당량
청주…1큰술
소금…약간

만드는 법

1 무는 껍질을 벗겨 갈고, 소쿠리에 담아 물기가 빠질 때까지 둔다.
2 우엉은 껍질을 긁어내고 감자칼을 이용해서 당근과 함께 5cm 길이로 저민다.
3 우엉을 물에 헹군 후 물기를 뺀다.
4 냄비에 물을 끓여서 청주 1큰술과 소금 약간, 우엉, 당근, 소고기를 넣는다. 고기 색이 변하면 소쿠리에 모두 담아 물기를 제거한다.
5 볼에 4와 갈아놓은 무를 넣고 잘 버무린 뒤, 접시에 담고 폰즈 소스를 뿌린다.

뿌리채소

순무

잎과 뿌리를 듬뿍 먹고 병에 걸리지 않는 튼튼한 몸으로!

하얀 뿌리 부분은 담색 채소, 무청은 녹황색 채소로 분류되는 순무는 특히 뿌리 부분에 아밀레이스 등 분해 효소가 많아서 위염, 속 쓰림 등에 효과가 있다.

그리고 뿌리보다 영양분이 풍부하다고 알려진 무청은 베타카로틴, 칼륨, 칼슘, 철, 식이섬유, 비타민 C·E 등 각종 영양 성분을 포함해서 골다공증 예방, 피부 미용, 빈혈 예방, 변비 개선 등 여러 가지 증상 개선에 도움이 된다. 무와 마찬가지로 글루코시놀레이트라는 매운맛의 원천 성분이 '미로시나아제' 효소에 의해 알릴이소티오시아네이트로 바뀐다.

순무의 뿌리에 든 분해 효소는 열에 약하므로 샐러드나 무침 등 생으로 먹는 것이 가장 좋다. 조림이나 스튜, 혹은 곱게 갈아서 찐 요리 등으로 만들어 먹으면 맵지 않고 부드러운 맛을 만끽할 수 있다. 단, 너무 익히면 뭉크러지기 쉬우므로 불의 세기에 신경 써야 한다. 그리고 무청은 떫은맛이 적어 요리하기 좋으므로 절임이나 조림 요리로 먹기를 권한다.

순무는 구입하는 즉시 뿌리와 무청을 분리해서 따로 보관해야 한다.

품종

유럽계와 동양계로!

순무는 유럽계 순무 품종과 동양계 순무 품종이 있다. 일반적으로 유럽계 순무는 추위에 강하고 딱딱해서 절임용에 어울린다. 반면, 동양계 순무는 뿌리와 무청이 모두 부드러워서 생식과 조림용으로 사용한다.

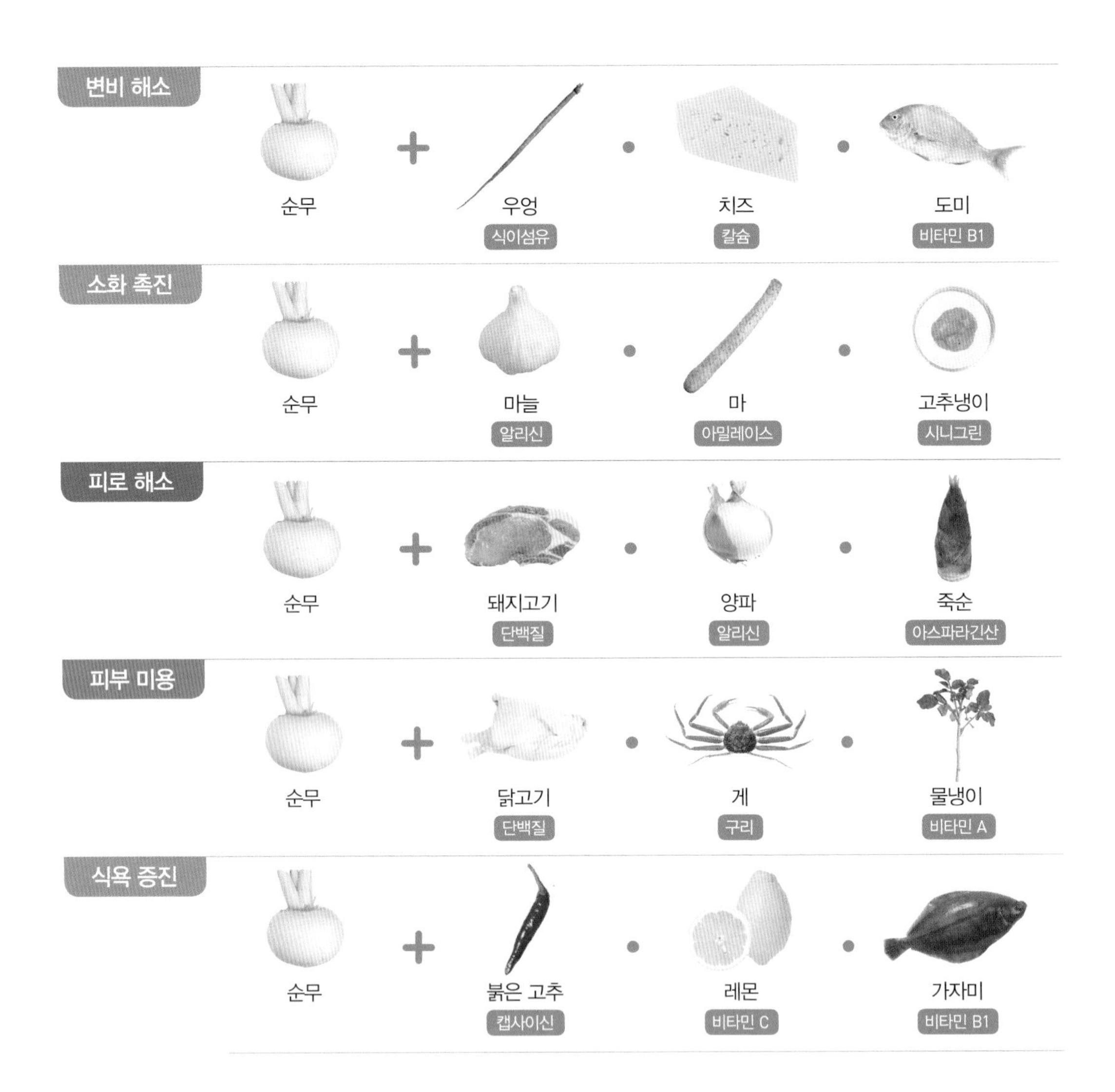

순무절임

열에 약한 비타민 C나 아밀레이스도 빠짐없이 섭취할 수 있다.

순무 가리비 카르파초

재료(2인분)

순무…2개
순무청…약간
가리비 관자(횟감용)…4개
레몬…$\frac{1}{2}$개
소금…$\frac{1}{4}$작은술
A 올리브유…2작은술
A 소금, 후추…약간씩

만드는 법

1 순무는 5mm 굵기로 통썰기 한 다음 소금을 뿌리고, 무가 말랑말랑 해지면 물기를 짠다.
2 순무청은 2cm 길이로 자르고, 가리비는 얇게 포 뜨듯이 썰어둔다.
3 레몬은 통썰기 해서 그중 한 장만 부채꼴 모양으로 8등분하고, 나머지 레몬은 즙을 짜놓는다.
4 작은 볼에 A와 3의 레몬즙을 넣고 잘 섞는다.
5 접시에 순무를 담고 가리비를 올린 후 4를 붓는다. 마지막으로 잘라 놓은 순무청과 3의 레몬 조각들을 뿌린다.

뿌리채소

당근

세포 노화를 억제하는 베타카로틴이 풍부!

당근은 반 개로 하루에 필요한 베타카로틴 섭취량을 모두 채울 수 있을 정도로, 함유량이 단연 으뜸이다. 베타카로틴은 몸속에서 비타민 A로 바뀌어 체내 저항력을 높여주기 때문에 눈과 몸의 피로 해소, 감기, 성인병 예방에 도움이 된다. 또 항산화 작용으로 면역력을 높여주고, 동맥경화와 암도 예방해준다.

게다가 당근은 고혈압 예방에 효과적인 칼륨, 변비 개선에 탁월한 식이섬유도 포함하고 있고 잎에도 칼륨, 칼슘, 베타카로틴 등이 풍부하게 들어 있다.

베타카로틴은 당근 껍질 부근에 많으므로 조리 시에 될 수 있으면 껍질째 요리하는 것이 좋다. 또 기름과 같이 요리하면 흡수율이 더 높아지는 만큼 볶음 요리나 드레싱을 뿌린 샐러드를 추천한다.

다만 당근에는 비타민 C를 파괴하는 효소도 들어 있다. 따라서 당근을 비타민 C를 포함한 식재료와 같이 요리해서 먹을 때는 식초를 뿌리거나 미리 살짝 익혀놓아서 효소 작용을 억제해야 한다.

맛있는 당근 고르기

품종

빨간색 당근, 보라색 당근도?!

붉은 오촌당근에는 베타카로틴이 아닌 리코펜이 다량으로 들어 있다. 보라색 당근은 자색당근이라고 불리며, 베타카로틴 이외에 폴리페놀의 일종인 안토시아닌도 함유되어 있다. 자색 당근에는 시력 회복, 간 기능 개선 효과가 있다.

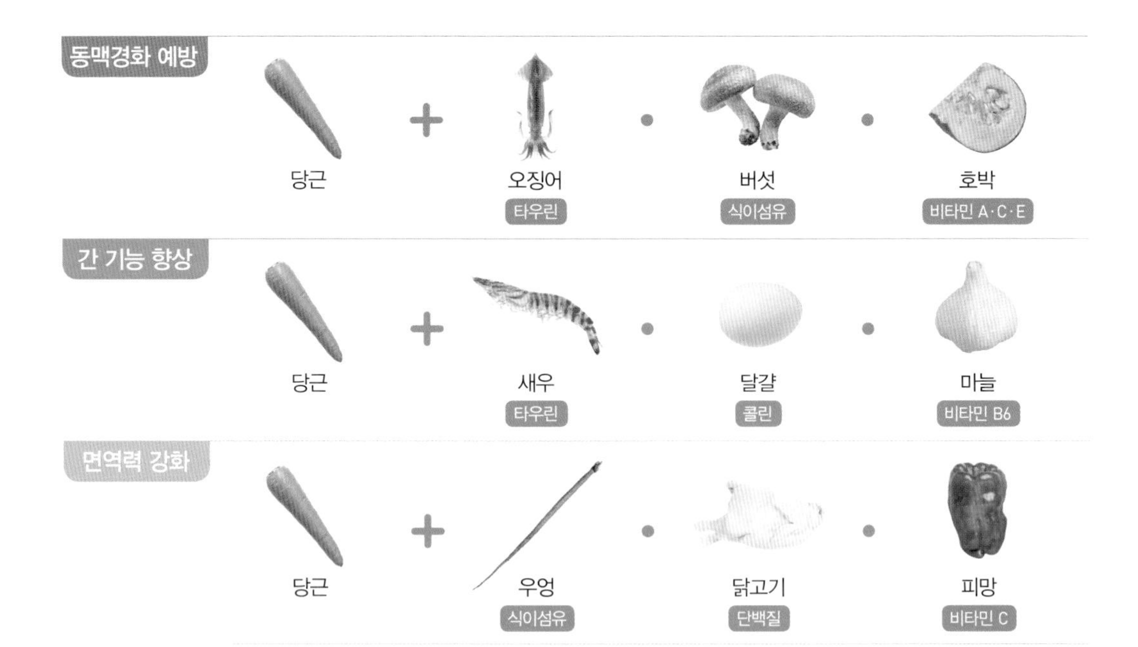

당근 우엉 튀김

우엉과 당근은 껍질 부근에 특히 영양가가 많으므로 잘 씻어서 껍질째 먹는 게 좋다.

당근 명란 볶음

재료(2인분)

당근…1개
명란젓…$\frac{1}{2}$개(40g)
소금, 후추…약간씩
샐러드유…$\frac{1}{2}$큰술

만드는 법

1 채 썬 당근에 소금을 1작은술(표시된 재료 외) 뿌리고 당근이 나긋나긋해지면 물기를 뺀다.
2 명란젓은 얇은 껍질을 벗겨내고 알을 풀어둔다.
3 달군 프라이팬에 샐러드유를 두르고 당근을 볶은 다음 명란젓을 넣는다. 마지막으로 소금과 후추로 간을 맞춘다.

뿌리채소

양파

눈을 따갑게 하는 성분이 심신 피로를 해소시킨다!

양파를 썰 때 눈물이 나는 이유는 유화아릴이라는 휘발성 성분 때문이다. 유화아릴은 비타민 B1의 흡수를 높이는 작용을 해서 심신 피로, 불면증, 불안증 해소에 도움이 된다.

또, 몸에 좋은 HDL 콜레스테롤 수치를 높이고 혈소판 응고를 억제하여 혈액을 맑게 만들어줘서 동맥경화, 혈행 불량, 뇌혈전, 뇌경색 예방에도 효과가 탁월하다.

양파의 알리신은 비타민 B1과 결합하면 알리티아민이라는 물질로 바뀌어 몸속에 머물면서 효과를 유지한다. 게다가 양파는 장내 유익한 균을 늘리는 프락토올리고당도 함유해서 변비 개선과 피부 트러블 진정에 좋다.

따라서 양파는 비타민 B1이 풍부한 돼지고기, 베이컨 등과 함께 요리하면 비타민 B1을 효과적으로 섭취할 수 있다. 또 유화아릴은 물에 잘 녹고 열에 약한 성질이 있는 만큼 양파를 갈아 넣은 드레싱도 추천한다.

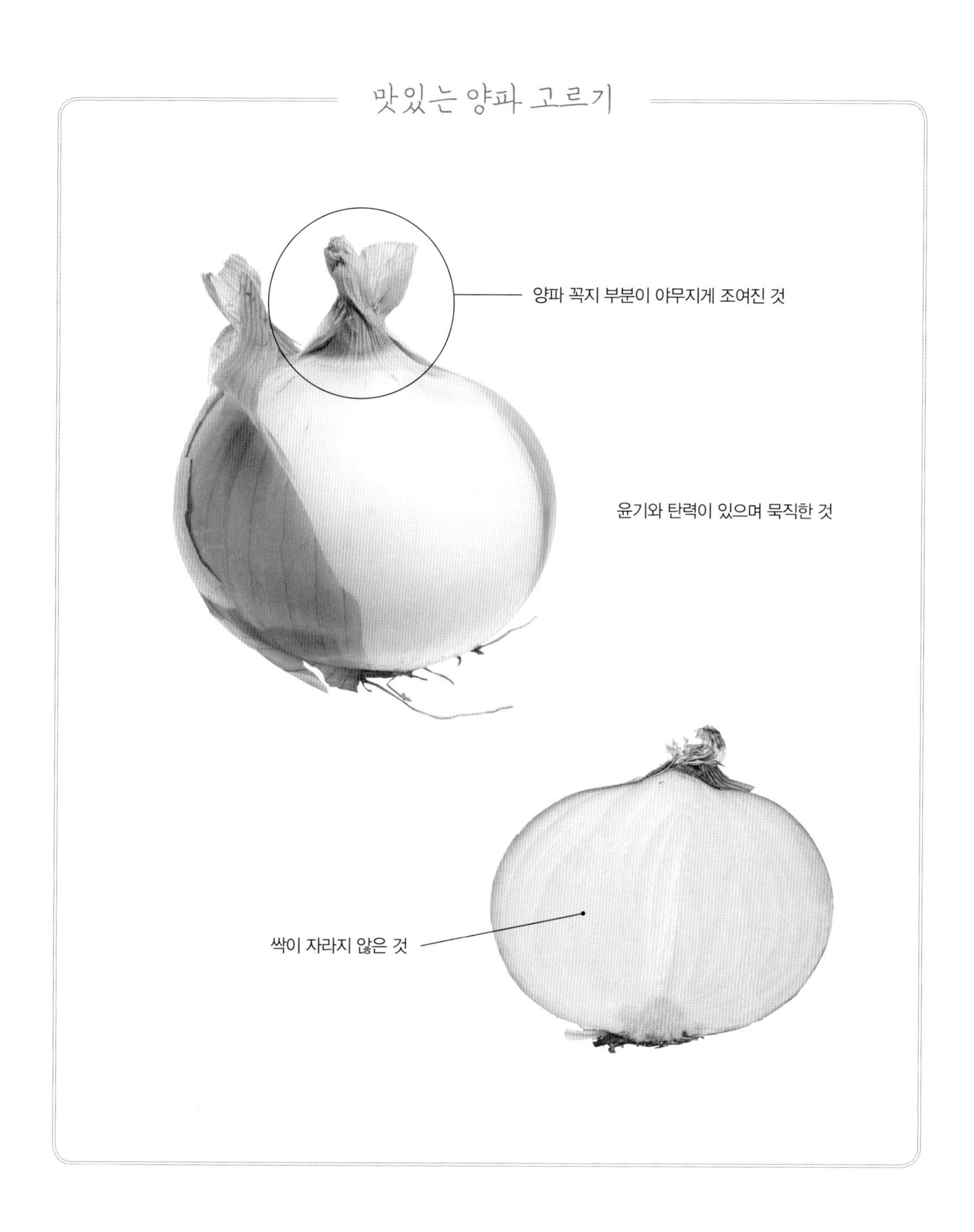

영양

양파 껍질의 놀라운 효능

양파의 갈색 껍질에 함유된 쿼세틴은 폴리페놀의 일종으로 활성산소를 억제하는 효과가 있다. 이러한 효능 때문에 예부터 민간요법으로 양파 껍질을 달여 마셨다.

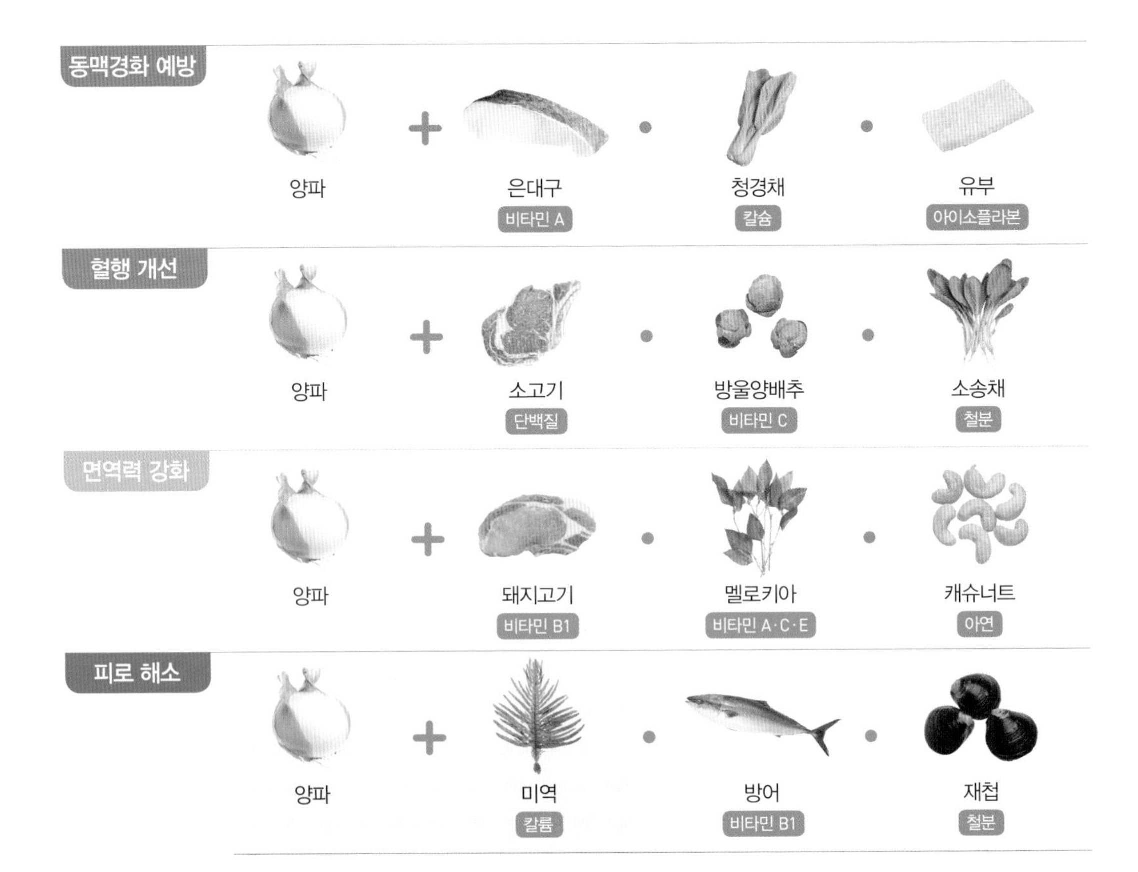

양파 미역 된장국

된장에는 양질의 대두 단백질과 여러 가지 무기질 등이 함유되어 있다. 또 미역은 고혈압과 변비 예방에 좋은 칼륨, 식이섬유 등을 함유한 저칼로리 식품이다. 만약 염분이 걱정된다면 국물의 양을 적게 하면 된다.

맑은 양파수프

양파  + 베이컨  비타민 B1 + 파슬리 철분 = 혈행 개선

재료(2인분)

양파…작은 것 2개
베이컨…1장
파슬리 가루…약간

A
- 물…1컵
- 치킨스톡 큐브…1개
- 월계수 잎…1장
- 와인(혹은 청주)…1큰술
- 소금, 후추…약간씩

만드는 법

1 양파는 양끝을 1cm 정도 자른 뒤 아랫부분에 십자 모양으로 칼집을 넣는다. 베이컨은 반으로 자른다.
2 냄비에 A와 양파, 베이컨을 넣고 냄비 뚜껑을 반쯤 덮은 후 약불에서 30~40분 정도 익힌다. 양파가 부드러워지면 불을 끈다. 파슬리 가루를 뿌리면 완성.

뿌리채소

우엉

장 청소에 제격! 식이섬유가 놀랄 만큼 풍부!

식이섬유를 함유한 채소는 많지만, 우엉은 특이하게 수용성 식이섬유와 불용성 식이섬유를 모두 듬뿍 포함한 채소다.

수용성 식이섬유 이눌린은 신장과 간 기능을 높일 뿐만 아니라 혈당치 상승을 억제하고 콜레스테롤 수치를 낮추며 이뇨 작용도 돕는다. 불용성 식이섬유 리그닌은 장을 활발하게 하고 정장 작용, 변비 해소, 대장암 예방에 도움이 된다. 두 식이섬유의 상승 효과로 동맥경화와 당뇨병, 암 예방을 기대할 수 있다. 그리고 우엉의 떫은맛을 내는 성분은 클로로겐산, 타닌 등 폴리페놀류로 항산화 작용이 있어서 노화 방지, 암 예방에 좋다.

우엉 껍질 바로 아랫부분에 감칠맛을 내는 영양 성분이 특히 많이 있으므로 껍질을 모두 깨끗이 벗겨내기보다는 수세미로 살짝 문지르거나 칼로 얇게 긁어내어 물에 재빨리 헹구어 먹는 것이 좋다.

우엉을 하얗게 유지하고 싶다면 식초 물에 담가둔다. 한편 클로로겐산은 곤약 등 알칼리성과 닿으면 초록색으로 바뀌지만, 먹어도 인체에 무해하니 걱정할 필요 없다.

맛있는 우엉 고르기

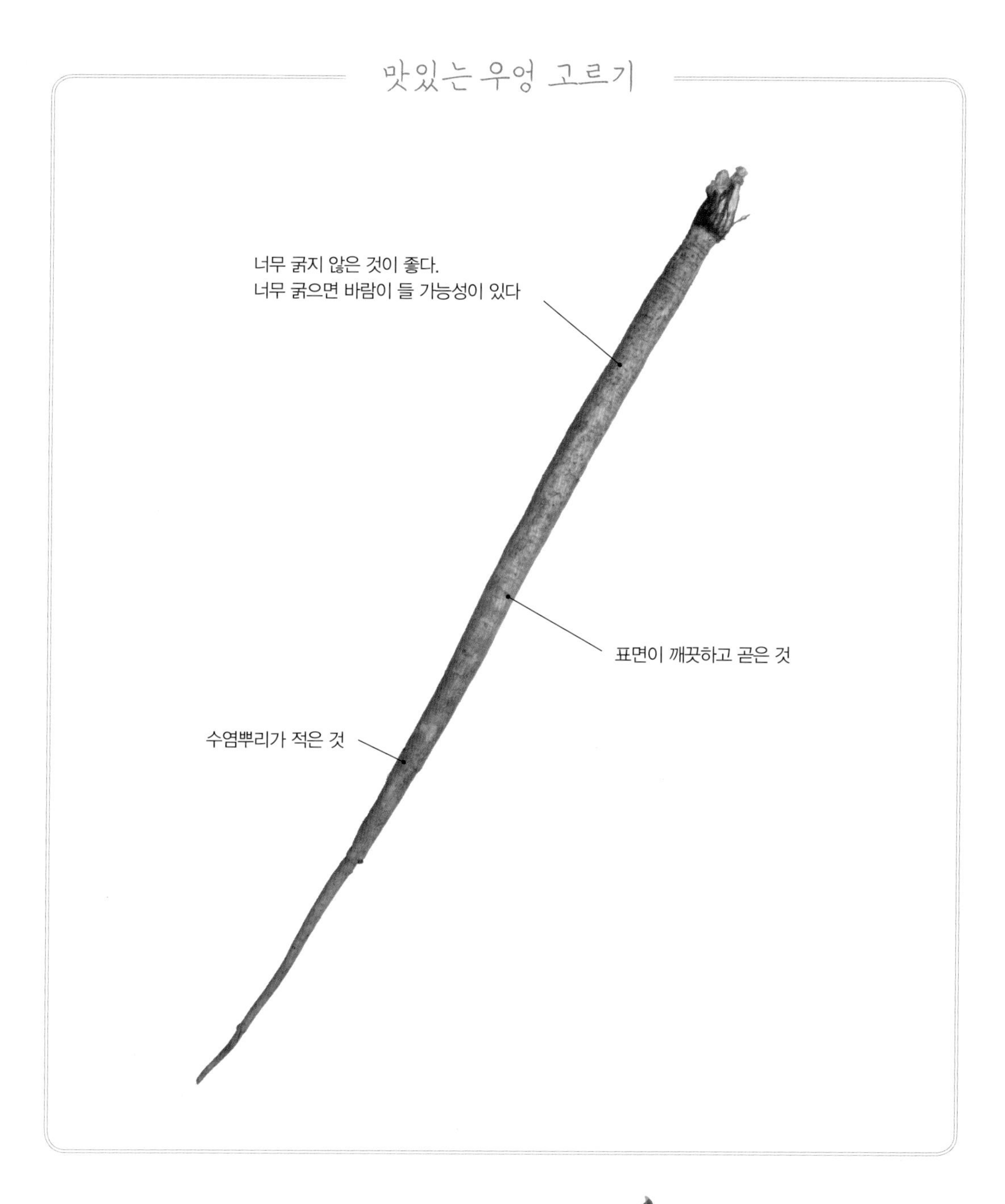

영양

우엉의 잎과 씨

우엉을 식용으로 하는 나라는 한국과 일본뿐이다. 또 한방에서는 감기나 편도선염에 우엉 씨(우방자)를 처방한다.

우엉 잎

우엉 씨

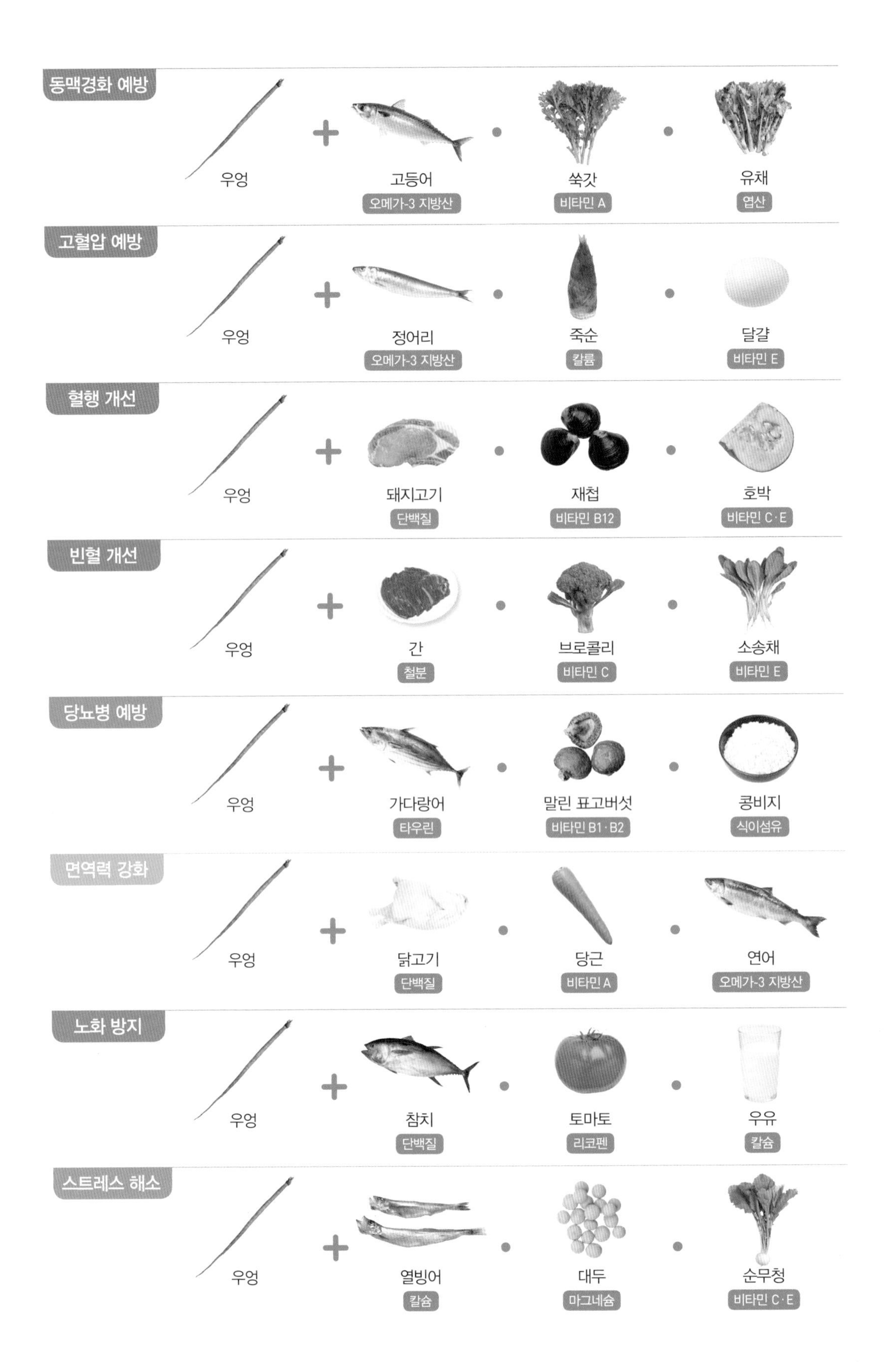
동맥경화 예방
우엉
고등어
오메가-3 지방산
쑥갓
비타민 A
유채
엽산
고혈압 예방
우엉
정어리
오메가-3 지방산
죽순
칼륨
달걀
비타민 E
혈행 개선
우엉
돼지고기
단백질
재첩
비타민 B12
호박
비타민 C·E
빈혈 개선
우엉
간
철분
브로콜리
비타민 C
소송채
비타민 E
당뇨병 예방
우엉
가다랑어
타우린
말린 표고버섯
비타민 B1·B2
콩비지
식이섬유
면역력 강화
우엉
닭고기
단백질
당근
비타민 A
연어
오메가-3 지방산
노화 방지
우엉
참치
단백질
토마토
리코펜
우유
칼슘
스트레스 해소
우엉
열빙어
칼슘
대두
마그네슘
순무청
비타민 C·E

우엉 연근 조림

우엉 + 연근 + 당근 = 면역력 강화

연근: 비타민 C

당근: 비타민 A

재료(2인분)

우엉…20cm
연근…40g
당근…30g
볶은 깨…1작은술

A
- 맛국물…$\frac{1}{3}$컵
- 설탕…1큰술
- 식초…$\frac{1}{2}$큰술
- 소금…$\frac{1}{8}$작은술
- 간장…1작은술

만드는 법

1 우엉은 껍질을 긁어내서 얇게 어슷썰기 하고, 연근은 부채꼴썰기 하여 물에 헹군 후 물기를 뺀다.
2 당근은 세로로 반을 자른 다음 얇게 어슷썰기 한다.
3 냄비에 A와 1, 2를 넣고 뚜껑을 살짝 연 상태로 중불에서 끓인다. 이따금 휘저으면서 국물이 없어질 때까지 6~7분간 익힌 다음 볶은 깨를 뿌려 마무리한다.

뿌리채소

연근

몸속을 깨끗하게 청소해주는 미용 채소

연근에는 신진대사를 도와 피로 해소, 피부 트러블 개선, 눈 충혈 예방 등에 탁월한 비타민 C가 듬뿍 들어 있다. 게다가 장을 청소해주고 콜레스테롤을 흡수하여 체외로 배출해주는 식이섬유도 풍부하다. 또 연근에는 고혈압 예방과 개선에 좋은 칼륨도 많다.

연근을 자르면 실같은 물질이 나오는데, 바로 점성 성분인 뮤신이다. 뮤신은 위 점막을 보호해서 위염과 위궤양을 예방해주고 면역력을 강화하는 효능이 있다.

연근 껍질과 마디에 다량으로 함유된 타닌은 자른 단면이 변색되는 원인이기도 하지만, 소염과 지혈 작용이 있어서 위궤양, 코피 지혈 등에 효과가 있다.

연근은 식초를 뿌리거나 단시간 가열하면 아삭아삭한 식감, 오래 익히면 쫀득쫀득한 식감이 나는 특징이 있다. 또 연근을 곱게 갈아 사용하면 소스나 수프가 더 걸쭉해지므로 더욱 다채로운 식감을 즐길 수 있다.

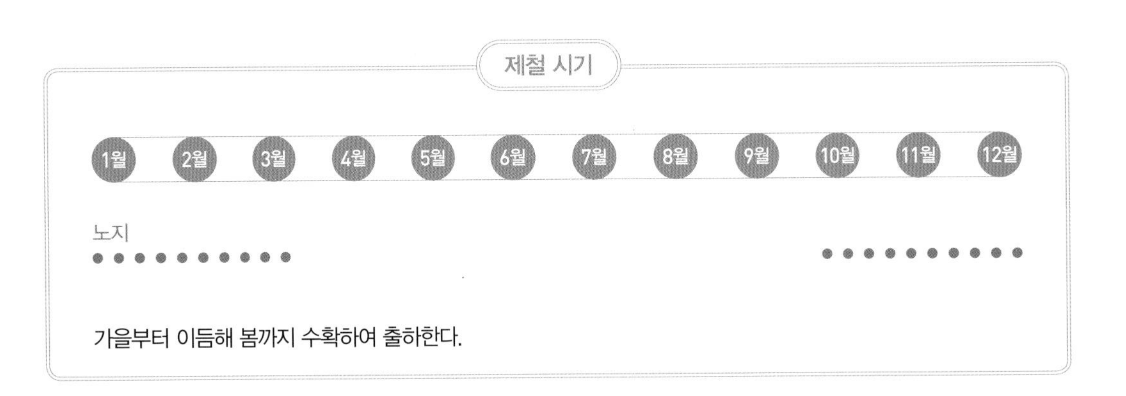

맛있는 연근 고르기

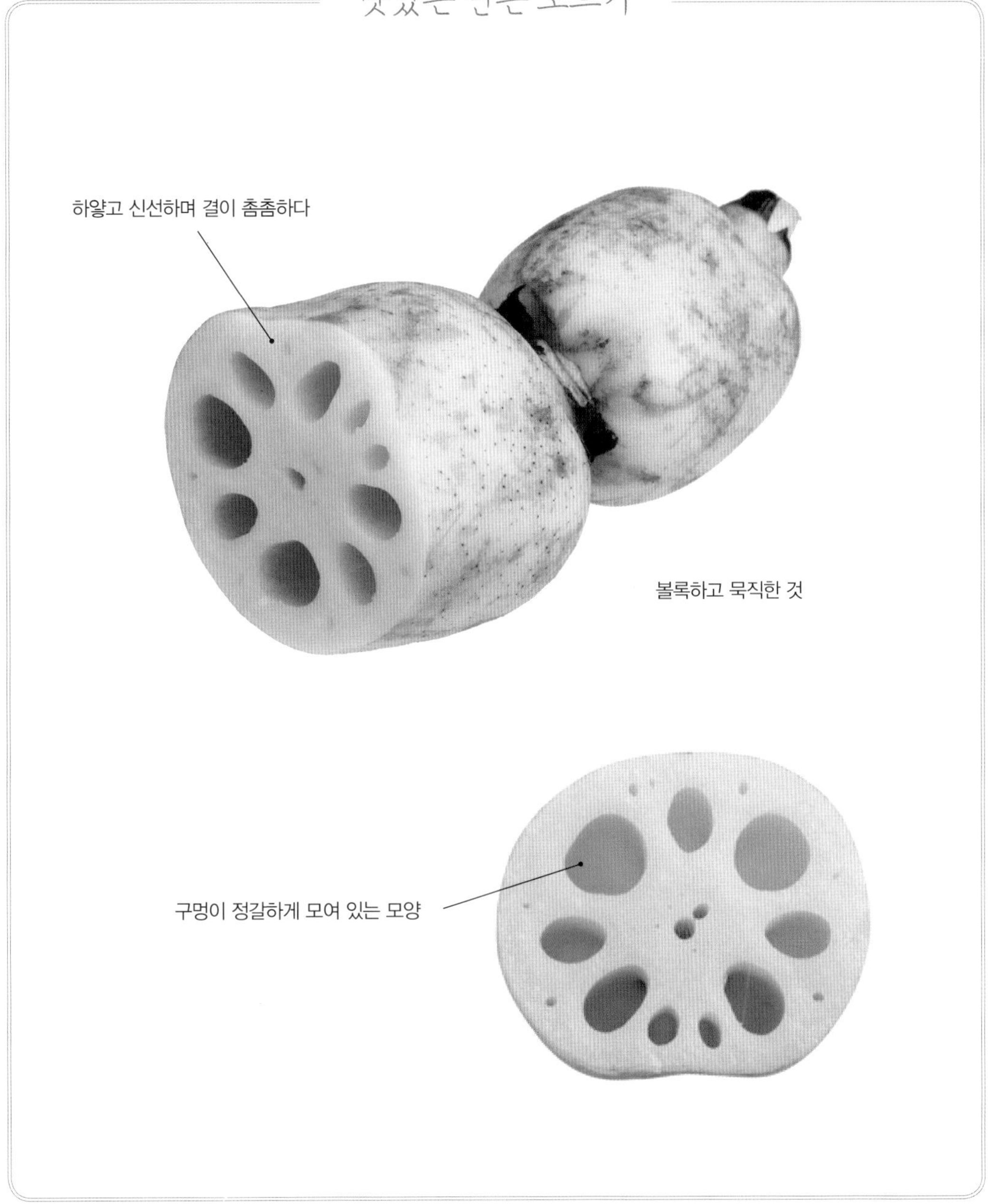

조리

자른 즉시 식초 물에!

연근의 변색을 막으려면 자르자마자 식초 물에 담가야 한다. 샐러드나 절임 등을 할 때는 연근을 삶는 물에도 식초를 넣어주면 하얀 속살을 유지할 수 있다.

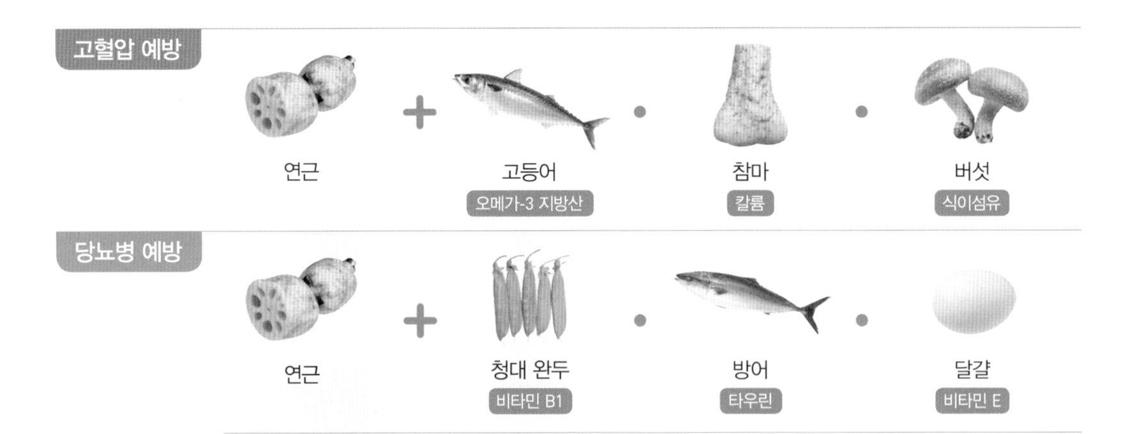

닭고기 연근 채소조림

연근 이외에도 토란, 우엉 등 식이섬유가 풍부한 뿌리채소를 듬뿍 넣어 조린다. 식이섬유는 장내에 남은 콜레스테롤을 배출하고 변비 개선에도 좋은 성분이다.

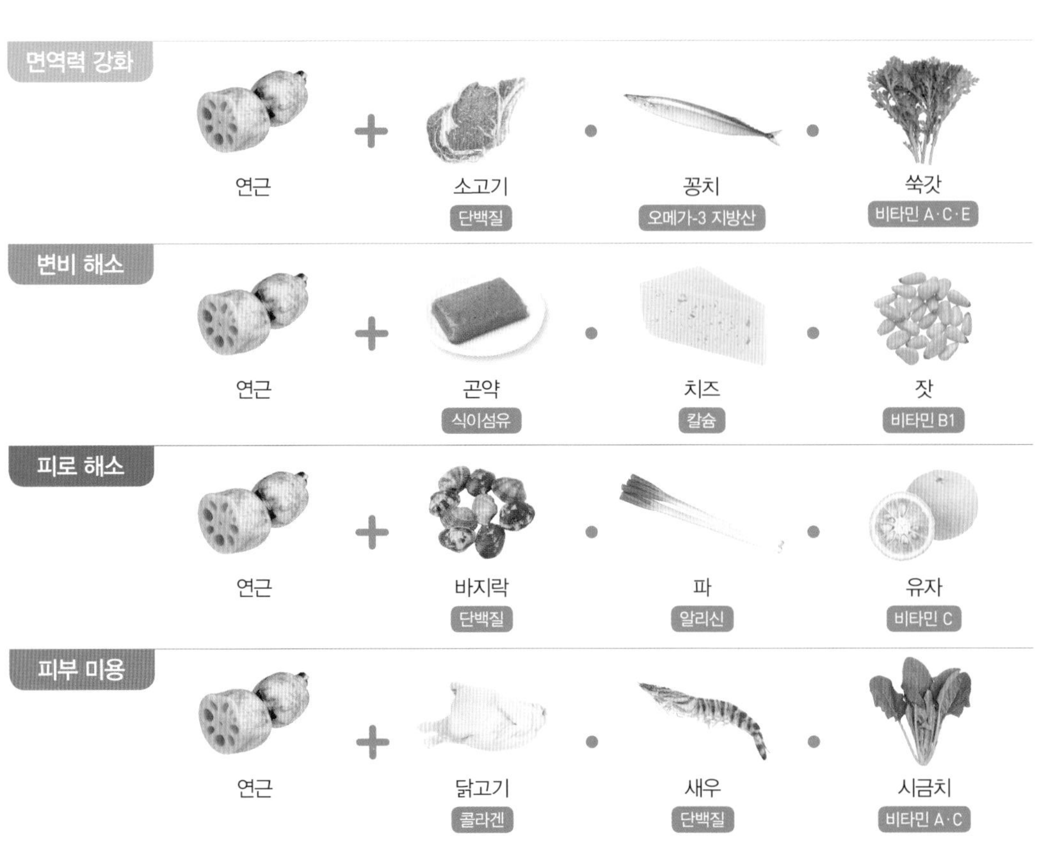

고운 연근수프

재료(2인분)

연근…작은 것 1마디(100g)
치즈 가루, 이탈리안 파슬리…적정량

A
- 우유…2컵
- 과립형 치킨스톡…1작은술
- 소금, 후추…약간씩

만드는 법

1 냄비에 A를 넣는다.
2 연근은 껍질을 벗겨 곱게 간 다음 1에 넣는다. 냄비에 불을 켜고 잘 섞으면서 국물이 걸쭉해질 때까지 4~5분 동안 끓인다.
3 그릇에 2를 담고 치즈 가루와 이탈리안 파슬리를 뿌린다.

뿌리채소

염교 · 에샬롯

매운맛을 내는 유화아릴의 효능으로 원기 회복!

염교와 에샬롯의 독특한 매운맛과 향은 황 화합물인 유화아릴 성분 때문이다. 파, 마늘 등에도 들어 있는 이 물질은 강력한 살균 작용을 한다. 또, 비타민 B1의 효능을 높여주기 때문에 피로 해소, 불면증 개선, 식욕 증진에 도움이 된다. 여기에 강한 항산화력까지 있다.

염교의 경우 식이섬유도 우엉의 약 3~4배, 쪽파의 약 2배나 포함되어 있을 만큼 풍부하다. 그래서 변비, 대장암 예방, 혈당치와 콜레스테롤 상승 억제 효과가 있다.

염교와 에샬롯은 비타민 B1이 풍부한 돼지고기 등과 함께 요리하면 여름철 보양식으로 안성맞춤이다. 또한 식초, 간장, 벌꿀 등에 담가서 보존해두고 매일 몇 알씩 꺼내 먹으면 면역력 강화는 물론이고 암 예방에도 도움이 된다. 간장이나 벌꿀에 절인 염교를 탕수육 소스나 타르타르 소스와 함께 먹는 것도 추천한다.

맛있는 염교·에샬롯 고르기

염교

흙이 없고 싹이 자라지 않은 것

뿌리 부분이 볼록하고
알뿌리가 가지런히 모인 것

에샬롯

줄기가 하얗고 윤기가 흐른다

알뿌리 부분이
염교보다 가늘고 부드럽다

상식

에샬롯과 샬롯

에샬롯은 염교를 원래 시기보다 빨리 수확한 것이다. 가끔 에샬롯과 샬롯을 혼동해서 쓰기도 하는데, 샬롯은 프랑스 요리에 잘 쓰이는 식재료로 작은 양파 같은 모양이다.

샬롯

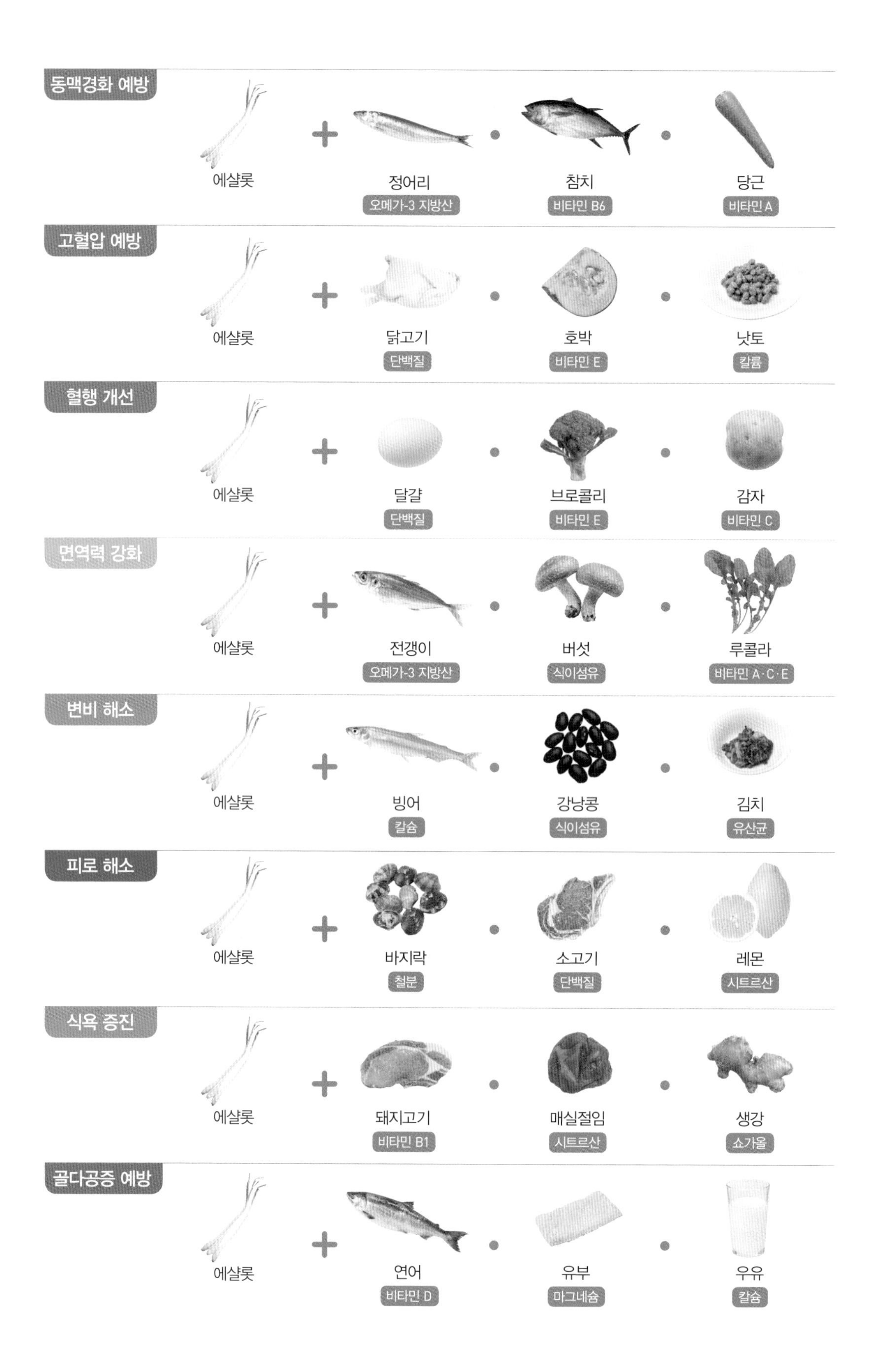
동맥경화 예방
에샬롯
정어리
오메가-3 지방산
참치
비타민 B6
당근
비타민 A
고혈압 예방
에샬롯
닭고기
단백질
호박
비타민 E
낫토
칼륨
혈행 개선
에샬롯
달걀
단백질
브로콜리
비타민 E
감자
비타민 C
면역력 강화
에샬롯
전갱이
오메가-3 지방산
버섯
식이섬유
루콜라
비타민 A·C·E
변비 해소
에샬롯
빙어
칼슘
강낭콩
식이섬유
김치
유산균
피로 해소
에샬롯
바지락
철분
소고기
단백질
레몬
시트르산
식욕 증진
에샬롯
돼지고기
비타민 B1
매실절임
시트르산
생강
쇼가올
골다공증 예방
에샬롯
연어
비타민 D
유부
마그네슘
우유
칼슘

구운 에샬롯 고기된장

재료(2인분)

에샬롯…12개
다진 돼지고기…50g
샐러드유…1작은술

A
- 된장…$\frac{1}{2}$큰술
- 맛술(미림)…1큰술
- 시치미(일본식 양념 고춧가루)…약간

만드는 법

1 에샬롯은 뿌리를 반으로 쪼개서 두꺼운 부분에 1cm 정도 깊이로 칼집을 넣는다.
2 프라이팬에 샐러드유를 두르고, 1을 넣어 노릇해질 때까지 굽는다.
3 다진 고기에 A를 넣어 버무린 후 전자레인지로 2~3분 정도 익힌다. 한두 번 다시 섞어준다.
4 그릇에 2를 올리고 3을 곁들인다.

뿌리채소

마

스태미나 만점! 최고의 자양강장!

피로 해소에 도움이 되고 자양강장에도 탁월한 마. 야생 참마, 장마 등 품종에 따라 영양 성분에 조금씩은 차이가 있지만, 공통적으로 녹말 분해 효소인 아밀레이스가 풍부하게 들어 있다. 그래서 마는 감자, 토란 등과 달리 생으로도 먹을 수 있다.

마의 미끈미끈한 점액 성분인 뮤신, 만난 등의 수용성 식이섬유는 위 점막을 보호하는 작용을 하며, 위장 청소와 변비 개선에 도움이 된다. 또, 마는 고혈압 예방에 좋은 칼륨과 마그네슘, 피로 해소에 효과적인 비타민 B군도 함유하고 있다.

만약 아밀레이스의 효능을 느끼고 싶다면 마를 생으로 먹기를 추천한다. 그리고 마는 열에 약한 성질이 있으므로 장국을 끓일 때 국물이 40~50도 정도로 식었을 때 넣는 것이 좋다. 또 마와 비슷하게 점성이 있는 멜로키아, 나도팽나무버섯, 낫토와 궁합을 맞추면 효능이 배로 늘어난다.

한편 마를 만지면 손이 가려울 수도 있는데, 바로 수산화칼슘 성분 때문이다. 마를 식초 물에 담갔다가 키친타월로 물기를 닦은 뒤에 요리하면 가려움을 방지할 수 있다.

맛있는 마 고르기

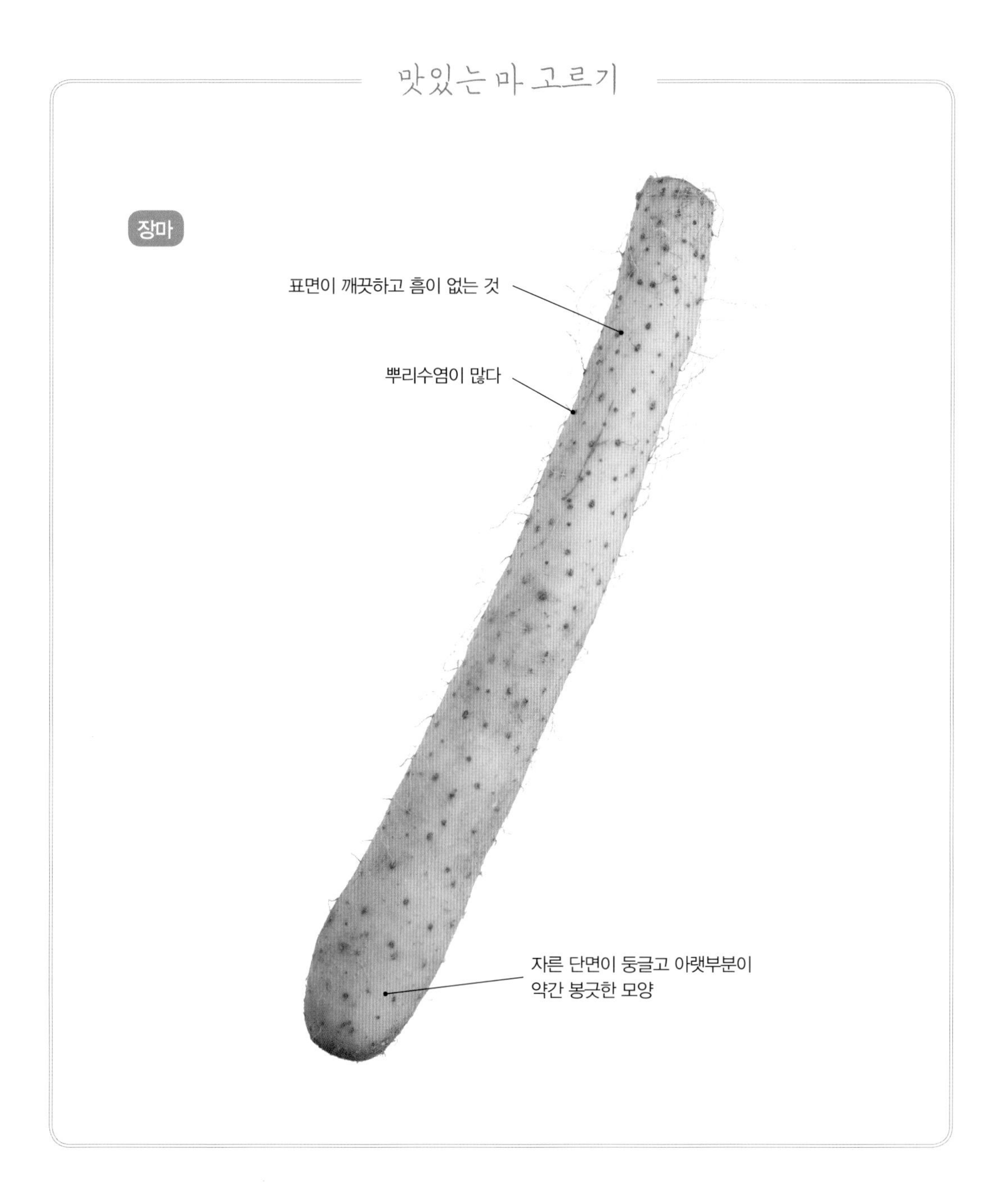

종류

마의 종류

가장 일반적인 마는 기다란 봉 모양을 띠는 장마이다. 장마보다 점성이 강한 야생 참마는 이름 그대로 야생종이다. 그 밖에 주먹 모양의 주먹마, 손바닥 모양 마 등도 있다.

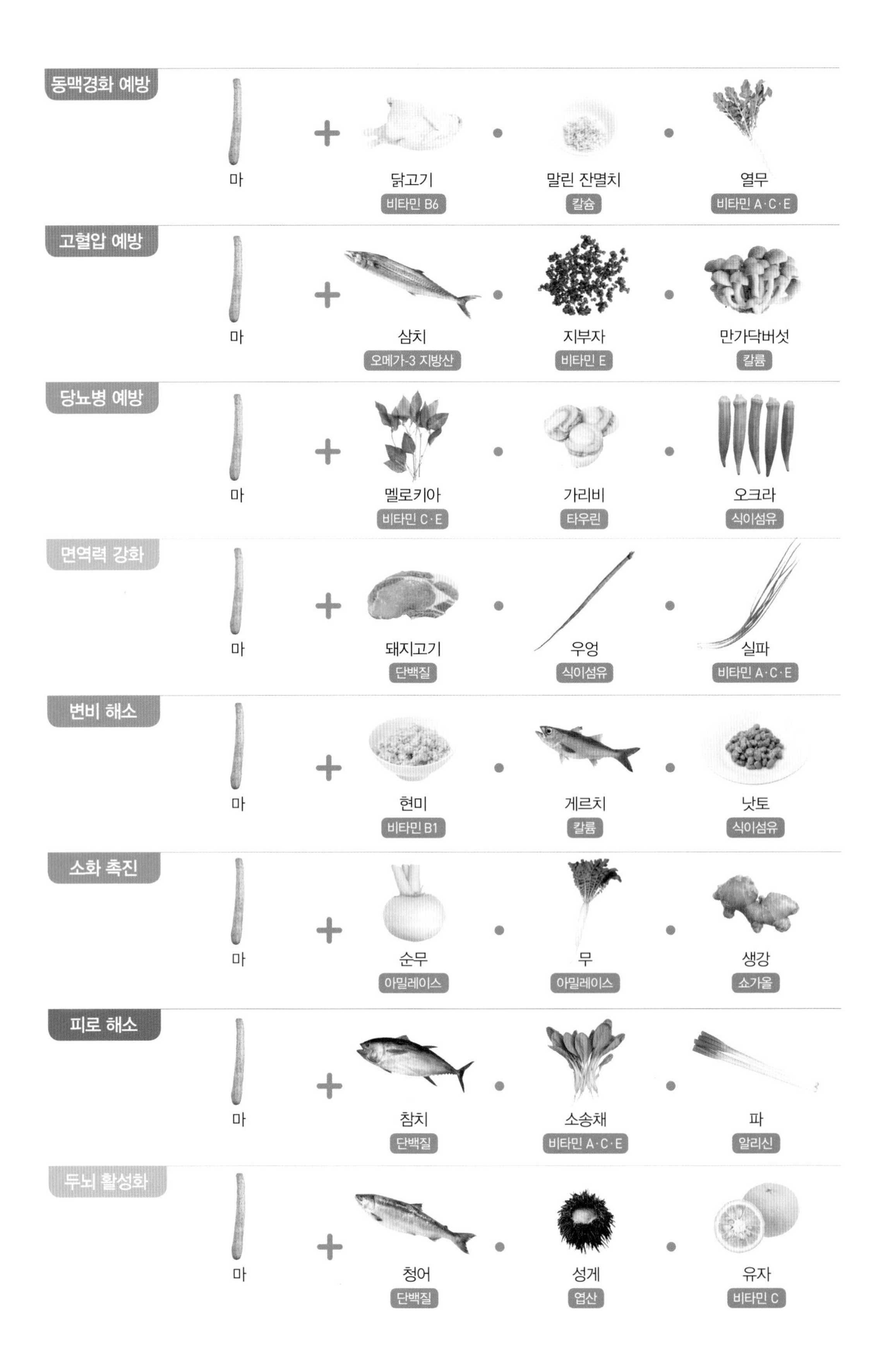
동맥경화 예방
마
닭고기
비타민 B6
말린 잔멸치
칼슘
열무
비타민 A·C·E
고혈압 예방
마
삼치
오메가-3 지방산
지부자
비타민 E
만가닥버섯
칼륨
당뇨병 예방
마
멜로키아
비타민 C·E
가리비
타우린
오크라
식이섬유
면역력 강화
마
돼지고기
단백질
우엉
식이섬유
실파
비타민 A·C·E
변비 해소
마
현미
비타민 B1
게르치
칼륨
낫토
식이섬유
소화 촉진
마
순무
아밀레이스
무
아밀레이스
생강
쇼가올
피로 해소
마
참치
단백질
소송채
비타민 A·C·E
파
알리신
두뇌 활성화
마
청어
단백질
성게
엽산
유자
비타민 C

매운 마 소고기 볶음

마 + 피망 (비타민 C) + 소고기 (단백질) = 두뇌 활성화

재료(2인분)

마…15cm
얇게 저민 소고기…80g
피망…2개
마늘…$\frac{1}{2}$쪽
참기름…$\frac{1}{2}$큰술
A | 소금…약간
A | 청주, 녹말가루…각 1작은술
B | 맛술(미림), 간장…각 2작은술
B | 두반장…$\frac{1}{4}$~$\frac{1}{2}$작은술

만드는 법

1 마는 껍질을 벗겨서 1cm 두께로 반달썰기 하고, 피망은 꼭지와 씨앗을 제거한 다음 한입 크기로 썬다. 마늘은 잘게 다진다.
2 소고기에 A를 넣고 간이 밸 때까지 주무른다.
3 프라이팬에 참기름과 마늘을 넣고 약불에서 볶는다.
4 고소한 냄새가 나면 2를 넣고 강불에서 볶다가 고기 색이 변하면 다른 용기에 잠시 옮겨둔다.
5 4의 프라이팬에 마와 피망을 차례대로 넣고 볶는다. 마가 어느 정도 익으면 4를 다시 넣고, 한데 섞은 B를 넣어 간을 맞춘다.

뿌리채소

토란

끈적한 점액 성분으로 대장을 깨끗이!

토란 특유의 점성 성분은 뮤신과 갈락탄이라는 수용성 식이섬유다. 뮤신은 위 점막을 보호해서 위장 기능을 원활하게 하고, 세포를 활성화해서 노화 방지에 좋은 성분이다. 갈락탄은 혈당치와 콜레스테롤 수치를 낮추고 장 청소를 도와 면역력을 높이는 효과가 있다.

감자류 중에서 칼륨을 가장 많이 함유한 토란은 불필요한 나트륨 배출을 촉진하여 고혈압 개선에 좋다. 수분이 많고 칼로리가 낮은 점도 특징인데 식감이 좋고 칼로리는 고구마의 절반에도 못 미쳐 비만과 성인병 예방에도 탁월하다. 그뿐만 아니라 항산화 작용이 강한 비타민 E도 포함되어 있어서 당뇨병 예방은 물론 피로 해소 효과도 있다.

장시간의 조림 요리를 할 때는 토란을 소금으로 문지르거나 미리 삶아두면 점성이 줄어들고 맛이 더 깊게 밴다. 그리고 된장찌개나 장국 등 국물 요리에 토란을 그대로 넣으면 끈적한 점액이 생겨서 국물이 걸쭉해지고 잘 식지 않는다.

맛있는 토란 고르기

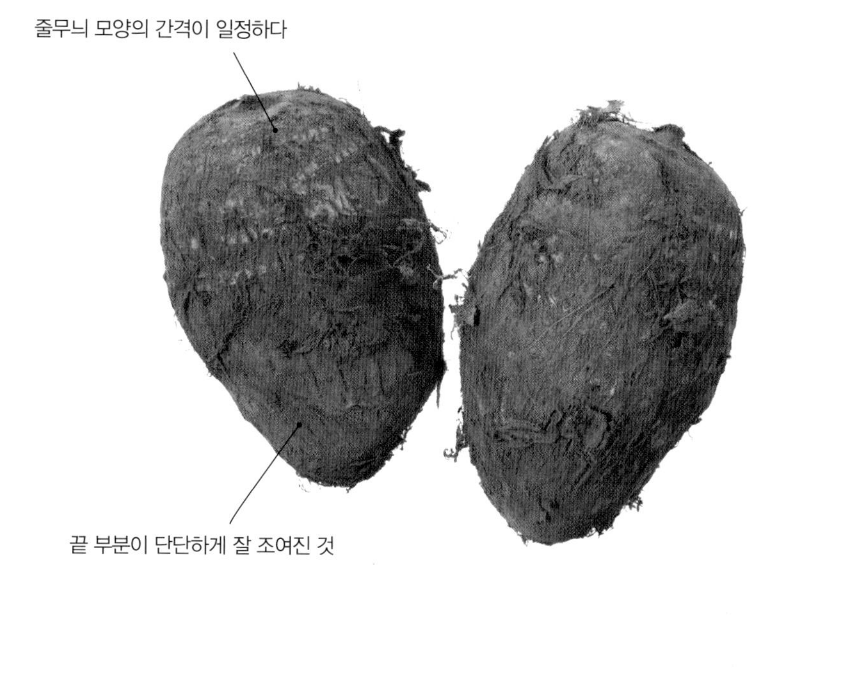

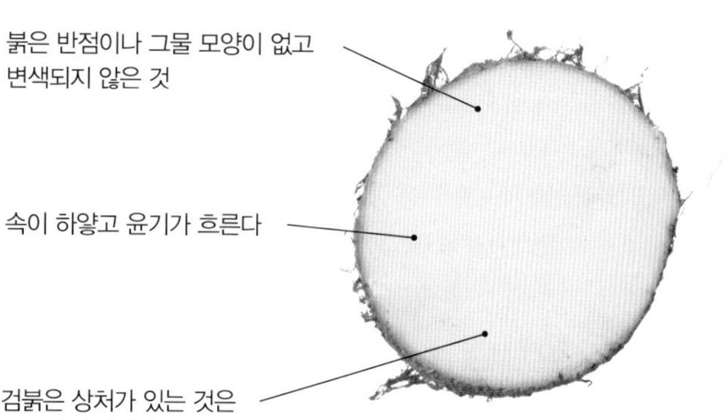

조리

전자레인지로 재료 준비를 간단하게!

토란을 깨끗이 씻어 흙을 제거하고 젖은 채로 랩을 씌워 전자레인지에 3분 정도 돌린다. 그러면 껍질만 스르륵 벗겨지고 영양이 풍부한 점액 성분은 그대로 남는다.

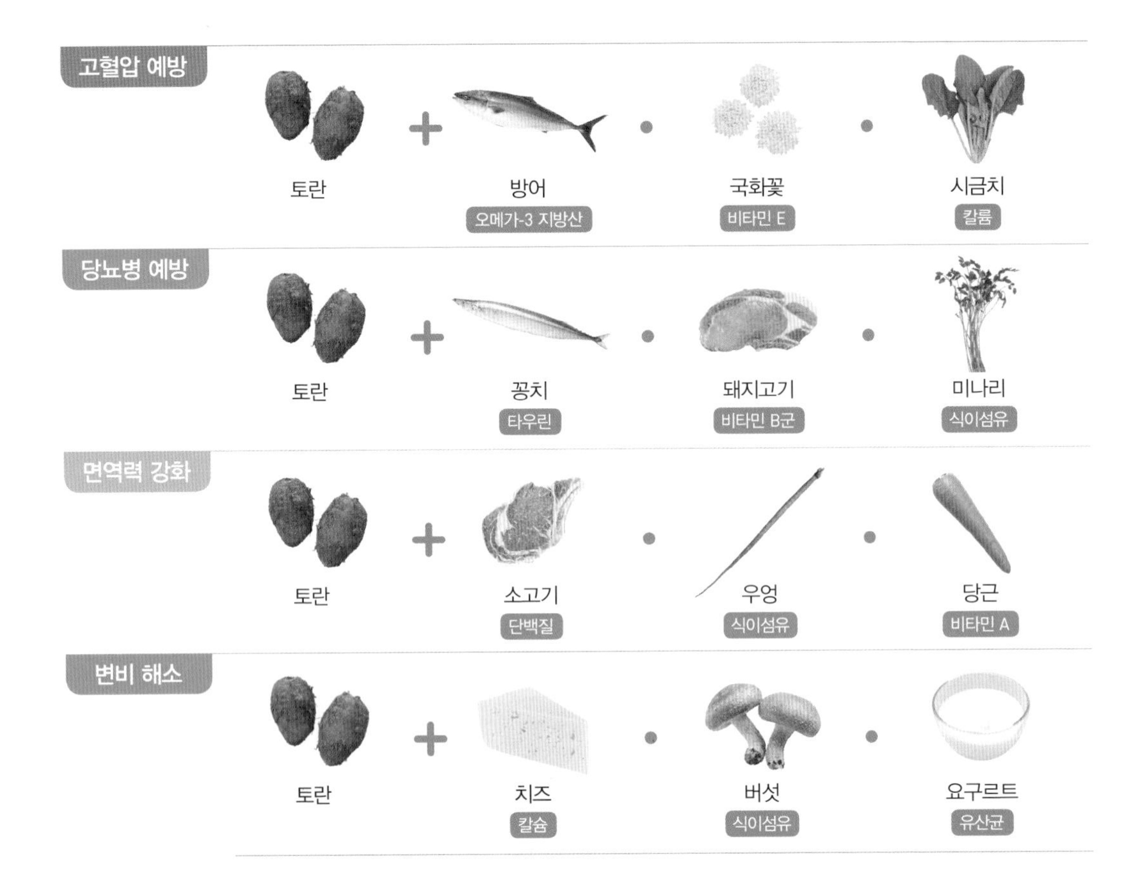

토란 치즈구이

치즈에는 우유의 영양 성분이 농축되어 있다. 치즈 20g이면 우유 200ml를 마시는 것과 같은 효과를 누릴 수 있다. 또, 치즈에는 칼슘과 비타민 A도 풍부하다.

토란 샐러드

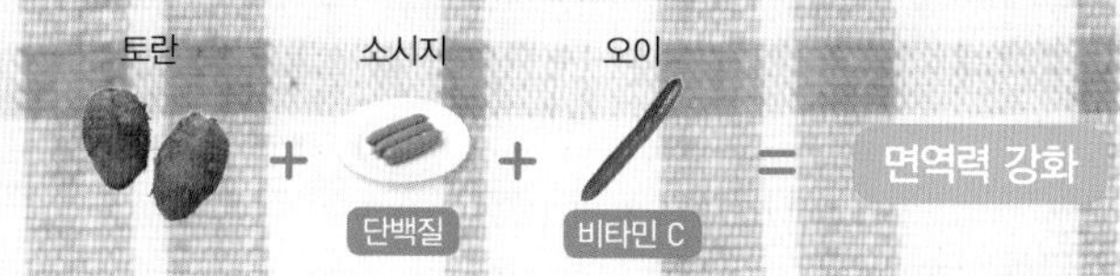

재료(2인분)

토란…3개(200g)
오이…$\frac{1}{2}$개
소시지…2개
A 마요네즈…1큰술
머스터드 가루, 식초, 샐러드유…각 $\frac{1}{2}$큰술
간장…1작은술

만드는 법

1 깨끗이 씻은 토란을 내열성 좋은 비닐 팩에 넣고 토란이 부드러워질 때까지 전자레인지에 4~5분 정도 돌린다.
2 뜨거워진 토란의 껍질을 벗기고 1cm 두께로 반달썰기 한다. 오이는 5mm 두께로 송송 썰어둔다.
3 소시지는 1cm 두께로 잘라서 내열 접시에 담아 전자레인지로 30~40초 정도 가열한다.
4 볼에 A를 넣고 버무린 다음 1, 2, 3을 넣어 무친다.

뿌리채소

고구마

변비 해소, 피부 미용에 좋아 사랑을 받는 영양의 보고

충분히 익히면 효소가 작용해서 단맛이 더욱 강해지는 고구마는, 비타민 C가 듬뿍 들어간 채소다. 비타민 C는 멜라닌 색소의 침착을 막아 피부 미용에 좋으며 열에도 쉽게 손상되지 않는다. 그래서 따끈따끈한 고구마는 미용에 탁월한 겨울철 간식이다. 게다가 고구마는 노화 현상의 원인인 과산화 지방을 억제해서 세포 노화를 막는 비타민 E도 포함하고 있다.

고구마를 잘랐을 때 나오는 하얀 액체 '얄라핀'은 변을 부드럽게 하는 효과가 있고, 고구마에 풍부한 식이섬유와 더불어 장을 깨끗이 청소해주기 때문에 변비, 대장암, 동맥경화, 당뇨병 등의 예방에도 탁월하다.

요컨대 고구마는 미용 건강 식재료라고 할 수 있다. 또, 고구마의 자색 껍질에는 항산화 작용이 높은 안토시아닌이 들어 있어서 눈의 피로 해소와 암 예방 등에도 효과가 있다.

고구마는 껍질째 요리하는 것이 좋은데, 껍질 부근에 떫은맛을 내는 성분이 풍부하므로 미리 물에 담갔다가 사용해야 한다. 만약 고구마의 선명한 색을 유지하고 싶다면 물을 여러 번 갈아준다.

맛있는 고구마 고르기

고구마를 자를 때 나오는 하얀 액체는 '얄라핀'이라고 하는데, 변을 부드럽게 해주는 효과가 있다

측면에 뿌리 흔적이 비슷한 간격으로 배열된 것

탄력이 있고 가운데가 볼록한 것

껍질 색깔이 선명하고 광택이 난다

자른 단면에 검은 꿀이 나오면 당도가 높은 고구마

품종

자색고구마의 놀라운 힘!

'퍼플 스위트 로드' 품종이 대표적인 자색고구마는 활성효소를 억제하는 폴리페놀의 일종인 안토시아닌을 다량으로 함유하고 있다. 성인병과 노화 방지, 간 기능 개선, 눈의 피로 해소 등 자색고구마의 놀라운 기능에 이목이 쏠리고 있다.

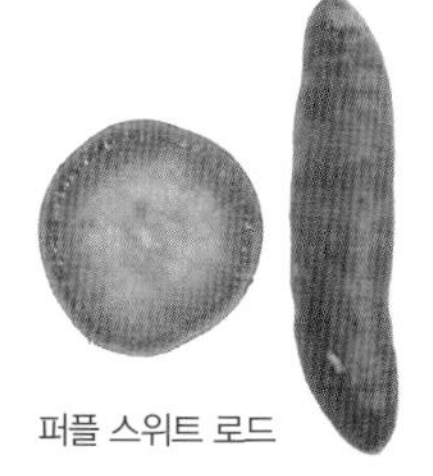

퍼플 스위트 로드

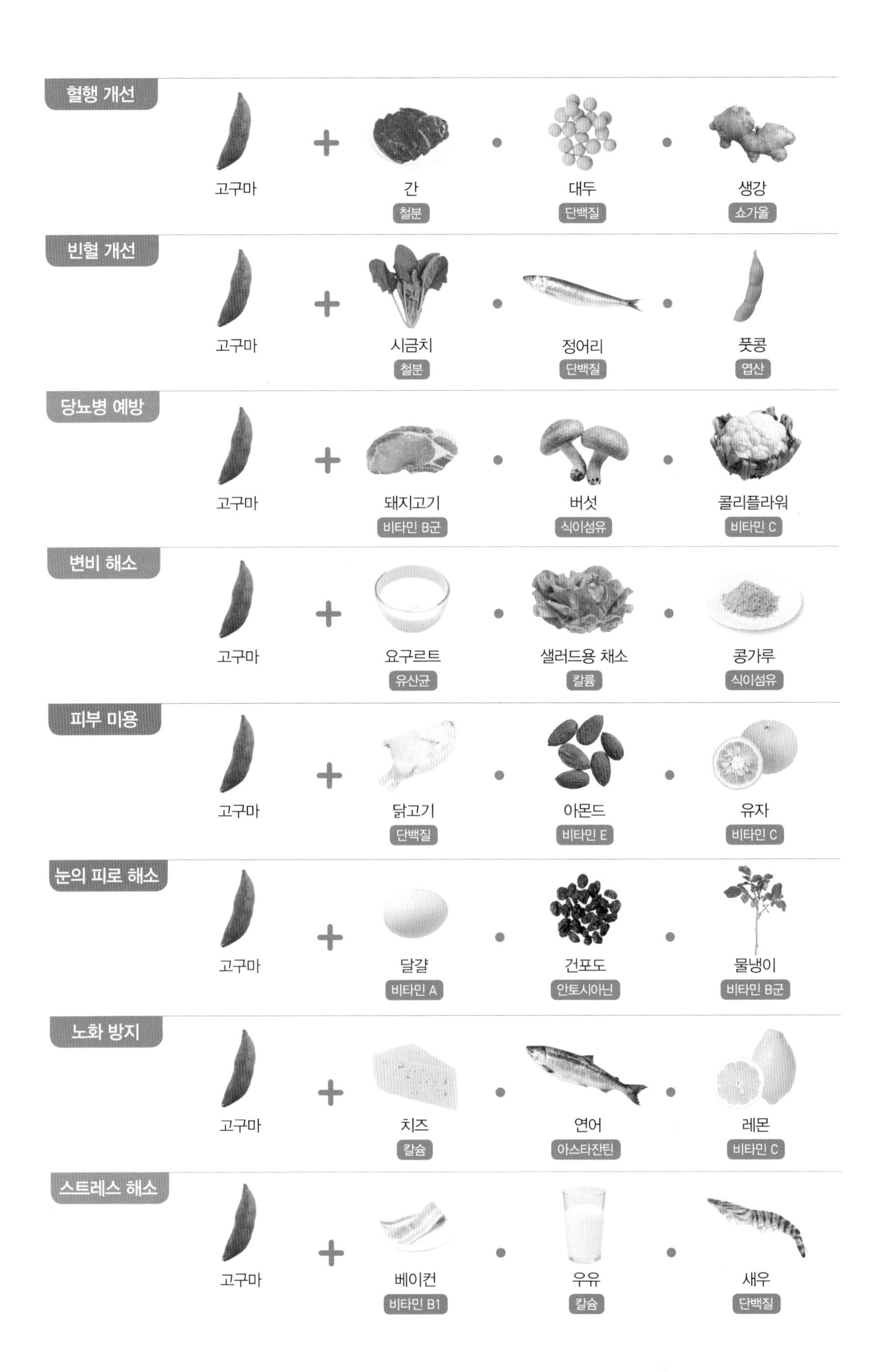
혈행 개선
고구마
간
철분
대두
단백질
생강
쇼가올
빈혈 개선
고구마
시금치
철분
정어리
단백질
풋콩
엽산
당뇨병 예방
고구마
돼지고기
비타민 B군
버섯
식이섬유
콜리플라워
비타민 C
변비 해소
고구마
요구르트
유산균
샐러드용 채소
칼륨
콩가루
식이섬유
피부 미용
고구마
닭고기
단백질
아몬드
비타민 E
유자
비타민 C
눈의 피로 해소
고구마
달걀
비타민 A
건포도
안토시아닌
물냉이
비타민 B군
노화 방지
고구마
치즈
칼슘
연어
아스타잔틴
레몬
비타민 C
스트레스 해소
고구마
베이컨
비타민 B1
우유
칼슘
새우
단백질

고구마 유자 조림

고구마 + 유자 = 피부 미용

비타민 C

재료(2인분)

고구마…1개(200g)
유자…$\frac{1}{2}$개
A
물…$\frac{3}{4}$컵
설탕…4큰술
소금…$\frac{1}{4}$ 작은술

만드는 법

1 고구마는 1cm 두께로 통썰기 하고, 물을 2~3번 갈아가며 깨끗하게 씻은 후 물기를 제거한다.
2 유자는 5mm 두께로 부채꼴썰기 하고 씨앗은 도려낸다.
3 냄비에 A와 1, 2를 넣어 뚜껑을 덮고 중약불로 약 15분 정도 조린다.

뿌리채소

감자

매일 먹고 싶은 '대지의 사과'

감자에 함유된 비타민 C 함유량은 무려 사과의 9배에 달한다. 게다가 열에 잘 파괴되지 않는 특징이 있고 항암 작용, 항산화 작용, 면역력 강화 등의 효과가 뛰어나다.

감자에 풍부하게 함유된 칼륨은 몸속 나트륨을 조절하고 혈압을 내려 고혈압 예방, 부종 개선 등을 돕는다. 그뿐 아니라 감자는 비타민 B1과 식이섬유도 많이 포함하고 있다.

감자는 고구마나 토란 등에 비해 칼로리가 낮고 당분이 적어 담백한 맛이 난다. 그래서 여러 식재료와 두루 잘 어울리며, 맛에 변화를 주기도 좋아 백지 같은 채소다.

햇빛을 받아 녹색이 된 감자 껍질이나 싹 부분에는 '솔라닌'이라는 유해물질이 있으므로 그 부분을 잘 제거하고, 바람이 잘 통하는 그늘진 곳에서 보관하는 것이 좋다. 또 칼륨은 물에 잘 녹으므로 감자를 삶을 때 아슬아슬하게 잠길 만큼만 물을 부어서, 삶고 나서 남은 물이 거의 없을 정도로 하면 칼륨 손실을 막을 수 있다.

맛있는 감자 고르기

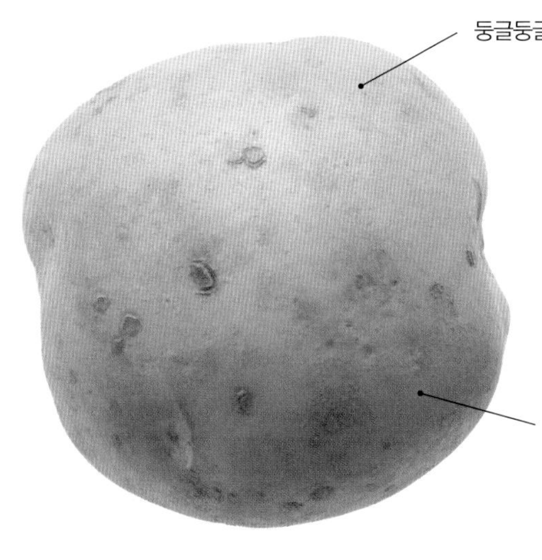

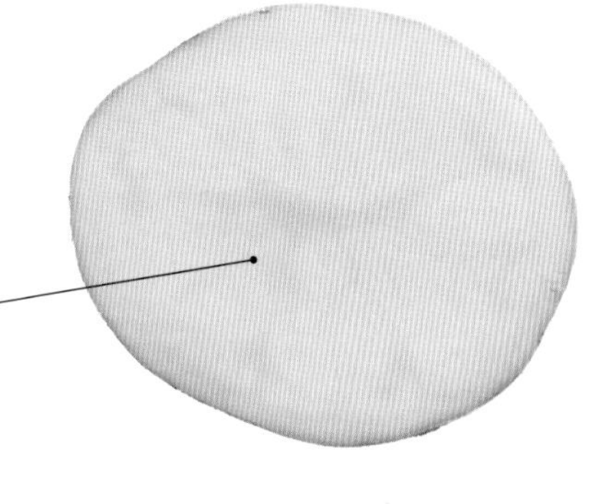

품종

알록달록 다양한 감자의 기능성

분홍색 감자 품종인 '홍감자'는 안토시아닌이 풍부하며, 높은 기능성을 전면에 내세워 출하하고 있다. 또 선명한 보라색 감자 품종 '자색감자'에는 안토시아닌이, 밤과 비슷한 맛이 나는 황금색 감자 품종인 '밤감자'에는 베타카로틴이 함유되어 있다.

자색감자

밤감자

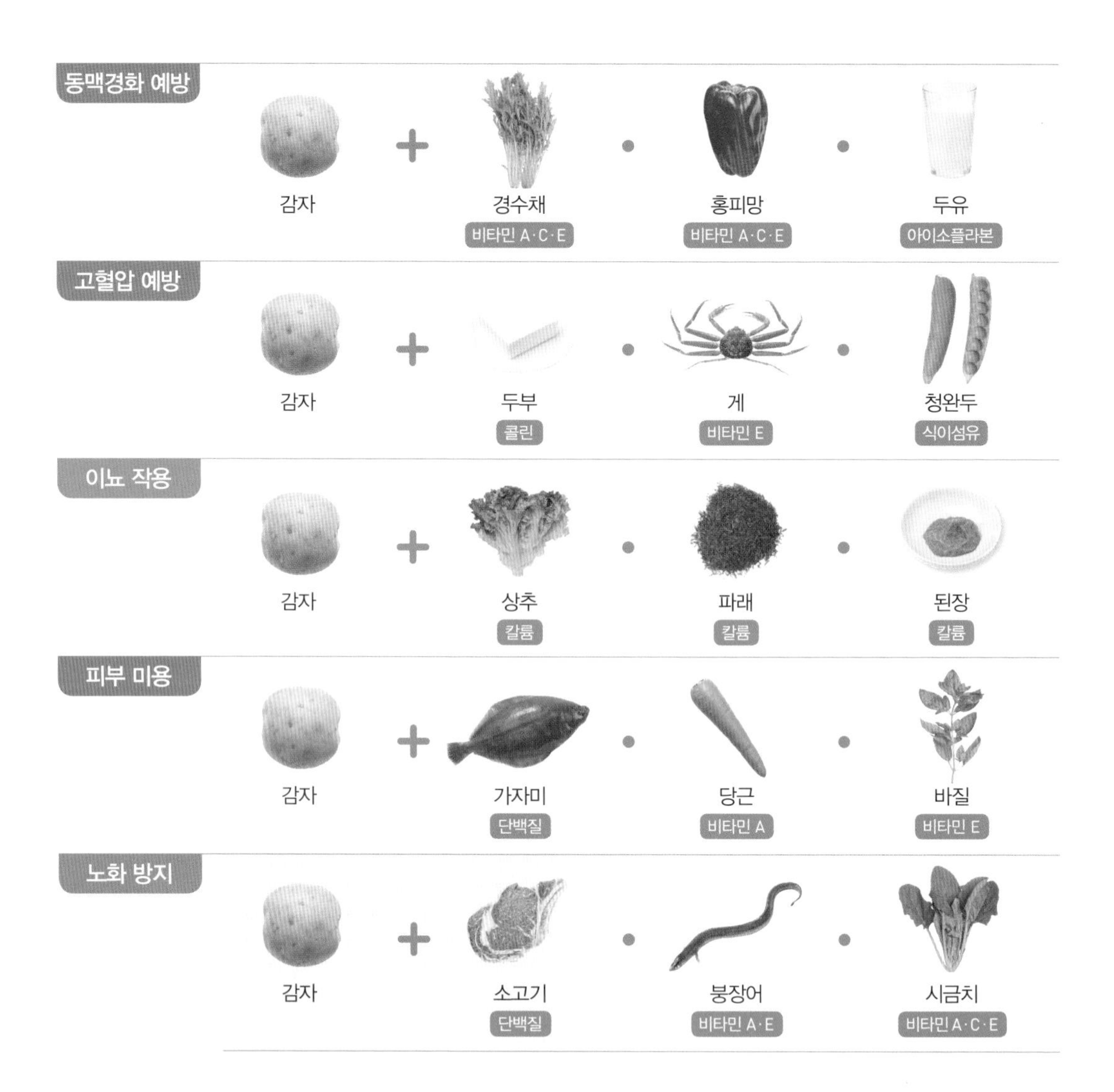

소고기 감자 조림

소고기로 단백질, 감자로 비타민 C와 식이섬유, 당근으로 비타민 A, 꼬투리 강낭콩으로 비타민 B군을 섭취할 수 있는 요리다. 식이섬유는 실곤약 혹은 버섯류로도 채워 넣을 수 있다.

감자 치즈구이

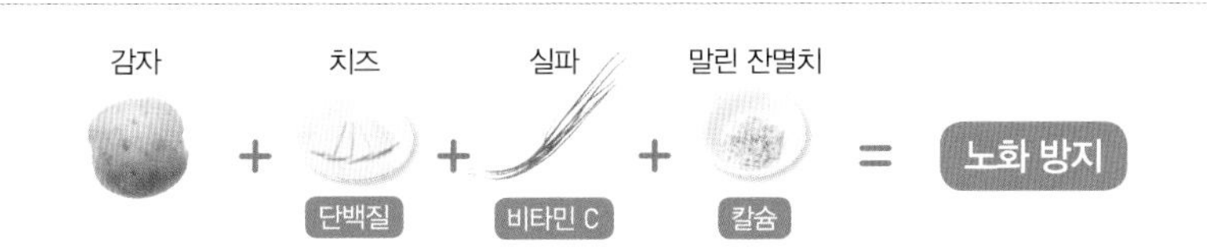

재료(2인분)

감자…2개
슬라이스 치즈…30g
실파…1뿌리
말린 잔멸치…3큰술
샐러드유…1큰술

A
- 녹말가루…4큰술
- 물…2~3큰술
- 소금…$\frac{1}{4}$작은술

만드는 법

1 감자는 깨끗이 씻은 후 물기가 있는 그대로 전자레인지에 넣고 3~4분 정도 돌린다. 그리고 뒤집어서 감자가 부드러워질 때까지 다시 3~4분간 가열한 다음 식기 전에 껍질을 벗겨 낸다.
2 볼에 1을 넣고 곱게 으깬 후 A를 넣고 버무려 덩어리를 만든다. 푸석푸석하면 물을 조금씩 부어가면서 뭉친다.
3 치즈는 4등분하고 실파는 송송 썰어둔다.
4 2에 실파와 말린 잔멸치를 넣고 덩어리를 4등분한 다음, 속에 치즈를 넣어 둥글게 빚는다.
5 프라이팬에 샐러드유를 두르고 4를 차례대로 올려 굽는다. 노릇노릇해지면 뒤집고 뚜껑을 덮은 채로 6~7분간 더 굽는다.

소고기

소고기의 단백질은 소화와 흡수가 매우 잘되고, 필수 아미노산 '라이신'을 풍부하게 포함하고 있어서 체력 유지, 원기 회복 등에 탁월하다. 아연, 칼륨 등 무기질도 풍부한 것으로 알려져 있다. 특히 식물성 식품에 함유된 비헴철보다 철분 흡수율이 몇 배 더 높은, 헴철 성분을 포함하고 있어서 빈혈과 냉증 개선에 큰 효과가 있다.

꽃등심
감칠맛이 진하고 고기 결이 촘촘하며 부드럽다. 마블링이 많다. 스테이크와 샤브샤브용에 쓰인다

안심
지방이 거의 없으며, 고기 결이 부드러운 붉은 살코기. 한 마리당 2점 정도만 얻을 수 있는 귀한 부위여서 값이 꽤 비싸다

아랫등심
지방이 적당해서 육질이 부드럽다. 최고의 육질로 영국에서는 썰(sir)이라는 존칭을 붙이기도 했다

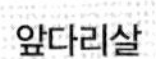

앞다리살
앞다리를 중심으로 한 부위로 지방이 적고 약간 질기지만 고기 맛이 진하다. 근육이 많은 부분은 조림에 활용하기 좋다

목등심
근육이 많지만, 지방도 적당해서 풍미가 좋은 부위다. 얇게 썬 불고기나 구이 등에 어울린다

채끝등심
허리 부위에 있으며 부드러운 살코기. 맛에 깊이가 있다. 육회 등 생으로 먹기 좋다

우둔
고기 결이 다소 거칠고 질기다. 젤라틴이 많고 조림 요리에 적합하다

목심
운동량이 많은 부위여서 지방이 적고 붉은 살코기가 많은 질긴 육질. 수프나 조림 요리에 적합하다

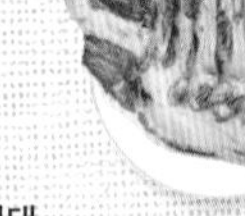

사태
호흡 때문에 움직임이 많은 부위여서 섬유질이 많고 질기다. 잘게 썰거나 저민 고기로 많이 사용한다. 각썰기 해서 조림용으로도 쓴다

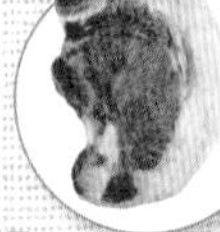

설도
지방이 가장 적은 부위. 큼직하게 잘라 쓰는 요리나 구이, 로스트 비프 등에 적합하다

우족
피부나 머리카락 미용에 빠질 수 없는 콜라겐이 풍부하다. 근육이 많고 질겨서 찜 요리에 적합하다

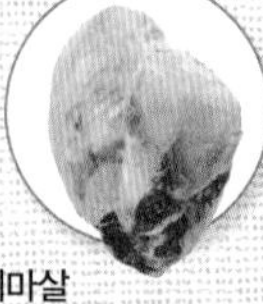

치마살
설도 아랫부분에 있는 둥근 덩어리. 지방이 적고 고기 결이 촘촘한 살코기 부위다

우족
피부나 머리카락 미용에 빠질 수 없는 콜라겐이 풍부하다. 근육이 많고 질겨서 찜 요리에 적합하다

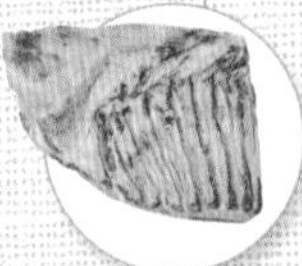

양지
지방이 많고 짙은 맛. 갈비가 되는 부분도 여기에 있다. 남은 부위는 소고기 감자 조림이나 찜 요리에 쓰인다

돼지고기

가장 친근한 육류로 손꼽히는 돼지고기에는 양질의 단백질과 비타민 B1이 아주 많이 함유되어 있다. 비타민 B1은 피로 해소와 자양강장에 좋고, 갱년기 증상 방지에도 효과적이다. 그 함유량은 소고기와 닭고기의 약 5~10배에 달하며, 전체 식품 중에서도 최고다. 그 밖에 콜린은 두뇌 활동을 활발히 해주고 고혈압 예방에도 도움을 준다.

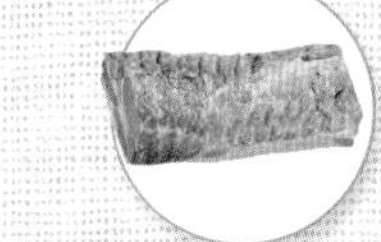

등심

적당히 붙은 지방은 감칠맛과 농후한 맛을 자랑한다. 돈가스와 돼지 샤브샤브 등에 쓰인다

안심

고기 결이 가장 부드럽다. 담백해서 기름을 쓰는 요리나 진한 소스와 잘 어울린다

목심

육질이 좋고 살코기 속 지방은 망 모양으로 섞여 있다. 카레, 구이 등에 쓰인다

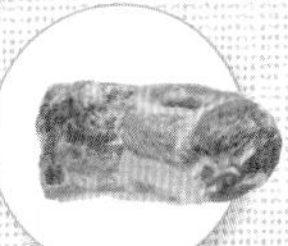

뒷다리살

근육질이어서 약간 질기다. 비교적 어떤 요리에도 잘 어울리며 맛이 담백하다

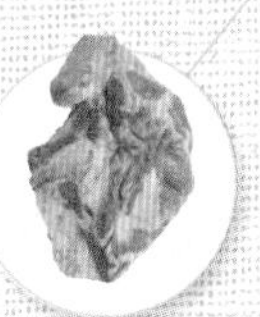

앞다리살

고기 결이 다소 거칠고 단단하지만, 지방이 적당히 섞여 있어 감칠맛이 난다. 장시간의 조림 요리에 적합하다

갈비와 삼겹살

뼈가 붙은 부분은 돼지갈비, 붉은 살코기와 지방이 층을 이루는 부분은 삼겹살이다. 찜, 구이, 베이컨 등에 적합하다

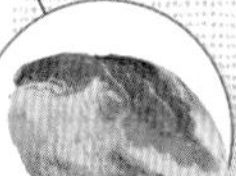

사태

붉은 살코기로 맛이 깔끔하다. 구이, 로스트 포크에 쓰인다. 뼈를 제거한 본레스 햄의 원료이기도 하다

닭고기

부드럽고 지방이 적은 닭고기에는 양질의 단백질과 비타민이 풍부하게 들어 있다. 게다가 날개와 뼈 부근에는 피부와 머리카락, 손톱 형성에 필수인 콜라겐이 매우 많다. 또 점막 건강을 지켜주고 면역력을 강화하여 피부 노화 억제와 피부 트러블 개선에 도움을 주는 레티놀, 비타민 B2, 니아신 등의 미용에 좋은 영양소가 풍부하다.

날개(날개 윗부분, 날갯죽지)

날개 윗부분은 제1관절에서 절단한 끝쪽을 말한다. 날갯죽지는 날개 중 고기 양이 제일 많은데, 닭다리와 비교하면 지방이 적다

껍질

지방이 많고 칼로리가 높은 부위. 맛국물을 내기에 좋다. 노란 지방 부분을 제거하고 살짝 삶았다가 냉수에 헹구면 남은 지방과 냄새가 제거된다

염통(심장)

식감이 약간 질기다. 염통을 요리할 때는 우선 지방을 없앤 후 세로로 반 잘라서 핏덩어리를 제거하고 깨끗이 헹군다. 마지막으로 냉수에 담가서 피를 모두 뺀 다음 사용한다

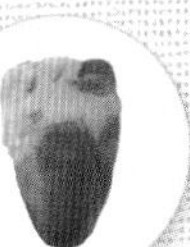

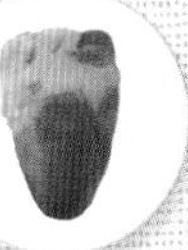

간

철분 등이 많고 영양가가 높은 부위. 페이스트나 꼬치, 볶음 요리 등에 이용된다. 우유나 냉수에 30분 정도 담가서 피를 다 빼면 비린내를 줄일 수 있다

가슴살

고단백질·저칼로리로 부드럽고 지방이 적으며 퍼석해지기 쉽다. 찌거나 튀김, 조림 등으로 요리해서 먹는다

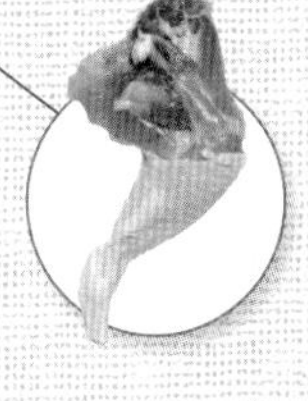

다리살

근육질로 단단한 편이지만 맛에 깊이가 있고 감칠맛이 강하다. 치킨, 튀김으로 즐겨 먹는다

안심

저지방 고단백질 부위. 맛은 담백한데, 소화 흡수율이 높아서 자양식으로 추천한다

모래주머니(근위)

일명 닭똥집. 근육이 발달해 쫄깃쫄깃한 식감이 특징이다. 튀기거나 구워 먹는다

육류를 구입할 때

건강한 식생활을 유지하려면 올바른 지식을 갖춘 뒤에 식품을 구입하는 것이 중요하다. 용기에 표시된 항목을 잘 이해해서 품질과 안전성을 따져본 다음 현명하게 구입하자.

①원산지·식육의 종류
국내산 또는 수입산으로 표시, 수입산의 경우 괄호 내에 수출국이 적혀 있다.

②부위명칭
쇠고기, 돼지고기로 구분하고, 국내산 쇠고기의 경우 한우고기·젖소고기·육우고기로 구분하여 원산지 표시와 함께 표시되어 있다.

③개체식별번호
국내산의 경우 생산에서 유통, 소매 과정 정보를 관리하기 때문에 태어난 소 한 마리마다 '개체식별번호'가 붙어 있다.

④등급
쇠고기의 등급은 1++등급, 1+등급, 1등급, 2등급, 3등급, 등외로, 돼지고기의 등급은 1+등급, 1등급, 2등급, 등외로 적혀 있다.

⑤도축장명·도축일자
국내에서 도축된 소·돼지 식육에 한해서 표시되어 있다.

⑥보관방법

⑦판매가격(100g당 가격)

⑧포장일자

⑨유통기한

*비닐 포장이 아닐 경우 식육판매표지판이 전면 설치되어 있다.

닭고기

- 두껍고 붉은빛이 강하며 살이 옹골차고 윤기가 흐르는 것
- 껍질의 모공이 부풀어 올랐고 주름이 잘 잡힌 것
- 껍질은 노란빛이 감돌수록 신선
- 다른 육류에 비해 빨리 상하므로 되도록 신선한 것을 고르자

돼지고기

- 살코기는 살결이 촘촘하고 살짝 회색빛이 감도는 핑크색
- 지방은 하얗고 마르지 않은 것, 윤기가 흐르는 것이 질 좋은 돼지고기이다
- 지방이 황갈색을 띠는 돼지고기는 다가불포화지방산이 몸속에 축적되어 산화된 것이므로 피하는 것이 좋다

소고기

- 살코기는 선명한 다홍색이고 윤기가 흐르며, 지방은 우유 빛깔이 감도는 흰색이 가장 좋다. 즙이 나오는 것은 피하자
- 살이 희끗희끗하다면 살코기와 지방의 경계선이 확실한 것을 고르자
- 품질이 떨어지면 지방이 황갈색으로 변색되고 고기 색이 거무스름해지므로 그런 고기는 피하는 것이 좋다. 다만 막 자른 고기나 살이 겹쳐진 부위가 암적색을 띨 경우가 있는데, 공기에 닿지 않았기 때문일 뿐 품질이 나쁜 것은 아니다

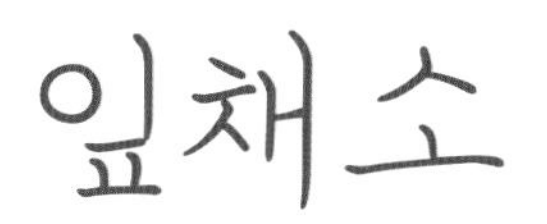

양배추
양상추
배추
시금치
소송채
경수채
부추
청경채
공심채
멜로키아
쑥갓
물냉이
유채
파
허브

양배추

위장을 튼튼하게 하는 성분이 한가득!

양배추에 대해 다룰 때 빠뜨릴 수 없는 영양소는 바로 비타민 U다. 비타민 U는 양배추에서 처음 발견된 영양소로 캐비진이라고 부르기도 한다. 체내에 합성될 때 비타민과 흡사한 작용을 하기 때문에 '비타민'으로 불리는데, 위궤양과 십이지장궤양을 예방해주며 시판되는 위장약에도 이용되고 있다.

양배추는 비타민 C도 풍부해서 면역력 강화, 피부 트러블 개선, 발암 물질 억제에 도움이 된다. 그리고 뼈를 튼튼하게 하는 비타민 K와 칼슘도 함유하고 있다. 비타민 C와 U는 수용성이므로 효능을 발휘하려면 양배추를 샐러드, 절임, 수프, 찌개 등으로 요리하는 방법을 추천한다.

채 썬 양배추는 물에 오래 담가두면 비타민이 빠져나가므로 재빨리 씻는 것이 좋다. 또, 양배추의 겉잎에는 베타카로틴이 있고 양배추 속 단단한 심에는 비타민 C가 풍부하므로 하나도 버릴 부분이 없다.

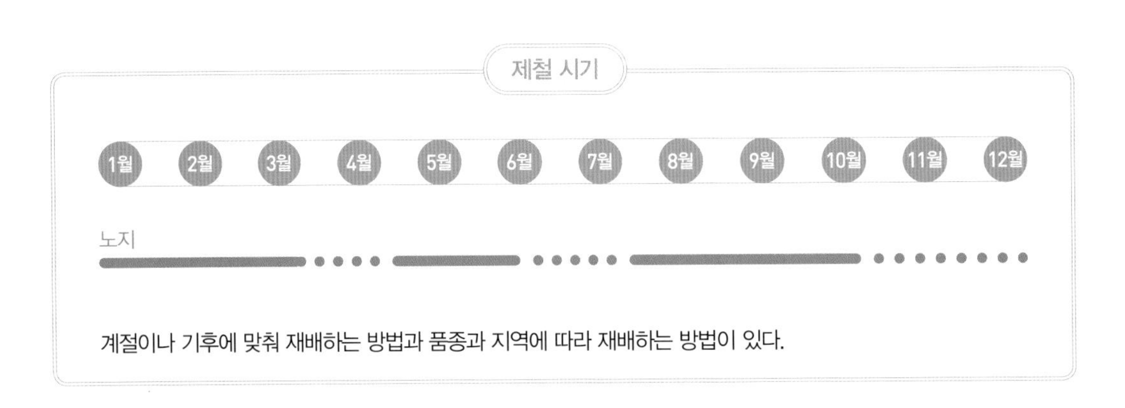

맛있는 양배추 고르기

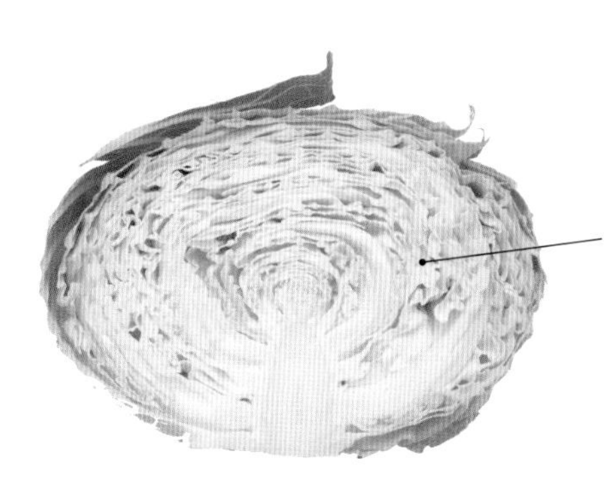

종류

영양이 풍부한 양배추 패밀리

보라색 잎이 두껍고 단단한 적양배추는 일반 양배추보다 비타민 C를 더 많이 함유하고 있다. 착색료의 원료인 보라색 색소는 바로 항산화 효과가 높은 안토시아닌이다. 한편 양배추의 원종에 가까운 케일은 베타카로틴, 칼륨, 칼슘, 비타민 B군·C·E가 양배추보다 많아 경이로운 영양가를 자랑한다.

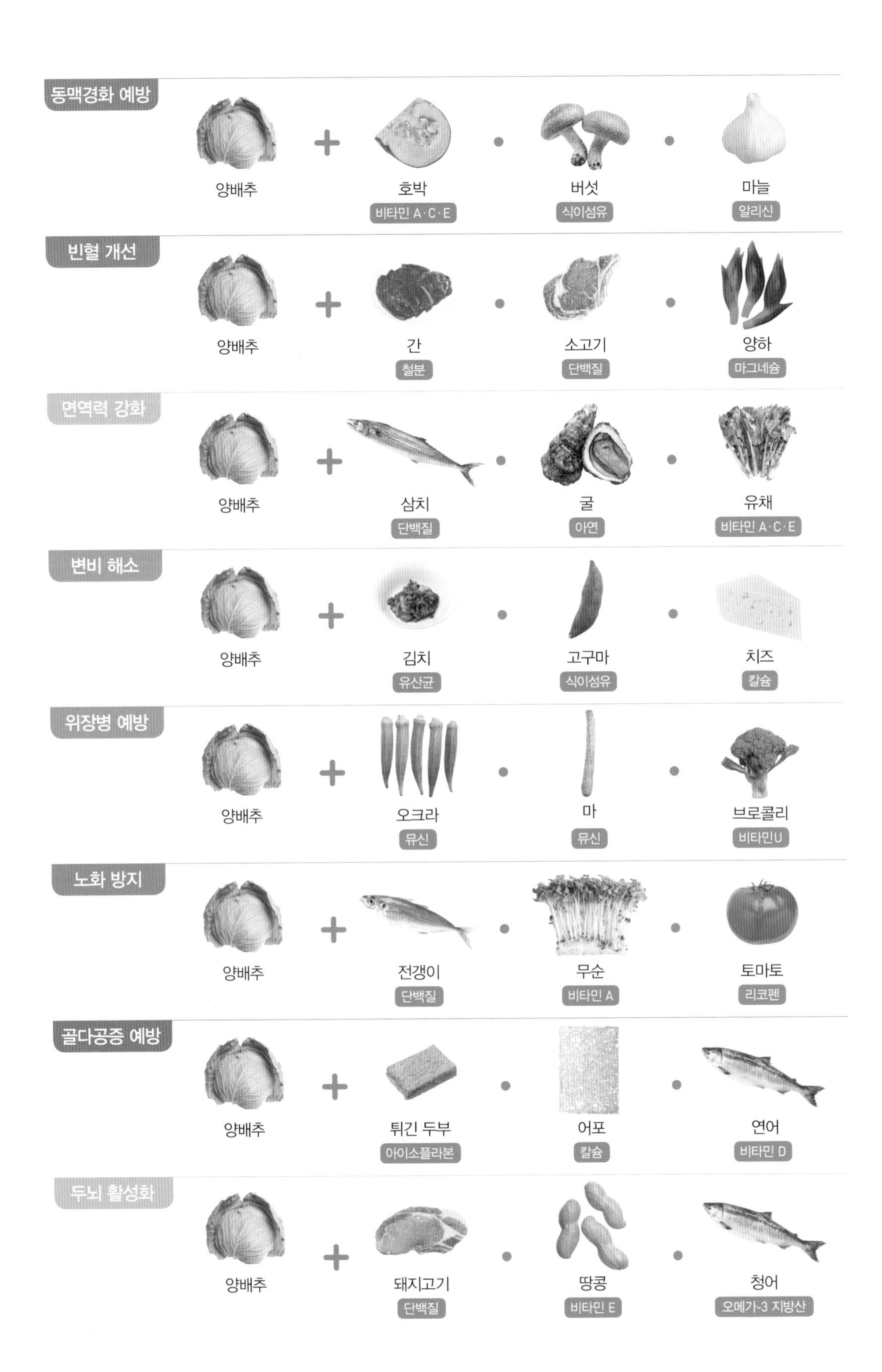
동맥경화 예방
양배추
호박
비타민 A·C·E
버섯
식이섬유
마늘
알리신
빈혈 개선
양배추
간
철분
소고기
단백질
양하
마그네슘
면역력 강화
양배추
삼치
단백질
굴
아연
유채
비타민 A·C·E
변비 해소
양배추
김치
유산균
고구마
식이섬유
치즈
칼슘
위장병 예방
양배추
오크라
뮤신
마
뮤신
브로콜리
비타민U
노화 방지
양배추
전갱이
단백질
무순
비타민 A
토마토
리코펜
골다공증 예방
양배추
튀긴 두부
아이소플라본
어포
칼슘
연어
비타민 D
두뇌 활성화
양배추
돼지고기
단백질
땅콩
비타민 E
청어
오메가-3 지방산

돼지고기 양배추쌈

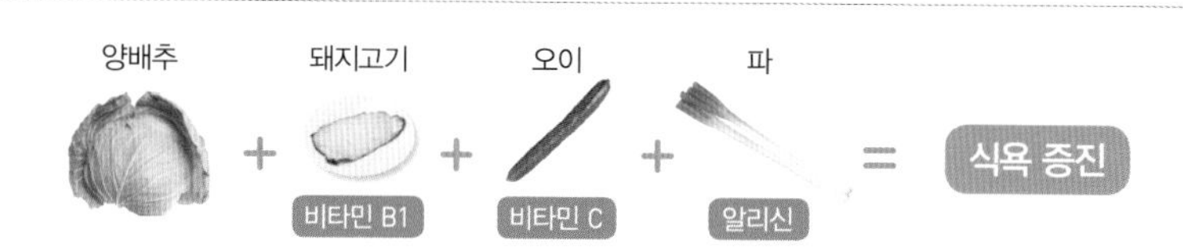

재료(2인분)

양배추…6장
돼지고기 수육…80g
오이…$\frac{1}{2}$개
파…10cm
된장…1큰술
밥…150g

만드는 법

1 양배추는 심을 제거하고 1~2분 동안 삶은 뒤 소쿠리에 담아 물기를 뺀다.
2 돼지고기 수육은 7mm 두께로 썰고, 오이와 파는 잘게 썬다. 파를 물에 담갔다가 물기를 제거한다.
3 양배추 잎에 밥을 재료의 $\frac{1}{6}$만큼 올리고 된장, 돼지고기 수육, 오이, 파 순서로 올린 후 쌈을 싼다.

양상추

지친 몸과 마음에 휴식을! 샐러드로 인기 만점!

양상추는 가장 일반적인 '결구 상추'와 '잎 상추'로 분류할 수 있다. 영양을 따지면 잎 상추가 베타카로틴, 칼륨, 칼슘, 비타민 C·E 등이 압도적으로 많다. 비타민 E는 항산화 작용, 세포 노화 방지 등에 효과가 있으며, 베타카로틴이나 비타민 C와 함께 섭취하면 피부 트러블 진정, 피로 해소 등에도 도움이 된다. 결구 상추도 잎 상추만큼은 아니지만 칼륨, 칼슘, 철 등의 무기질과 식이섬유를 균형 있게 함유하고 있다.

양상추를 자를 때 나오는 우유 빛깔 즙에는 정신을 안정시키는 성분, 식욕을 돋우고 신장 기능을 향상시키는 성분이 들어 있다.

산뜻한 맛과 아삭한 식감이 나는 양상추는 녹황색 채소와 치즈, 달걀 등과 함께 먹으면 영양소를 균형 있게 섭취할 수 있다. 양상추는 생으로 먹으면 체온을 떨어뜨리는 작용을 한다.

익혀 먹으면 단맛이 강해지고 부피가 줄어들어 더 많이 먹을 수 있으므로 볶음 요리나 수프 등을 추천한다. 그리고 아삭아삭한 식감을 즐기려면 너무 오래 익히지 말아야 한다.

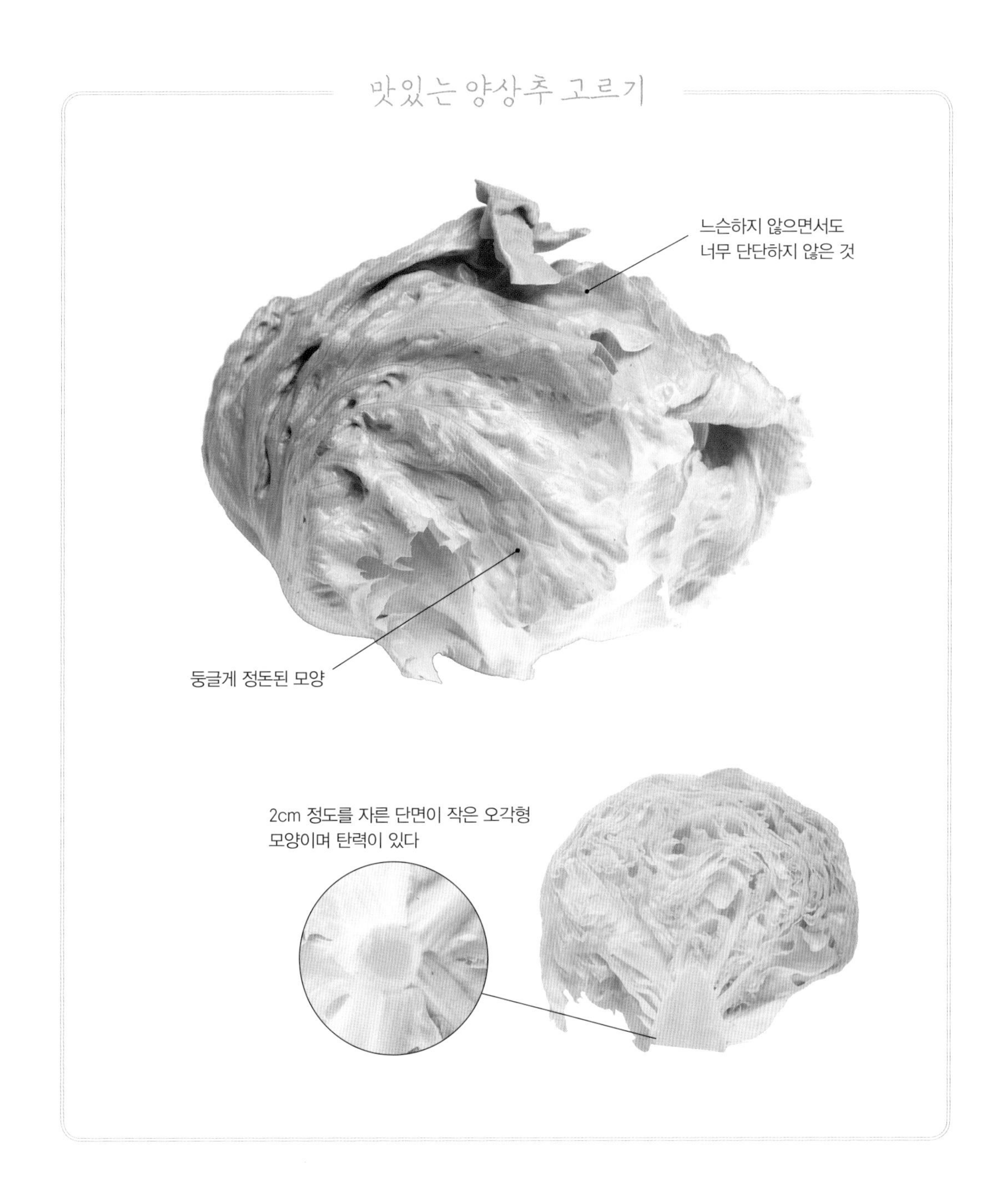

상식

허니문 샐러드란?

양상추(레터스)만 사용해 만든 샐러드를 '허니문 샐러드'라고 부른다. 레터스만→레터스 온리(only)→렛 어스 온리(let us only)='우리 둘만 있자'라는 뜻이다. 오늘 저녁 달콤한 드레싱을 뿌린 허니문 샐러드를 맛보는 것은 어떨까?

고혈압 예방

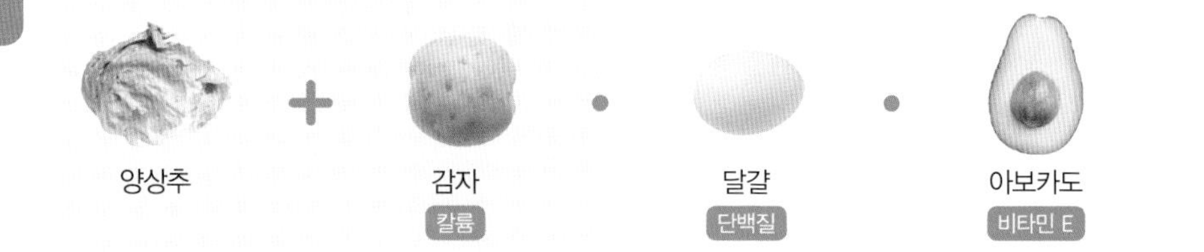

감자 양상추 수프

감자와 고기를 삶은 뒤 양상추를 넣어 끓이기만 하면 끝! 마지막으로 참기름을 두르면 고소한 향을 풍길 뿐 아니라 영양 흡수율도 높여준다.

양상추 무순 김 무침

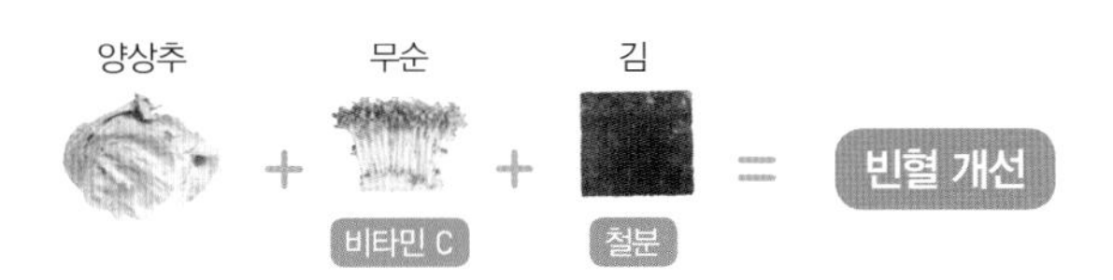

재료(2인분)

양상추…$\frac{1}{3}$개
무순…$\frac{1}{2}$팩
구운 김…$\frac{1}{2}$장
참기름…1작은술
A 간장…2작은술
A 청주…1작은술

만드는 법

1 양상추는 큼직히 썰고, 무순은 뿌리를 잘라낸 후 2cm 길이로 썬다.
2 잘게 부순 김과 참기름을 볼에 넣고 잘 섞는다.
3 2에 A를 부어 버무린 다음 1을 넣어 무친다.

잎채소

배추

듬뿍 먹고 몸속 노폐물을 배출하자!

맛이 무난하여 겨울철 냄비 요리에 빼놓을 수 없는 배추. 양배추보다 단백질과 당질이 적은 저칼로리 담색 채소로, 겉을 감싸는 녹색 잎 부분에는 녹황색 채소와 같이 베타카로틴이 함유되어 있다. 또 배추에는 몸속에 남아 있는 나트륨을 배출해주는 칼륨이 풍부해서 이뇨 작용에 뛰어나고 고혈압 예방, 노폐물 배출 촉진, 신장 기능 향상 등의 작용을 한다.

배추 심 부근의 노란 잎 부분에는 비타민 C가 많아 감기 예방, 스트레스 경감, 피로 해소에 도움이 되며, 다른 배추과 채소처럼 발암 물질을 억제하는 성분인 아이소티오시아네이트가 있어서 암 예방 효과도 기대할 수 있다.

배추는 심과 겉잎에 영양소가 많으므로 요리할 때 버릴 부분이 없다. 녹황색 채소나 버섯과 어울리므로 함께 국이나 수프로 만들면 영양소를 빠짐없이 섭취할 수 있다. 또 배추를 소금에 절이면 장 청소에 좋은 유산균이 증가하므로 배추절임이나 김치를 담가 먹으면 좋다.

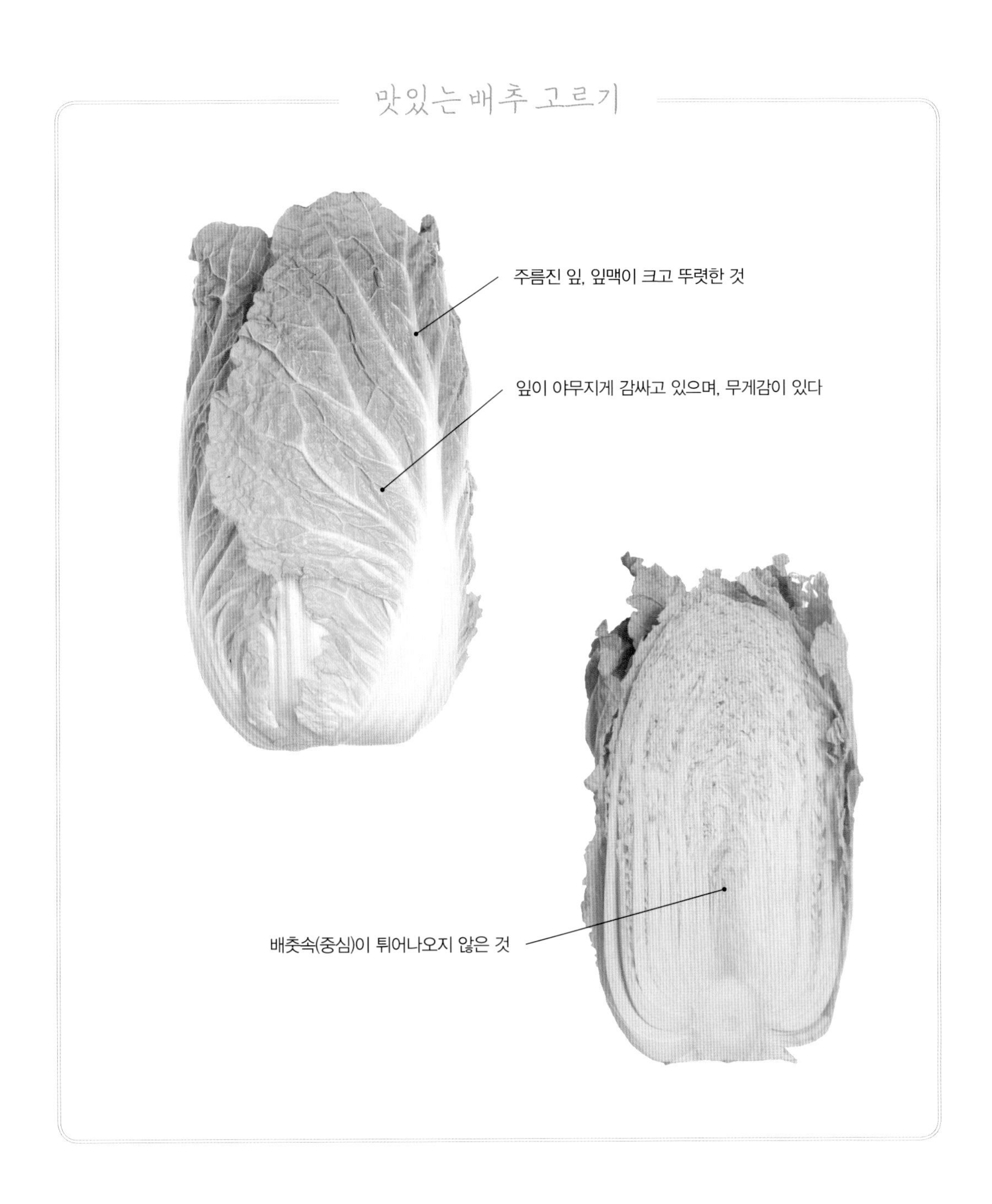

요리

간단 배추절임

요리하고 남는 배추로 절임을 만들어보자. 2~3시간 동안 말린 배추를 5cm 너비로 썰어서 소금(배추 부피의 2%), 잘게 자른 다시마, 붉은 고추를 넣고 잘 버무린 다음 꾹꾹 눌러 하룻밤 동안 묵히면 완성! 단, 2~3일이 지나기 전에 다 먹는 것이 좋다.

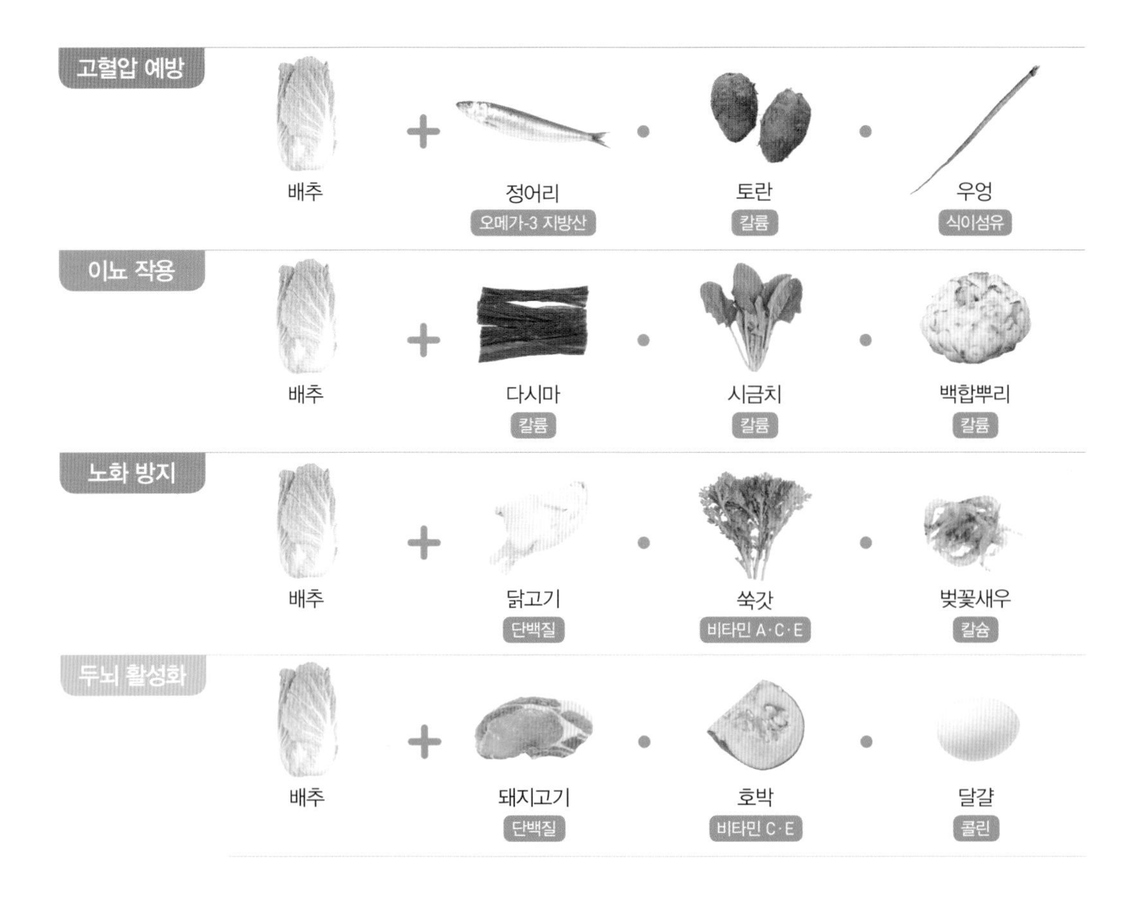

배추 군만두

배추를 익혀서 수분을 뺀 다음 돼지고기, 마늘, 생강 등과 함께 넣어 만두를 빚는다. 비타민 B1이 듬뿍 들어 있어서 피로 해소는 물론이고 스트레스 완화에도 효과 만점이다.

마파 배추

재료(2인분)

배추…$\frac{1}{6}$개(250g)
갈아놓은 돼지고기…100g
생강…1쪽
파…10cm
두반장…$\frac{1}{2}$작은술
샐러드유…1큰술
참기름…1작은술

A
- 된장…1큰술
- 간장…$\frac{1}{2}$큰술
- 치킨스톡 분말…1작은술
- 물…$\frac{1}{2}$컵

B
- 녹말가루…2작은술
- 물…1큰술

만드는 법

1. 배추는 심과 잎으로 분리한다. 심은 폭 1cm, 길이 6~7cm로 자른다. 잎은 큼직하게 썰고, 생강과 파는 잘게 썰어둔다.
2. 프라이팬에 샐러드유를 두르고 생강, 파, 두반장을 넣은 후 불을 가한다. 고소한 향이 나면 갈아놓은 돼지고기를 넣고 약불에서 고기가 고들고들해질 때까지 볶는다.
3. 배추 심과 잎을 순서대로 넣고 다시 볶은 다음 기름이 전체적으로 돌면 A를 넣고 3~4분 정도 끓인다.
4. 잘 섞은 B를 넣고 국물이 걸쭉해지면 참기름을 두른 후 불을 끈다.

시금치

발군의 영양가를 자랑하는 녹황색 채소의 대표주자

당근과 겨줄 만큼 베타카로틴과 비타민 C 함유량이 많은 시금치는, 채소 중에서 철분 또한 단연 최고로 많이 함유하고 있다.

베타카로틴은 항산화 작용과 암, 감기 예방에 효과적이며, 비타민 C와 더불어 피부 미용에도 도움이 된다. 철과 함께 적혈구 형성에 빼놓을 수 없는 엽산과 엽록소에 포함된 성분이 산소를 몸속 구석구석 운반해준다. 시금치에는 마그네슘, 구리 등도 들어 있어 빈혈 예방에도 좋다.

한편 시금치에는 옥살산 등 떫은맛을 내는 성분이 많으므로 요리할 때 살짝 데친 후 사용하는 것이 좋다. 또, 뿌리의 붉은 부분에는 뼈 형성에 중요한 역할을 하는 망간이 풍부하므로 버릴 부분이 하나도 없는 채소다.

최근에는 영양이 풍부하면서도 옥살산이 적어서 생으로 맛있게 먹을 수 있는 샐러드용 시금치도 출하되고 있는 만큼 식단을 다채롭게 짜보는 것도 좋겠다.

맛있는 시금치 고르기

품종

잎의 모양에 주목!

잎의 끝부분이 둥그스름하면 서양종(봄 시금치), 들쭉날쭉한 모양이면 동양종(겨울 시금치)이다. 두 가지 특징을 모두 포함한 개량 품종도 많이 출하되고 있다.

동양종 (겨울 시금치)

서양종 (봄 시금치)

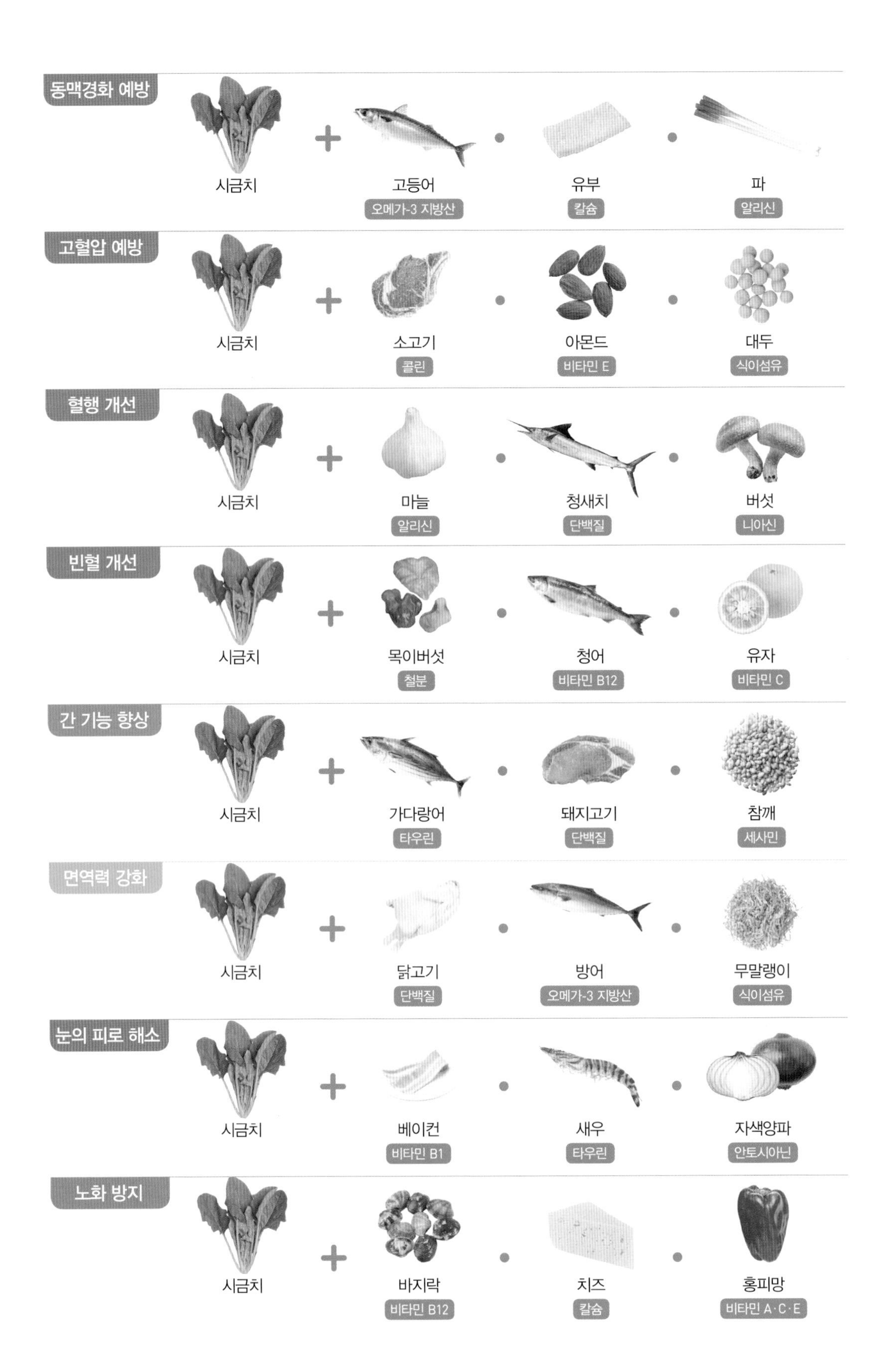

동맥경화 예방
시금치
고등어
오메가-3 지방산
유부
칼슘
파
알리신
고혈압 예방
시금치
소고기
콜린
아몬드
비타민 E
대두
식이섬유
혈행 개선
시금치
마늘
알리신
청새치
단백질
버섯
니아신
빈혈 개선
시금치
목이버섯
철분
청어
비타민 B12
유자
비타민 C
간 기능 향상
시금치
가다랑어
타우린
돼지고기
단백질
참깨
세사민
면역력 강화
시금치
닭고기
단백질
방어
오메가-3 지방산
무말랭이
식이섬유
눈의 피로 해소
시금치
베이컨
비타민 B1
새우
타우린
자색양파
안토시아닌
노화 방지
시금치
바지락
비타민 B12
치즈
칼슘
홍피망
비타민 A·C·E

시금치 굴 크림구이

재료(2인분)

시금치…$\frac{1}{2}$단
양파…$\frac{1}{6}$개
굴…150g
피자 치즈…50g

A
- 소금, 후추…약간씩
- 와인(혹은 청주)…1큰술
- 생크림…$\frac{1}{3}$컵

B
- 소금…$\frac{1}{4}$작은술
- 후추…약간

만드는 법

1. 시금치는 삶아서 물기를 빼고 3cm 길이로 썬다. 양파는 반으로 잘라서 얇게 썰어둔다.
2. 굴을 깨끗이 씻은 다음 A를 뿌린다.
3. 볼에 1, 2, B를 넣고 살짝 휘저어 섞은 다음, 내열 접시에 담고 위에 피자 치즈를 뿌린다.
4. 180도로 예열된 오븐을 사용해서 20분 정도 알맞게 굽는다.

소송채

무기질이 풍부해서 여성에게 안성맞춤인 채소

유채와 순무를 교잡해서 만들어진 소송채는 레티놀과 비타민 B12를 제외한 비타민과 무기질이 많은 우수한 녹황색 채소이다.

특히 베타카로틴과 비타민 C, 칼슘을 듬뿍 함유하고 있다. 비타민 A는 소송채 100g으로 하루 권장량의 반 정도를 섭취할 수 있을 만큼 많으며, 비타민 E, 비타민 C와 함께 노화 방지, 미용 효과는 물론이고 동맥경화, 암 등 성인병 예방에도 효과적이다.

또한 소송채의 칼슘 함유량은 우유보다 많고 시금치의 약 3.5배나 되며, 철분도 시금치보다 1.4배 정도 많아서 골다공증과 빈혈 등 여성에게 흔한 질병 예방에도 좋다.

소송채를 칼슘이 풍부한 멸치류, 유분을 포함한 육류와 참깨 등과 함께 섭취하면 영양 효과가 배로 늘어난다. 또 삶아서 데침이나 무침 등으로 요리하거나, 떫은맛이 적으므로 삶지 않고 생으로 볶아도 좋다.

뜨거운 물에 살짝 헹구어 풋내를 없앤 뒤 간장에 담그면 절임이 눈 깜짝할 새 완성된다.

맛있는 소송채 고르기

상식

소송채의 유래

소송채는 일본의 '소송천'이라는 지역에서 그 이름이 유래했다. 떫은맛이 적어서 미리 삶아놓을 필요 없이 바로 요리할 수 있다.

일본 전통
소송채

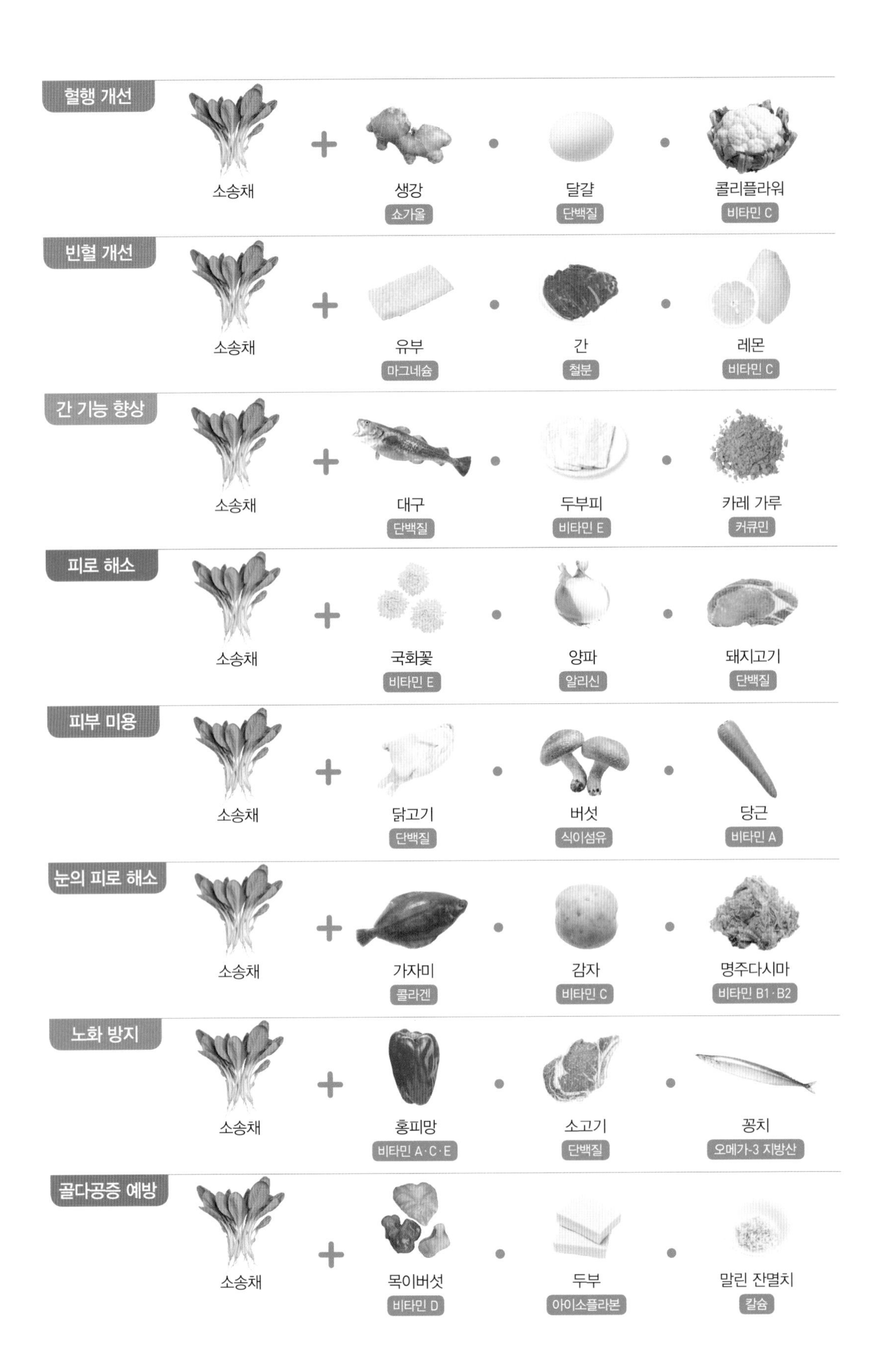
혈행 개선
소송채
생강
쇼가올
달걀
단백질
콜리플라워
비타민 C
빈혈 개선
소송채
유부
마그네슘
간
철분
레몬
비타민 C
간 기능 향상
소송채
대구
단백질
두부피
비타민 E
카레 가루
커큐민
피로 해소
소송채
국화꽃
비타민 E
양파
알리신
돼지고기
단백질
피부 미용
소송채
닭고기
단백질
버섯
식이섬유
당근
비타민 A
눈의 피로 해소
소송채
가자미
콜라겐
감자
비타민 C
명주다시마
비타민 B1·B2
노화 방지
소송채
홍피망
비타민 A·C·E
소고기
단백질
꽁치
오메가-3 지방산
골다공증 예방
소송채
목이버섯
비타민 D
두부
아이소플라본
말린 잔멸치
칼슘

소송채 얹은 두부튀김

\+

\+

= 골다공증 예방

재료(2인분)

소송채…$\frac{1}{3}$단(100g)
튀긴 두부…1장
돼지 삼겹살…50g
생강…1쪽
샐러드유…$\frac{1}{2}$큰술
A 물…$\frac{1}{2}$컵
간장…1큰술
맛술(미림), 녹말가루…각 $\frac{1}{2}$큰술

만드는 법

1 소송채는 1.5cm 길이로, 돼지고기는 1cm 너비로 썬다.
2 생강은 잘게 다진다.
3 달군 프라이팬에 샐러드유를 두른 뒤, 튀긴 두부를 넣고 뚜껑을 닫은 채 3~4분간 굽는다. 그다음 꺼내서 2cm 두께로 자른다.
4 3의 프라이팬에 생강과 돼지고기를 넣고 볶다가 고기 색이 변하면 소송채를 넣는다. 전체적으로 기름이 고루 발리면 한데 섞은 A를 넣고, 소스가 걸쭉해졌을 때 두부에 붓는다.

경수채

겨울철 피부 트러블 개선, 감기 예방에 안성맞춤!

경수채는 텃밭 작물로 많이 키우는 채소다. 육류의 누린내와 생선 비린내를 없애는 작용이 있어서 겨울철 따끈한 국물 요리에 어울리는데, 샐러드로도 즐겨 먹는다.

경수채에는 베타카로틴, 비타민 C·E가 풍부해서 피부와 점막 건강을 지켜주고, 건조한 겨울철에 일어나는 피부 트러블과 감기 예방에도 많은 도움이 된다. 또한 항산화 작용을 하는 영양소가 듬뿍 들어 있어서 노화 방지, 성인병, 암 억제 효과를 기대할 수 있다.

게다가 십자화과 특유의 무기질 함유량도 많고 골다공증 예방에 좋은 칼슘, 고혈압을 예방하는 칼륨, 빈혈 예방에 좋은 철 등도 풍부하다. 다시 말해서 경수채는 어디 하나 흠잡을 곳이 없는 채소라고 할 수 있다.

경수채는 식감이 아삭하고 맛도 담백해서 어떤 식재료와 함께 요리하든 다 잘 어울린다. 다만 너무 익히면 질겨지므로 되도록 빨리 요리하는 것이 좋다.

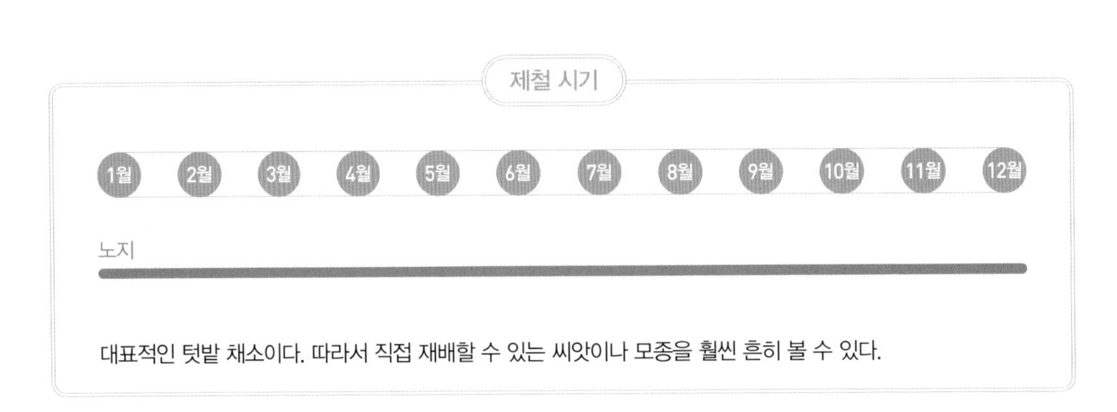

재배

비료 없이도 잘 자라는 채소

경수채는 이름 그대로 물과 흙만으로 재배할 수 있다. 수분 관리만 잘 해주면 키우기 쉬운 채소로, 수경 재배한 것은 뿌리 부근이 작고 부드러워서 생식에 적합하지만, 풍미가 좀 떨어지는 편이다.

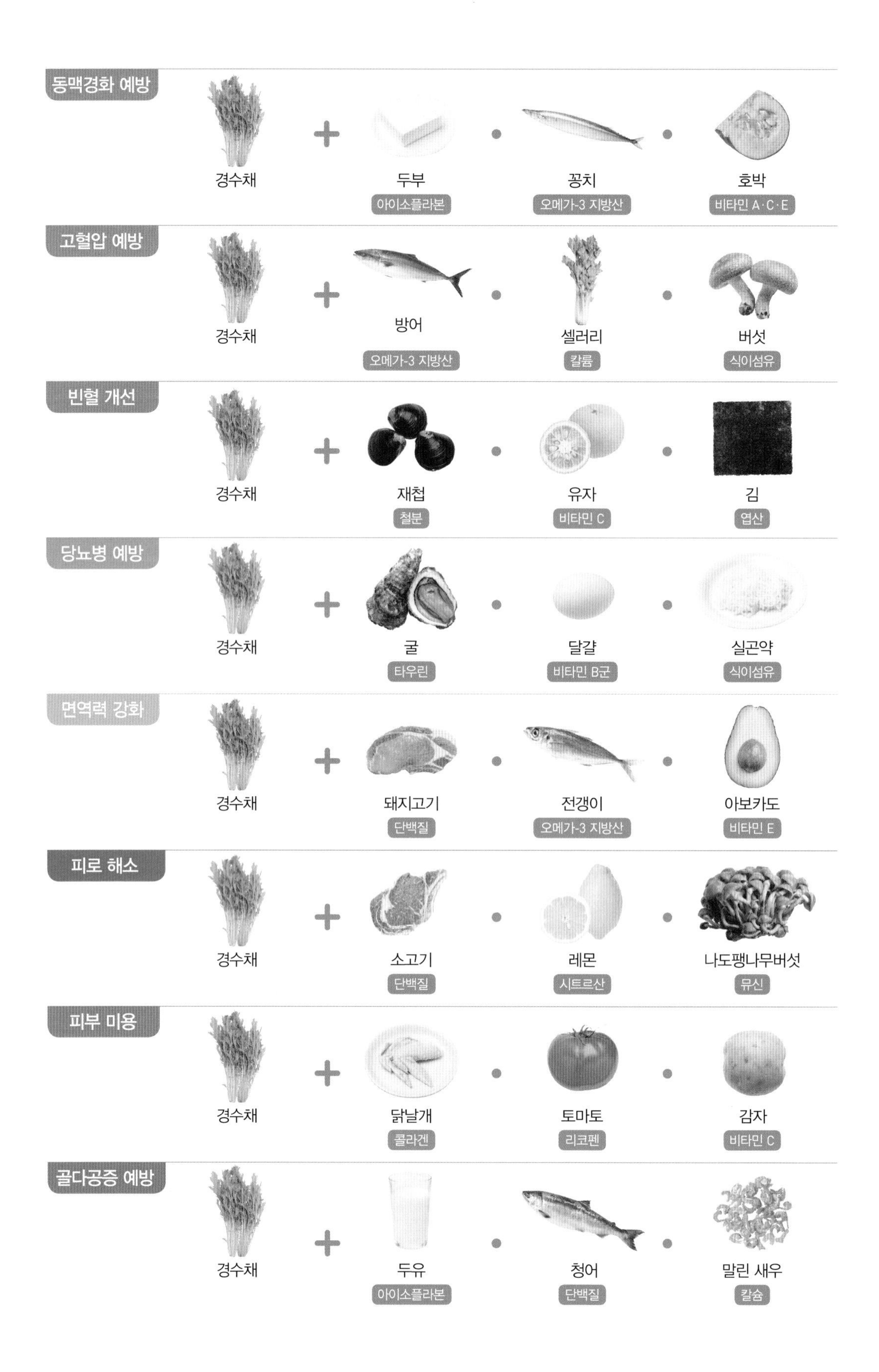
동맥경화 예방
경수채
두부
아이소플라본
꽁치
오메가-3 지방산
호박
비타민 A·C·E
고혈압 예방
경수채
방어
오메가-3 지방산
셀러리
칼륨
버섯
식이섬유
빈혈 개선
경수채
재첩
철분
유자
비타민 C
김
엽산
당뇨병 예방
경수채
굴
타우린
달걀
비타민 B군
실곤약
식이섬유
면역력 강화
경수채
돼지고기
단백질
전갱이
오메가-3 지방산
아보카도
비타민 E
피로 해소
경수채
소고기
단백질
레몬
시트르산
나도팽나무버섯
뮤신
피부 미용
경수채
닭날개
콜라겐
토마토
리코펜
감자
비타민 C
골다공증 예방
경수채
두유
아이소플라본
청어
단백질
말린 새우
칼슘

경수채 새송이버섯 초간장조림

경수채

\+ 새송이버섯 (판토텐산)

\+ 게맛살 (단백질)

= 스트레스 해소

재료(2인분)

경수채…$\frac{1}{2}$단
새송이버섯…1개
게맛살…4개
A | 맛국물…$\frac{1}{2}$컵
  | 간장, 청주…각 1작은술

만드는 법

1 경수채를 4cm 길이로 썰고, 새송이버섯은 4cm 길이로 채썰기 한다. 게맛살은 잘게 찢는다.
2 냄비에 A와 새송이버섯을 넣고 한소끔 끓이다가 1을 넣고 2~3분 동안 더 끓인다.

부추

스태미나 강화와 암 예방에 좋은 채소!

예부터 한방 약재로 활용되었던 부추는 베타카로틴, 비타민 B2·B6·C·E·K 등의 비타민류, 무기질, 식이섬유를 풍부하게 함유한 채소다. 이 영양소들의 상승 작용으로 노화 방지, 감기 예방, 피로 해소, 미용 등에 폭넓은 효과를 기대할 수 있다.

또한, 부추는 파 종류 특유의 향 성분인 유화아릴도 풍부해서 소화액 분비를 촉진하여 소화를 도와줄 뿐 아니라 비타민 B1의 흡수를 돕고 몸속에 오랫동안 남아 효과를 유지한다. 그뿐 아니라 스태미나 증진은 물론이고 냉증, 신경통 등의 개선에도 도움이 된다.

부추는 살짝 데치거나 볶음 요리, 국물 요리 시 제일 마지막에 넣어야 비타민 C의 손상을 막을 수 있다. 또한 부추 요리의 정석인 '소 간 부추 볶음'은 철분과 비타민 B1·C, 유화아릴의 상승 효과를 불러서 냉증과 빈혈 개선에 효과적인 메뉴이다.

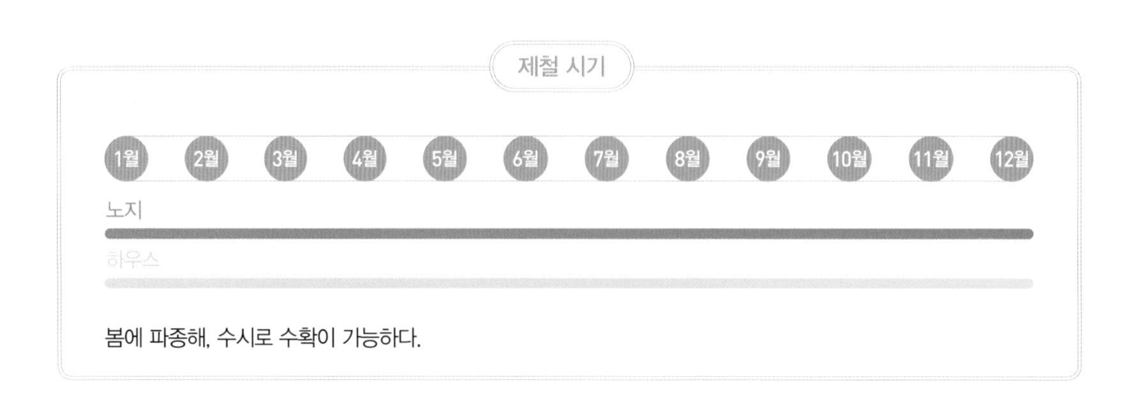

맛있는 부추 고르기

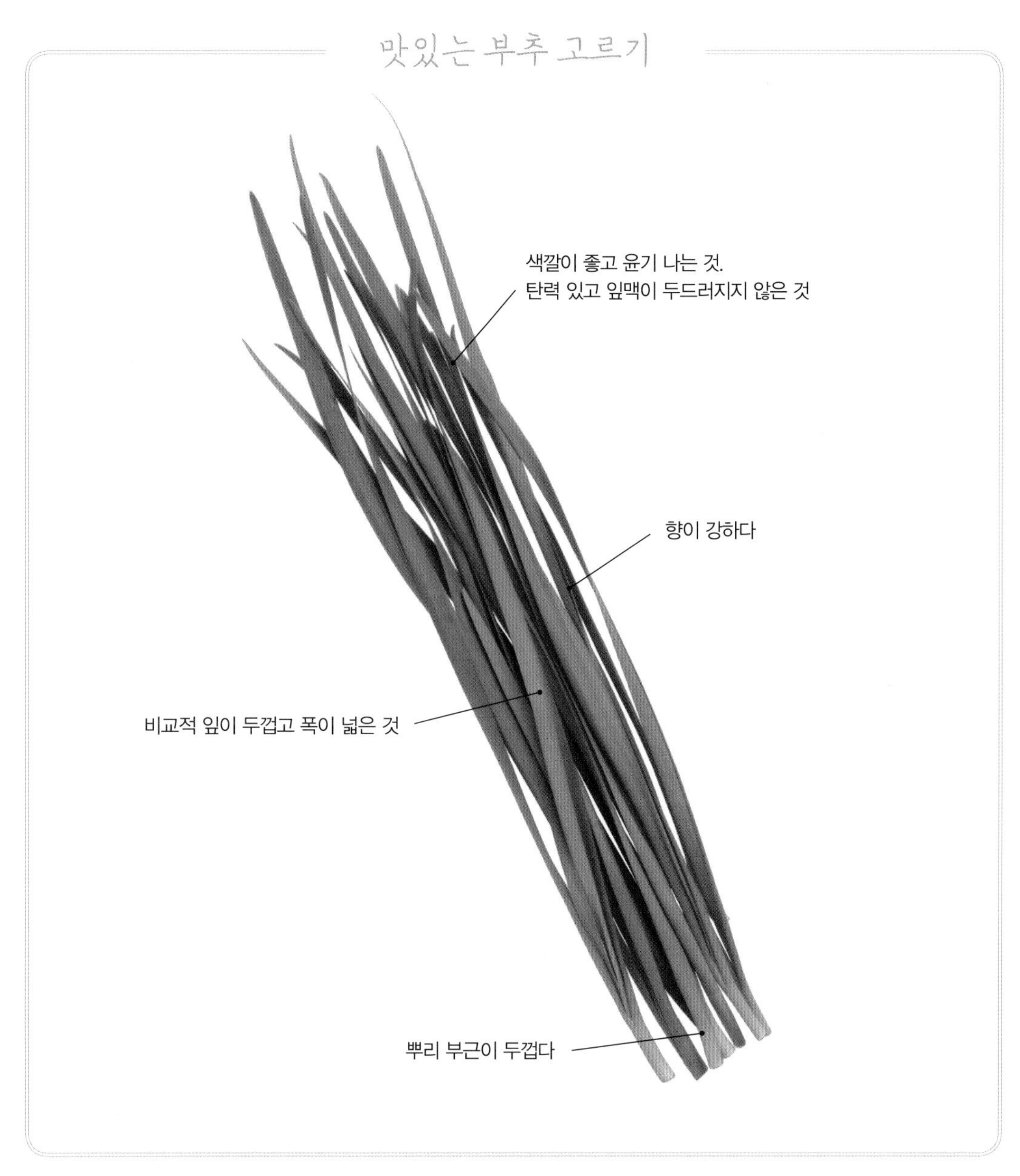

종류

여러 가지 부추

부추는 아시아 지역에서만 자라는 채소다. 봉오리와 꽃대를 먹는 꽃부추, 햇볕을 차단한 환경에서 부드럽게 키운 구황부추도 있다.

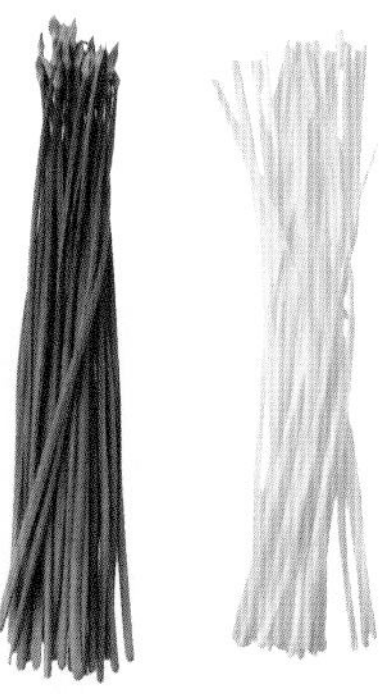

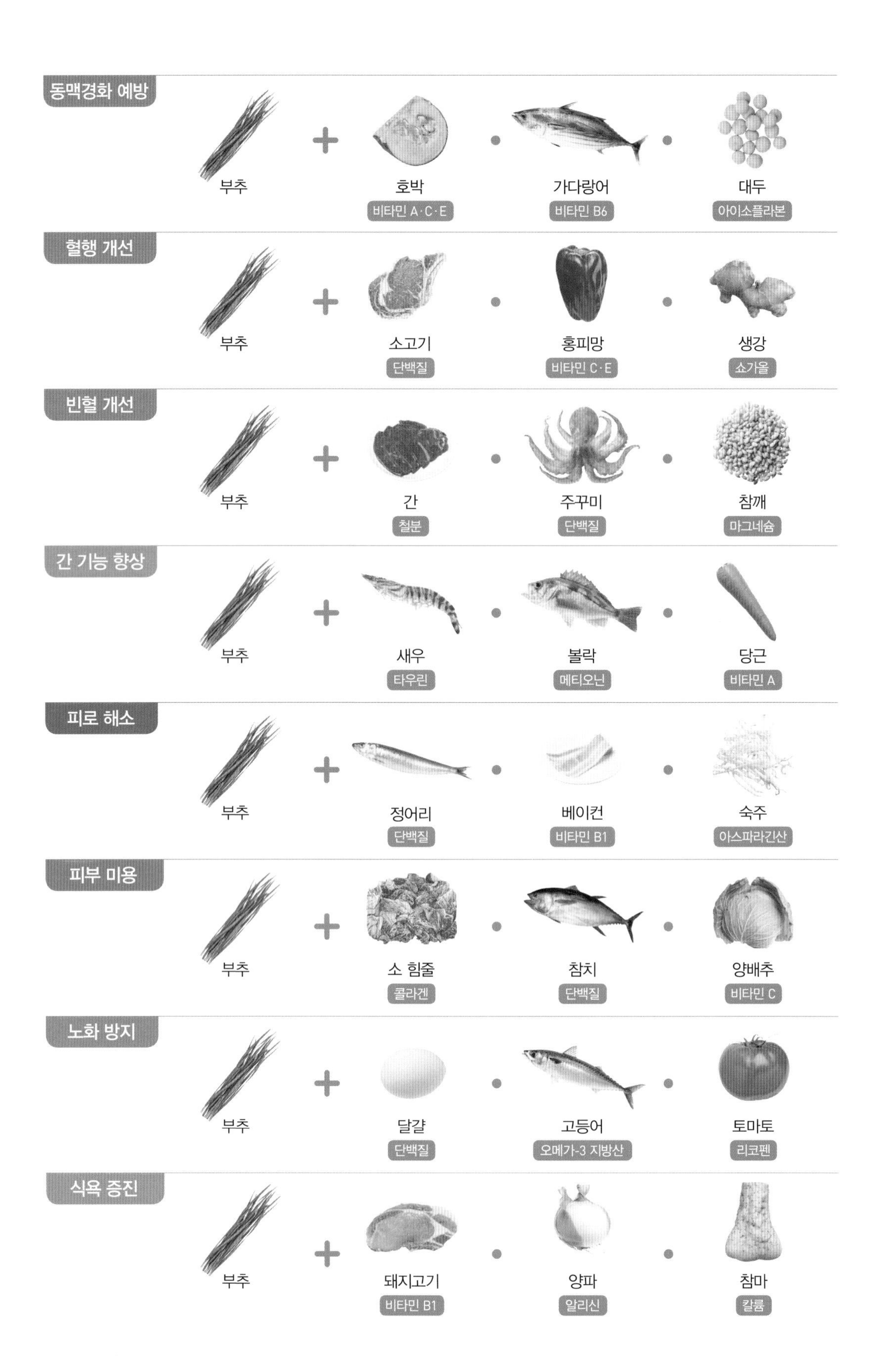
동맥경화 예방
부추
호박
비타민 A·C·E
가다랑어
비타민 B6
대두
아이소플라본
혈행 개선
부추
소고기
단백질
홍피망
비타민 C·E
생강
쇼가올
빈혈 개선
부추
간
철분
주꾸미
단백질
참깨
마그네슘
간 기능 향상
부추
새우
타우린
볼락
메티오닌
당근
비타민 A
피로 해소
부추
정어리
단백질
베이컨
비타민 B1
숙주
아스파라긴산
피부 미용
부추
소 힘줄
콜라겐
참치
단백질
양배추
비타민 C
노화 방지
부추
달걀
단백질
고등어
오메가-3 지방산
토마토
리코펜
식욕 증진
부추
돼지고기
비타민 B1
양파
알리신
참마
칼륨

부추 김치전

재료(2인분)

부추…1단
배추김치…80g
갈아놓은 돼지고기…50g
소금, 후추…약간씩
참기름…1큰술
A
밀가루…1컵
물…$\frac{3}{4}$컵
달걀…1개
소금…$\frac{1}{2}$작은술

만드는 법

1 부추는 2cm 길이로 자르고, 김치는 잘게 썬다.
2 달군 프라이팬에 참기름을 1작은술 두르고, 갈아놓은 돼지고기를 볶는다. 고기가 고들고들해지면 소금과 후추를 뿌린다.
3 볼에 A를 넣고 잘 버무린 후 1과 2를 넣고 다시 잘 섞는다.
4 프라이팬에 남은 참기름의 $\frac{1}{3}$~$\frac{1}{2}$을 두른 후, 3을 국자로 한 번 퍼서 붓고 넓게 펴 굽는다. 어느 정도 익으면 뒤집어서 꾹꾹 눌러가며 노릇노릇하게 굽는다. 남은 것도 같은 방법으로 구우면 되고, 기호에 따라 초간장을 뿌려 먹어도 좋다.

청경채

성인병을 예방하는 채소의 대표주자

청경채는 풍부한 베타카로틴, 비타민 C·E의 상호 작용으로 과산화지방 생성을 억제해서 노화, 고혈압, 성인병, 암 예방에 효과적인 채소다. 게다가 활성산소의 활동을 막아 멜라닌 색소의 침착을 막고 미백 효과로 고운 피부를 가꿀 수 있다.

뼈를 튼튼하게 해주며, 변비와 빈혈 예방에 좋은 칼슘, 칼륨, 식이섬유, 철 등이 풍부한 데다 맛이 무난하여 어떤 음식과도 어울리기 때문에 요리에 적극 추천하고 싶은 식재료다.

청경채는 요리할 때, 심과 잎을 분리해서 데치는 시간을 달리하면 더 맛있게 섭취할 수 있다. 또 데칠 물에 소금과 기름을 첨가하면 수분이 많아져 한층 윤기 있어진다.

청경채는 떫은맛이 적어서 전자레인지로 가열하거나 조린 국물에 바로 넣어도 되는 간편한 채소다. 칼슘 흡수를 높이고 싶다면 목이버섯이나 말린 멸치 등 비타민 D가 풍부한 식재료와 함께 요리하기를 추천한다.

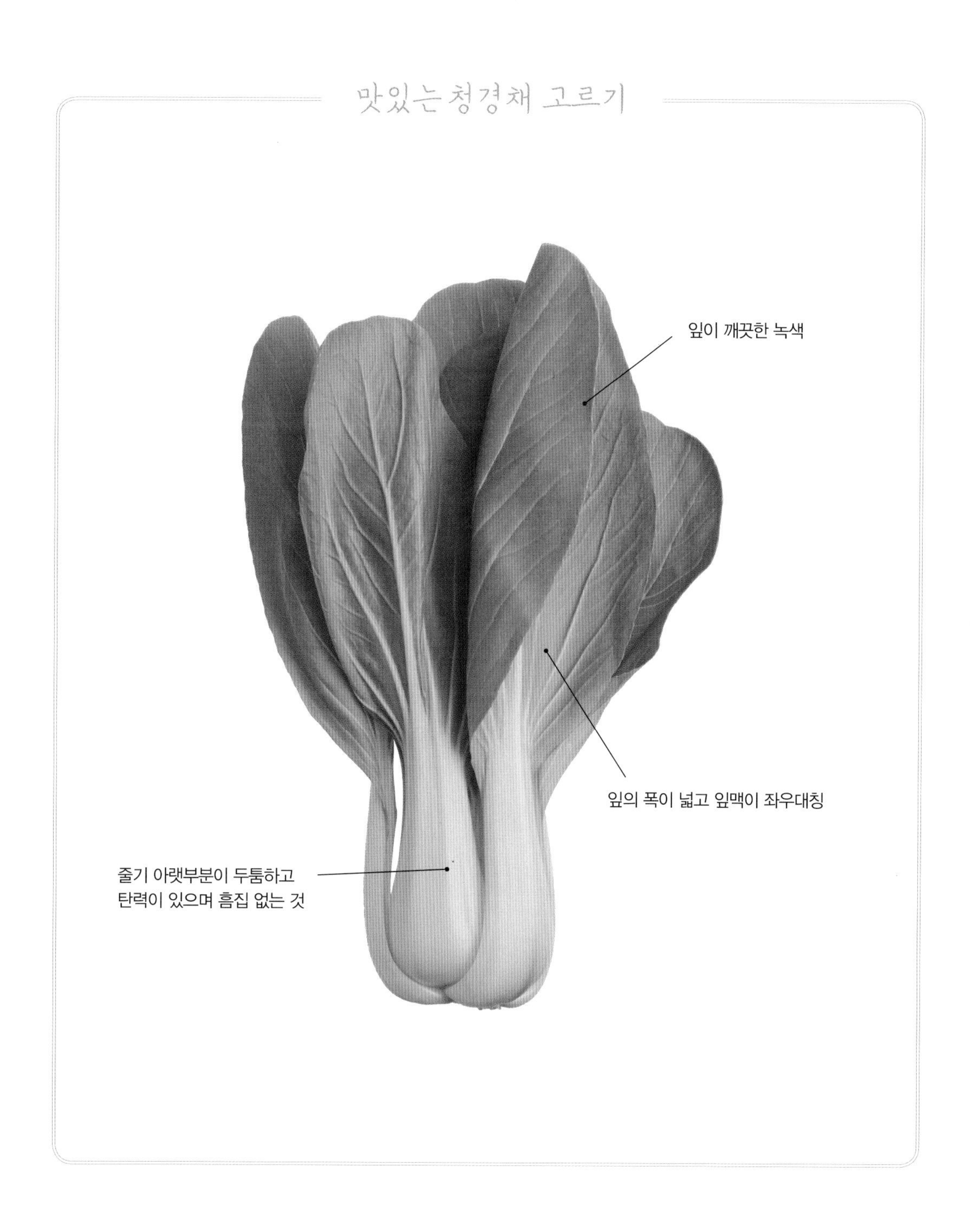

요리

다양한 요리를 먹자!

청경채는 두부전골, 소고기전골, 된장국, 절임, 크림조림 등 폭넓게 활용할 수 있다. 줄기의 단맛과 아삭한 식감을 만끽해보자.

청경채 크림조림

골다공증 예방에는 칼슘, 비타민 D 등이 무엇보다 중요하다. 말린 표고버섯의 감칠맛을 살린 크림조림이라면 이러한 영양소를 균형 있게 섭취할 수 있다.

청경채 두부볼 조림

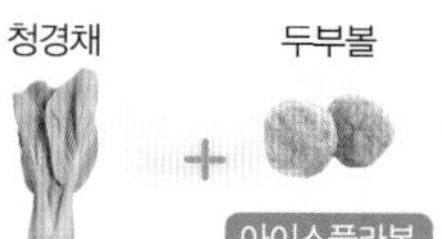

재료(2인분)

청경채…1포기
두부볼…5~6개
생강…1쪽

A
- 맛국물…1컵
- 설탕…$\frac{1}{2}$큰술
- 맛술(미림)…1큰술
- 소금…$\frac{1}{4}$작은술
- 간장…2작은술

만드는 법

1. 청경채를 심과 잎을 분리해서 심은 세로로 6등분하고, 잎은 4~5cm 길이로 자른다. 생강은 가늘게 썰어둔다.
2. 두부볼은 이쑤시개로 곳곳에 구멍을 뚫은 후 삶아서 물기를 뺀다.
3. 냄비에 A와 2, 생강을 넣고 뚜껑을 살짝 덮은 후 약불에서 15분 정도 끓인다.
4. 청경채 심을 넣고 2분 더 끓인 다음, 잎을 넣고 다시 한소끔 끓인다.

공심채

풍부한 베타카로틴으로 아시아에서 사랑받는 채소

줄기 속이 비었다는 뜻의 공심채는 중국과 태국, 베트남 등지에서 즐겨 먹는 녹황색 채소다. 비타민, 식이섬유 등 영양소를 충분히 포함하고 있으며, 특히 시금치의 함유량보다 많은 베타카로틴은 비타민 C와 더불어 스트레스, 피부 트러블을 개선해주고 여름철 더위를 이겨내도록 돕는다.

게다가 몸속 나트륨을 배출하여 고혈압 예방에 효과적인 칼륨, 골다공증 예방에 좋은 망간, 빈혈 예방을 기대할 수 있는 철 등 무기질도 풍부하다. 이렇게 공심채는 매우 영양가 높은 채소다.

공심채는 아삭아삭한 식감이 매력적이며, 기름에 재빨리 볶으면 베타카로틴 흡수율이 높아진다. 맛이 무난하고 떫은맛도 적어서 무침, 국물 요리, 튀김 등 다양한 방법으로 듬뿍 섭취하기를 권한다.

맛있는 공심채 고르기

특징

고온다습한 기후를 좋아한다

아시아에서 널리 재배되는 공심채는 더위에 강하고 번식력이 왕성하다. 나팔꽃처럼 덩굴이 자라며 꽃의 생김새도 나팔꽃과 흡사하다고 해서 '나팔꽃채'라는 별칭이 붙었다.

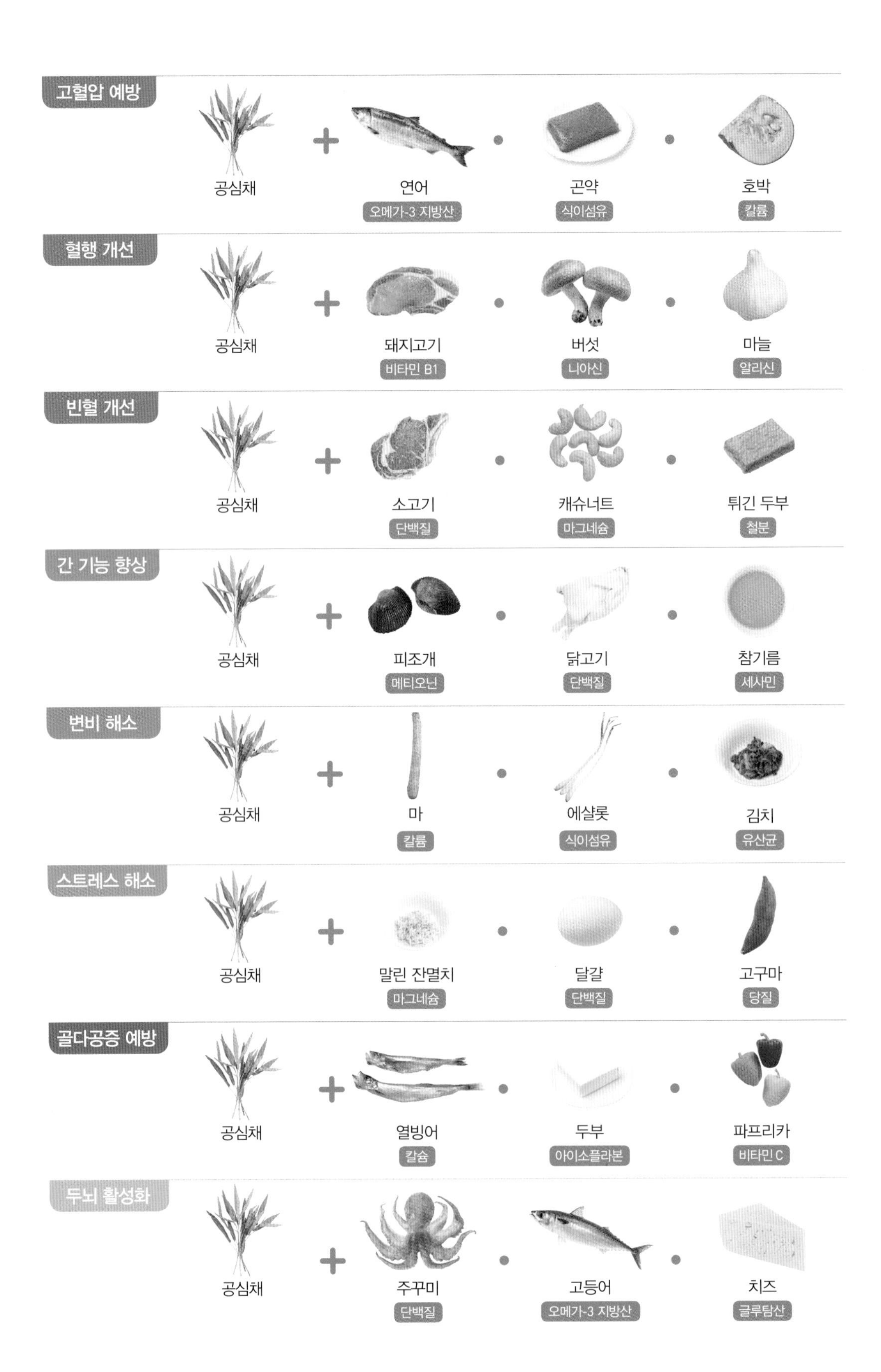
고혈압 예방
공심채
연어
오메가-3 지방산
곤약
식이섬유
호박
칼륨
혈행 개선
공심채
돼지고기
비타민 B1
버섯
니아신
마늘
알리신
빈혈 개선
공심채
소고기
단백질
캐슈너트
마그네슘
튀긴 두부
철분
간 기능 향상
공심채
피조개
메티오닌
닭고기
단백질
참기름
세사민
변비 해소
공심채
마
칼륨
에샬롯
식이섬유
김치
유산균
스트레스 해소
공심채
말린 잔멸치
마그네슘
달걀
단백질
고구마
당질
골다공증 예방
공심채
열빙어
칼슘
두부
아이소플라본
파프리카
비타민 C
두뇌 활성화
공심채
주꾸미
단백질
고등어
오메가-3 지방산
치즈
글루탐산

공심채 마늘 볶음

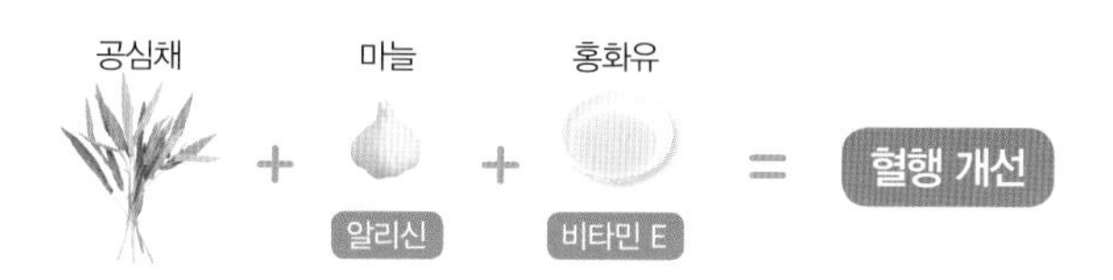

재료(2인분)

공심채…1단
마늘…1쪽
우스터 소스…2작은술
청주…1작은술
홍화유(샐러드유)…$\frac{1}{2}$큰술

만드는 법

1 공심채는 4cm 길이로 자르고, 마늘은 잘게 다진다.
2 프라이팬에 홍화유와 마늘을 넣고 볶는다.
3 고소한 냄새가 나면 공심채를 넣고 강불에서 볶은 뒤 우스터 소스와 청주로 간을 맞춘다.

멜로키아

잎의 점액질 성분에 폭넓은 효과가!

멜로키아는 경이로울 정도로 다양한 영양 성분을 골고루 듬뿍 함유한 채소다. 이름도 다양한데, '모로헤이야', '몰로키아' 등으로 불린다.

특히 활성산소의 작용을 억제하여 암 예방, 노화 방지에 효과적인 베타카로틴의 함유량이 당근을 웃돌며, 비타민 B군·C·E도 많아 세포 재생을 활발하게 한다.

또 골다공증 예방과 스트레스 해소 등에도 효과가 있는 칼슘, 고혈압 예방에 좋은 칼륨 함유량은 채소 중 단연 으뜸이다.

멜로키아는 빈혈 개선에 좋은 철분, 뼈 건강을 유지해주는 비타민 K 등도 풍부하다. 멜로키아를 잘랐을 때 나오는 점액질 성분 뮤신과 만난은 위염, 위궤양을 방지하고 당뇨병, 동맥경화 예방에도 도움이 된다.

멜로키아는 잎만 뜯어서 사용한다. 떫은맛을 내는 옥살산을 함유하고 있으므로 요리하기 전 살짝 데쳐서 물기부터 제거한다. 멜로키아 잎을 끈적한 낫토 등과 버무리거나 된장국, 수프 등에 넣으면 맛있게 먹을 수 있다.

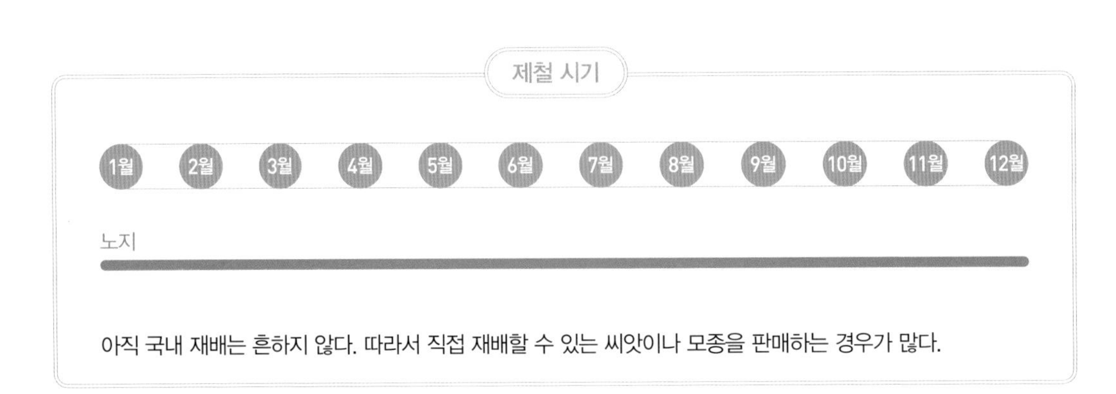

맛있는 멜로키아 고르기

상식

영양 만점 '왕의 채소'

멜로키아의 원산지는 이집트로, 고대 이집트 왕이 멜로키아로 만든 수프를 먹고 병을 치료했다는 일화가 있어서 일명 '왕의 채소'로 부르기도 한다.

동맥경화 예방
멜로키아
마늘
알리신
대두
사포닌
꽁치
오메가-3 지방산
당뇨병 예방
멜로키아
오징어
타우린
낫토
식이섬유
레몬
비타민 C
면역력 강화
멜로키아
소고기
단백질
방어
오메가-3 지방산
홍피망
비타민 A·C·E
변비 해소
멜로키아
버섯
식이섬유
말린 정어리
칼슘
베이컨
비타민 B1
피로 해소
멜로키아
닭고기
단백질
참마
뮤신
양파
알리신
노화 방지
멜로키아
참치
비타민 B6
당근
비타민 A
오크라
엽산
골다공증 예방
멜로키아
두부
아이소플라본
말린 표고버섯
비타민 D
우유
칼슘
두뇌 활성화
멜로키아
돼지고기
단백질
갈치
오메가-3 지방산
유채씨유
비타민 E

멜로키아 토마토 냉국

재료(2인분)

멜로키아…$\frac{1}{2}$팩
방울토마토…2개

A
- 맛국물…$\frac{1}{2}$컵
- 소금…$\frac{1}{4}$작은술
- 간장…1작은술
- 홍화유(샐러드유)…$\frac{1}{2}$작은술

만드는 법

1 멜로키아는 잎만 데쳐서 차가운 물에 헹궜다가 물기를 뺀 후, 칼로 가볍게 다져 점액을 낸다.
2 방울토마토는 잘게 썬다.
3 볼에 A와 멜로키아를 넣고 잘 저은 다음 냉장고에 넣어둔다.
4 시원해진 3을 그릇에 담고 잘게 썬 방울토마토를 얹는다.

쑥갓

산뜻한 향내가 위장 활동을 돕는다!

쑥갓은 전골이나 무침 등에 빼놓을 수 없는 녹황색 채소다. 베타카로틴 함유량이 시금치, 소송채보다도 많아서 감기 등 전염병 예방과 동상 등 피부 질환 개선에 탁월하다.

더욱이 칼슘 함유량은 우유 이상이고, 뼈 건강에 필요한 비타민 K 수치도 매우 높아 골다공증 예방에 효과를 발휘한다. 그 밖에도 쑥갓은 빈혈 예방에 좋은 철과 비타민 E, 변비 개선에 도움이 되는 식이섬유도 풍부하다.

쑥갓의 산뜻한 향내는 알파피넨, 페릴알데히드 등 정유 성분에 의한 것으로 이 성분들이 자율 신경에 영향을 미쳐서 소화 촉진, 안정 효과, 기침 진정 효과를 불러온다.

한편 쑥갓은 떫은맛이 덜해서 부드러운 잎사귀를 샐러드나 데침으로 먹으면 영양소 손실을 막을 수 있다. 또 쑥갓은 비타민 C가 적으므로 비타민 C가 많은 채소와 궁합을 맞추면 베타카로틴과 비타민 E의 항산화 작용이 더욱 좋아진다.

맛있는 쑥갓 고르기

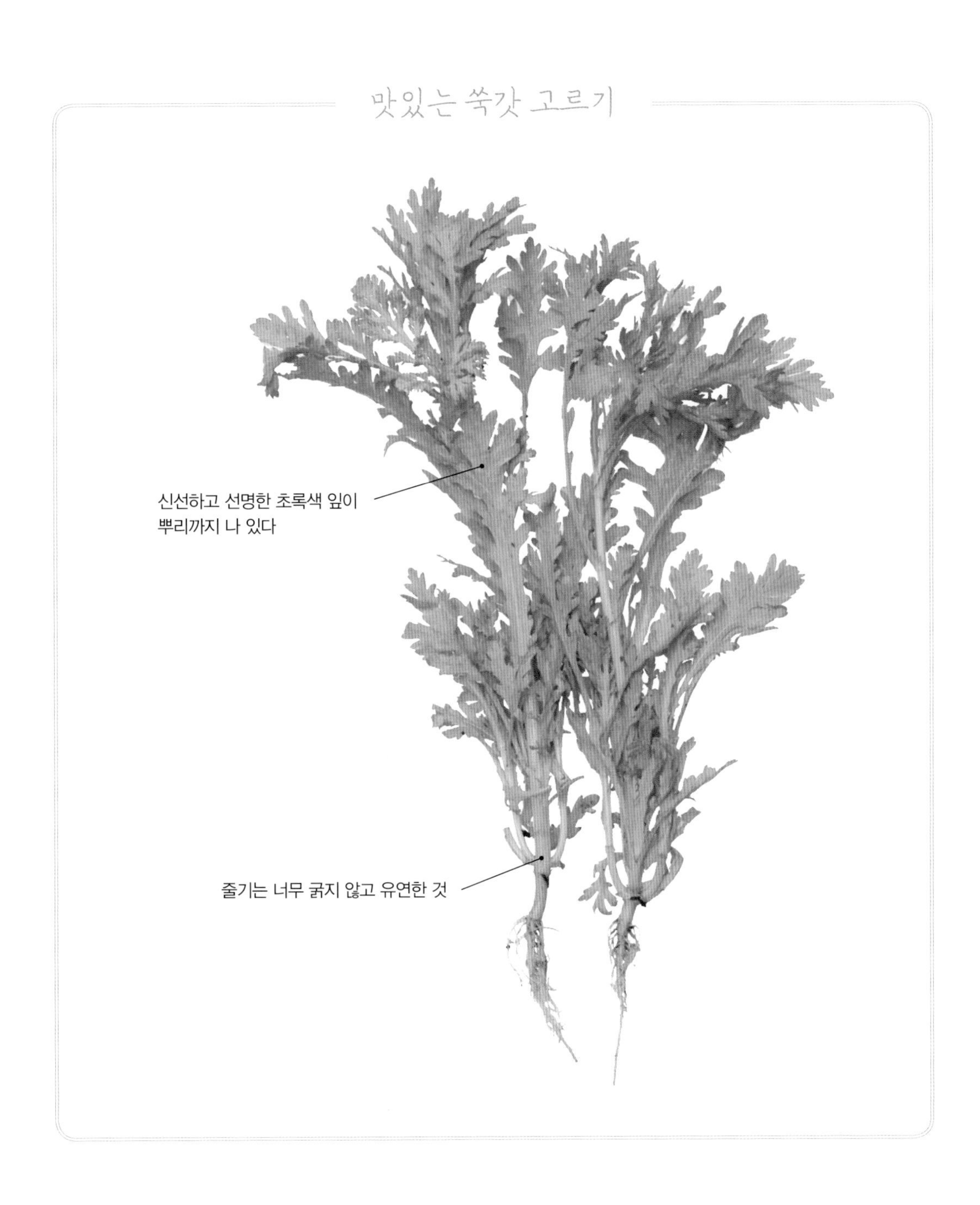

품종

대엽 쑥갓과 중엽 쑥갓

많이 유통되는 것은 잎이 깊게 갈라진 중엽 쑥갓이다. 두툼하고 잎사귀 끝이 둥그스름한 대엽 쑥갓은 중엽 쑥갓에 비해 향이 덜하다.

대엽 쑥갓

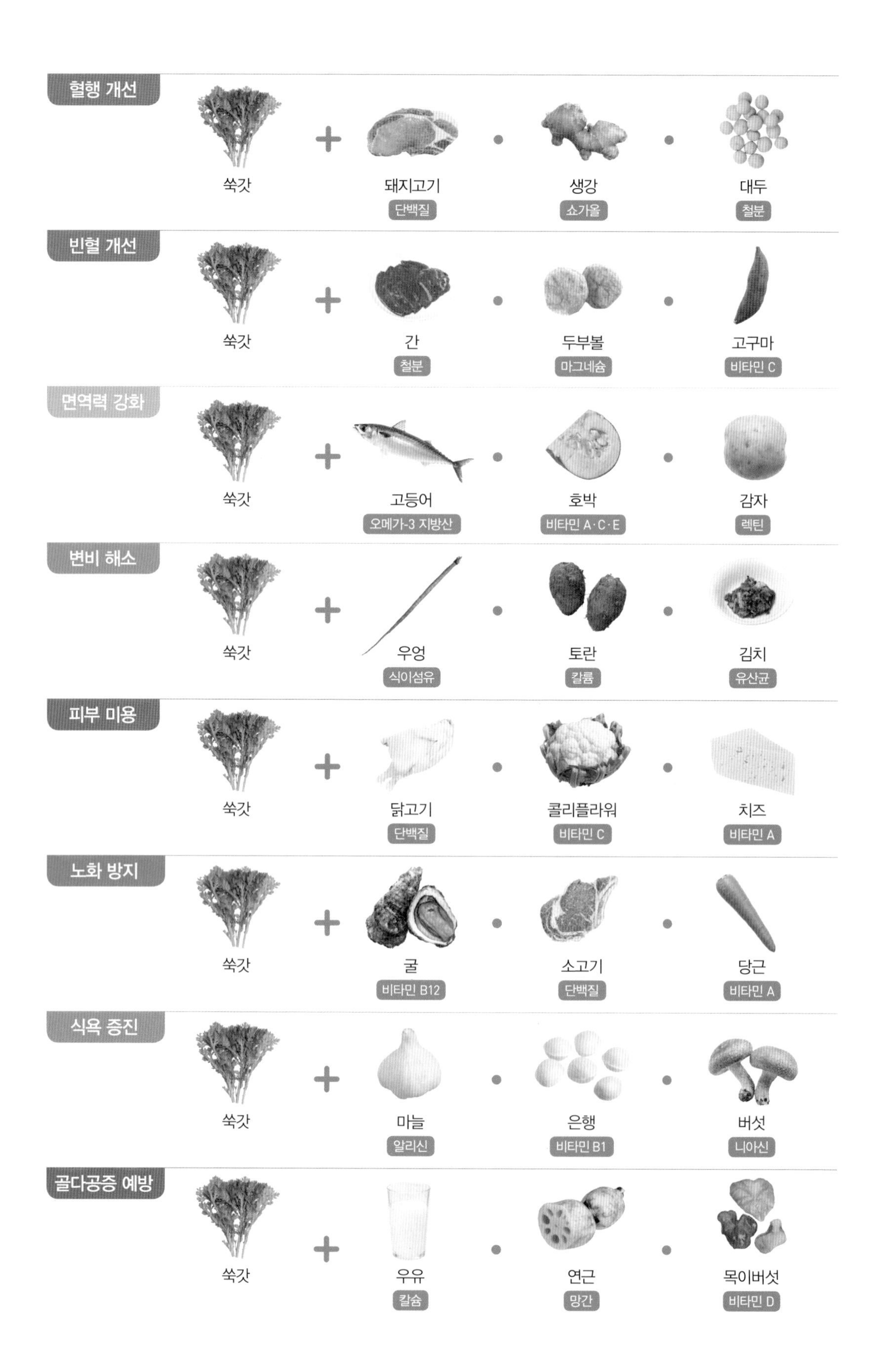
혈행 개선
쑥갓
돼지고기
단백질
생강
쇼가올
대두
철분
빈혈 개선
쑥갓
간
철분
두부볼
마그네슘
고구마
비타민 C
면역력 강화
쑥갓
고등어
오메가-3 지방산
호박
비타민 A·C·E
감자
렉틴
변비 해소
쑥갓
우엉
식이섬유
토란
칼륨
김치
유산균
피부 미용
쑥갓
닭고기
단백질
콜리플라워
비타민 C
치즈
비타민 A
노화 방지
쑥갓
굴
비타민 B12
소고기
단백질
당근
비타민 A
식욕 증진
쑥갓
마늘
알리신
은행
비타민 B1
버섯
니아신
골다공증 예방
쑥갓
우유
칼슘
연근
망간
목이버섯
비타민 D

쑥갓 참치회 고추장 샐러드

재료(2인분)

쑥갓…$\frac{1}{2}$단
파…10cm
참치(횟감)…1덩어리(200g)
간장…$\frac{1}{2}$큰술
A
고추장…1큰술
다진 생강…$\frac{1}{2}$쪽
간 마늘…$\frac{1}{2}$쪽
식초, 간장, 참기름…각 $\frac{1}{2}$큰술

만드는 법

1 쑥갓은 잎만 떼고, 파는 5cm 길이로 채 썬 후 물에 잠시 담갔다가 물기를 뺀다.
2 1cm 두께로 썬 참치 위에 간장을 뿌리고 10분 정도 둔다.
3 접시에 2를 올리고 쑥갓과 파 고명을 얹는다. 잘 버무린 A소스를 뿌려가며 먹는다.

물냉이

독특한 매운맛과 풍부한 비타민으로 몸속을 깨끗하게!

영어로는 워터크래스(Watercress)이며, '크레송'이라고 부르기도 하는 물냉이는 그 이름대로 물가에서 자라나는 채소이다. 물냉이의 쌉쌀하면서 톡 쏘는 매운맛은 '시니그린'이라는 항산화 성분 때문이다. '시니그린'은 소화와 흡수를 촉진하고 식욕 증진, 더부룩한 위를 편안하게 해주는 작용을 한다.

물냉이는 항산화 작용을 하는 베타카로틴을 대량 함유할 뿐만 아니라 비타민 C·E도 포함하고 있어서 세포 노화를 억제하고 감기 등 바이러스를 물리치며, 활성산소의 작용과 콜레스테롤 증가를 억제하기도 한다. 또한 골다공증 예방에 유효한 비타민 K와 칼슘을 풍부하게 함유하고 있다는 점도 주목할 부분이다. 철분과 철분 흡수를 촉진하는 비타민 C 덕분에 빈혈 예방에도 도움이 된다.

물냉이는 육류 요리에 곁들여 먹기 좋으며, 살짝 익히면 부피가 줄어들어 더 많이 먹을 수 있다. 샐러드, 수프, 무침, 튀김 등에 활용해보자.

재배

물에서 재배 가능

쓰고 남은 물냉이를 물에 꽂아두면 수염뿌리가 점점 자라고 잎이 돋아난다. 계속 키우고 싶다면 액체 비료 등으로 양분을 보충해주면 된다.

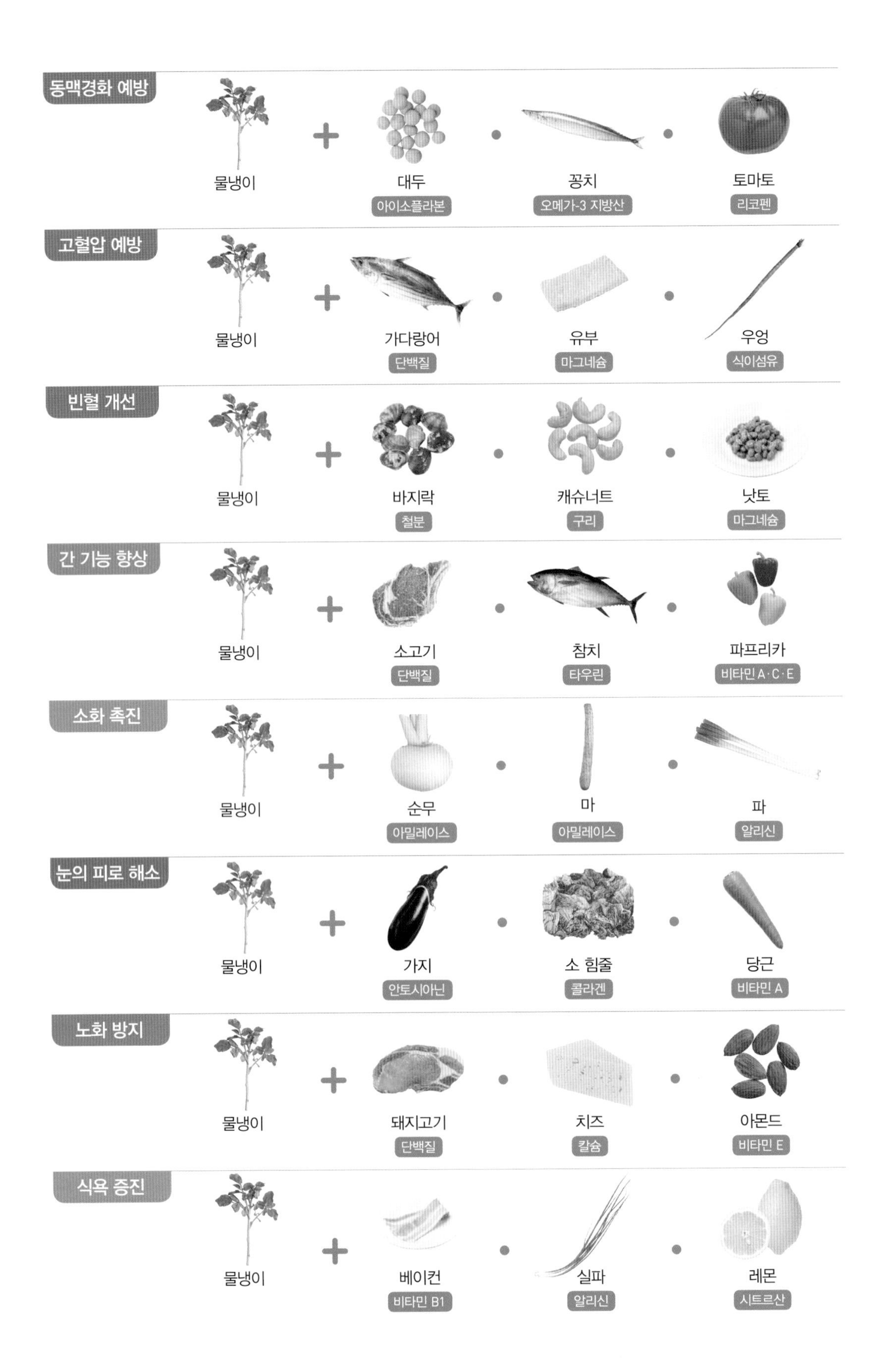
동맥경화 예방
물냉이
대두
아이소플라본
꽁치
오메가-3 지방산
토마토
리코펜
고혈압 예방
물냉이
가다랑어
단백질
유부
마그네슘
우엉
식이섬유
빈혈 개선
물냉이
바지락
철분
캐슈너트
구리
낫토
마그네슘
간 기능 향상
물냉이
소고기
단백질
참치
타우린
파프리카
비타민 A·C·E
소화 촉진
물냉이
순무
아밀레이스
마
아밀레이스
파
알리신
눈의 피로 해소
물냉이
가지
안토시아닌
소 힘줄
콜라겐
당근
비타민 A
노화 방지
물냉이
돼지고기
단백질
치즈
칼슘
아몬드
비타민 E
식욕 증진
물냉이
베이컨
비타민 B1
실파
알리신
레몬
시트르산

물냉이 고추냉이 무침

물냉이  + 가쓰오부시  단백질 = 스트레스 해소

재료(2인분)

물냉이…1~2단
가쓰오부시…1g
A
- 간장…2작은술
- 청주…1작은술
- 고추냉이(튜브형)…$\frac{1}{4}$~$\frac{1}{3}$작은술

만드는 법

1 물냉이는 4cm 길이로 썰고 살짝 데쳐서 물기를 뺀다.
2 볼에 A를 넣고 잘 버무린 후 1과 가쓰오부시를 넣고 무친다.

유채

발군의 비타민C 함유량으로 피부 트러블 개선!

유채는 꽃봉오리와 꽃대, 어린잎 부분을 먹을 수 있는데, 특유의 알싸한 맛과 향이 있어서 봄을 알리는 대표적인 채소로 손꼽힌다.

봄 채소 중에서 비타민과 무기질 함유량이 출중한 편이고, 특히 비타민 C의 함유량은 딸기보다 두 배 이상 많을 만큼 단연 최고다. 비타민 C는 항스트레스 호르몬을 생성하는 재료이기도 해서 현대인의 필수 비타민이라고 할 수 있다. 베타카로틴과 비타민 B2·E 등도 많아서 강한 항산화 작용을 발휘하고, 면역력을 높여서 암과 노화 예방에 도움이 된다.

그뿐만이 아니라 유채에는 식이섬유도 함유되어 있어서 변비 해소와 대장암 예방에 좋다. 혈압 안정에 유효한 칼륨과 빈혈 예방에 좋은 철분 등 무기질도 풍부하며, 특히 뼈와 치아 생성에 빼놓을 수 없는 칼슘 함유량은 소송채와 어깨를 나란히 할 정도다.

다만 유채는 신선도가 떨어지기 쉬운 채소이므로 꽃이 피기 전에 요리하기를 권장한다.

맛있는 유채 고르기

요리

색다른 데침 요리를!

데침 요리에 참깨나 식초를 넣어보는 것은 어떨까? 참깨의 지방은 베타카로틴, 식초는 무기질 성분의 흡수를 촉진해서 항산화 작용이 더욱 활발해진다.

고혈압 예방
유채
새송이버섯
칼륨
톳
식이섬유
가다랑어
오메가-3 지방산
간 기능 향상
유채
닭고기
단백질
참깨
세사민
튀긴 두부
사포닌
면역력 강화
유채
소고기
단백질
참치
오메가-3 지방산
홍피망
비타민 A·C·E
피로 해소
유채
숙주
아스파라긴산
파
알리신
매실절임
시트르산
눈의 피로 해소
유채
오징어
타우린
자색양파
안토시아닌
당근
비타민 A
노화 방지
유채
도미
오메가-3 지방산
햄
단백질
우유
칼슘
스트레스 해소
유채
쌀
당질
돼지고기
단백질
두부피
마그네슘
골다공증 예방
유채
요구르트
칼슘
두부
아이소플라본
연어
비타민 D

유채 바지락 파스타

재료(2인분)

유채…$\frac{1}{2}$단
바지락…150g
양파…$\frac{1}{4}$개
마늘…1쪽
스파게티 면…160g
붉은 고추…$\frac{1}{2}$개
백포도주…2큰술
소금…$\frac{1}{8}$작은술
후추…약간
올리브유…1큰술

만드는 법

1 바지락은 깨끗이 씻어 모래를 제거한다.
2 유채는 뿌리 부분을 잘라내고 반으로 자른다. 양파와 마늘은 곱게 다진다.
3 끓는 물에 소금(재료 분량 외, 물 1L당 1큰술)을 넣은 후 스파게티 면을 삶는다. 면은 구입 식품에 표시된 시간보다 2분 정도 빨리 건져내는데, 건져내기 1~2분 전에 유채를 넣는다.
4 프라이팬에 올리브유와 마늘, 양파, 붉은 고추를 넣고 약불에서 볶는다. 고소한 향이 나면 1과 백포도주를 넣고 뚜껑을 덮은 채로 2~3분간 익힌다.
5 바지락 입이 벌어지면 물기를 빼두었던 3을 넣고, 소금과 후추로 간을 맞춘다.

파

파의 강한 향이 감기를 물리친다!

구조파 품종으로 유명한 잎 파(겨울 파)와 흰 줄기 부분을 먹는 줄기 파(여름 파) 등 파의 종류는 500가지가 넘는다.

파의 초록색 잎 부분에는 베타카로틴과 비타민 C가 함유되어 있고, 흰 줄기 부분에는 파 특유의 강한 향을 풍기는 유화아릴이 많다. 유화아릴은 비타민 B1과 결합하면 알리티아민으로 바뀌어, 비타민 B1 흡수력이 높아지고 효과도 지속되기 때문에 식욕 증진, 피로 해소에 효과가 있다. 게다가 항균 작용, 살균 작용, 혈행 촉진도 겸비하여 목의 통증을 완화해주고 감기 낫는 데에 큰 도움이 된다.

파의 향 성분은 진정 작용을 해서 스트레스와 불면증 개선에 효과 만점이다. '잘게 썬 파를 머리맡에 두고 자면 향이 교감신경을 자극하여 체온이 올라가고 숙면에 도움이 된다.'는 민간요법도 있다.

유화아릴은 물에 녹기 쉬우므로 되도록 파를 단시간 헹구는 것이 좋다. 그리고 비타민 B1이 많은 돼지고기와 파를 조합하면 고기의 누린내를 제거할 수 있는 장점이 있다.

맛있는 파 고르기

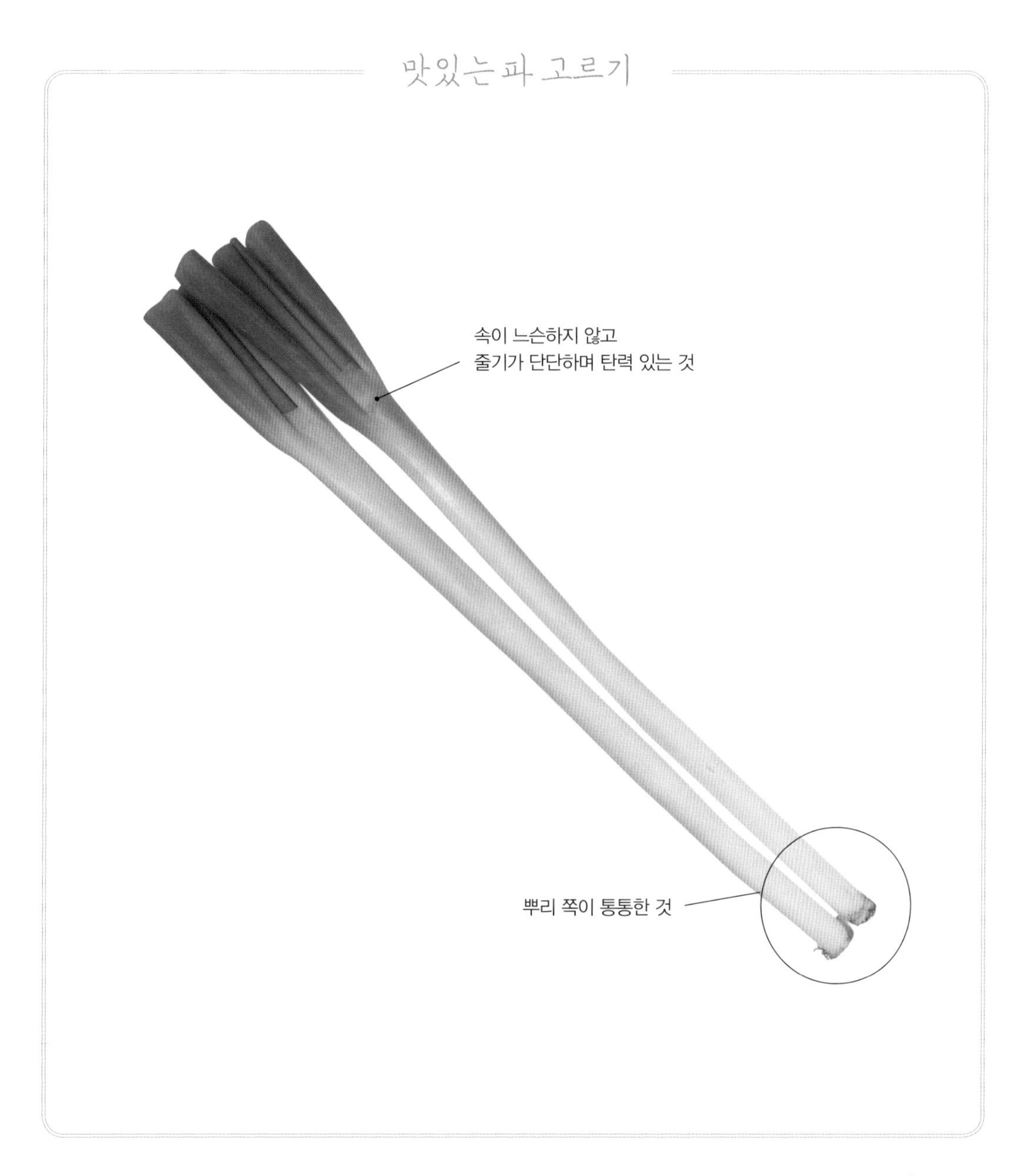

종류

용도에 따라 다른 쓰임새

파에는 뿌리 부분이 희고 긴 줄기파(여름파)와 전체적으로 푸르고 보드라운 잎파(겨울파)가 있다. 잎파를 빨리 수확한 것이 바로 실파다.

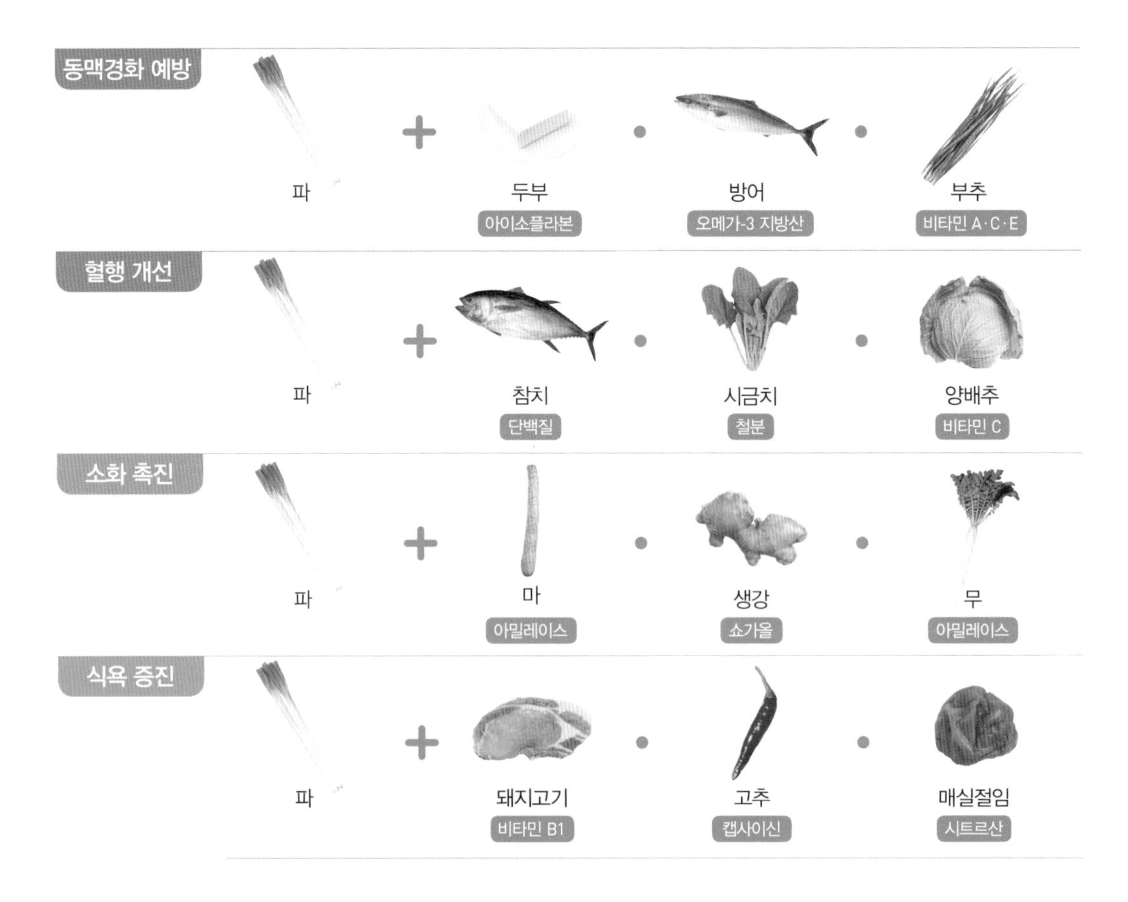

파 돼지고기 볶음

파의 알리신과 돼지고기의 비타민 B1은 피로 해소에 효과가 있다.

파 삼겹마요 간장무침

재료(2인분)

파…2대
돼지 삼겹살…2장
오이…1개
A | 마요네즈…1$\frac{1}{2}$큰술
  | 간장…1작은술

만드는 법

1 파는 반으로 잘라 그릴에 구운 다음 4cm 길이로 썬다.
2 돼지고기는 2cm 너비로 잘라서 삶은 후 물기를 뺀다.
3 오이는 4cm 길이로 나박썰기 한다.
4 볼에 A를 넣고 잘 버무린 후 1, 2, 3을 넣어 무친다.

허브

은은한 향기로 심신 건강을 책임진다

수천 년 전부터 식용, 약용으로 쓰였고 종교 행사에도 이용되었던 허브는 요리의 맛을 돋우거나 식재료의 냄새를 제거하는 데 없어서는 안 되는 채소다. 허브의 방향 성분은 다양한 효능이 있는데, 그 요법을 '아로마 테라피'라고 부른다.

허브에는 항산화 작용, 살균, 해독, 진정, 소화 기관의 혈류 촉진 등의 작용이 있어서 불면증, 불안증, 초기 감기, 두통, 구역질, 소화불량, 부인과 계통의 전반적인 질환 등을 효과적으로 개선해준다.

이탈리아 요리에서 흔히 찾아볼 수 있는 바질과 '로켓'이라고도 부르는 루콜라는 특히 인기 있는 허브다. 둘 다 베타카로틴, 칼륨, 칼슘, 철, 아연, 비타민 B2·C·E 등을 대량으로 함유해 높은 영양가를 자랑한다. 또 허브는 요리의 풍미를 살리고 부각시킬 뿐 아니라 샐러드나 페이스트로 듬뿍 섭취할 수 있다.

허브는 약효가 뛰어난 만큼 너무 많이 섭취하면 오히려 몸이 상할 수 있다. 임산부, 입원 환자, 알레르기성 체질과 고혈압이 있는 사람은 반드시 의사의 지시에 따라 섭취해야 한다.

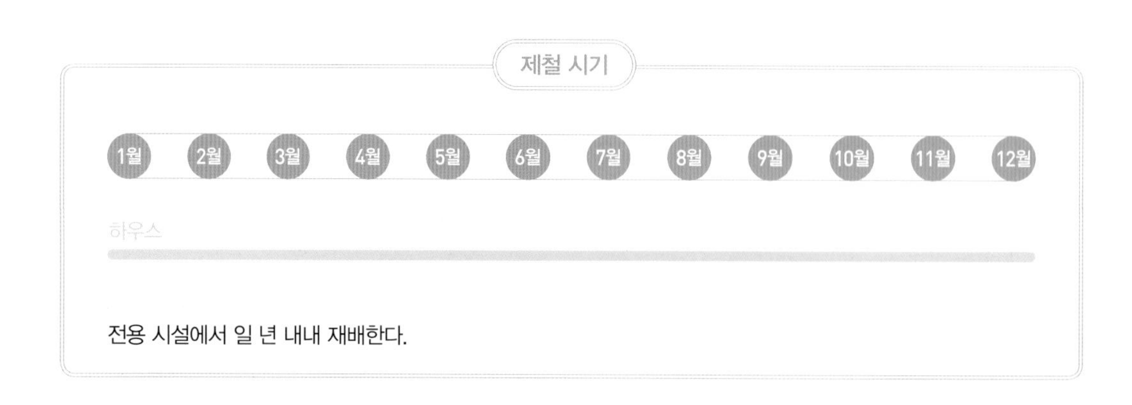

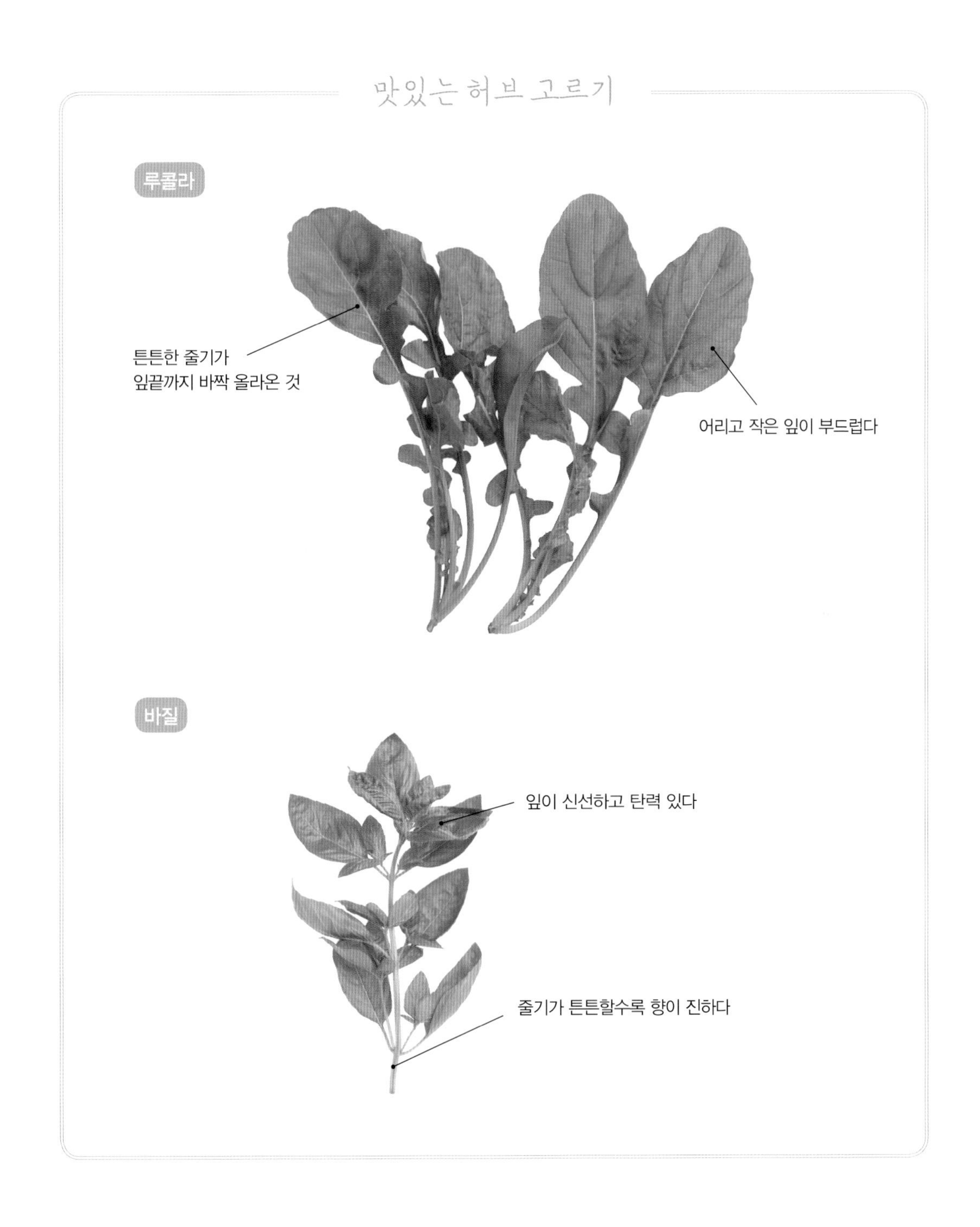

요리

맛이 농후한 식재료와 찰떡궁합

개성 있는 루콜라의 풍미를 살리려면 치즈, 베이컨, 안초비, 간, 올리브 등 맛이 진한 식재료와 함께 요리하는 것이 좋다. 다만 자칫 느끼해질 수 있으므로 균형을 잘 맞춰야 한다.

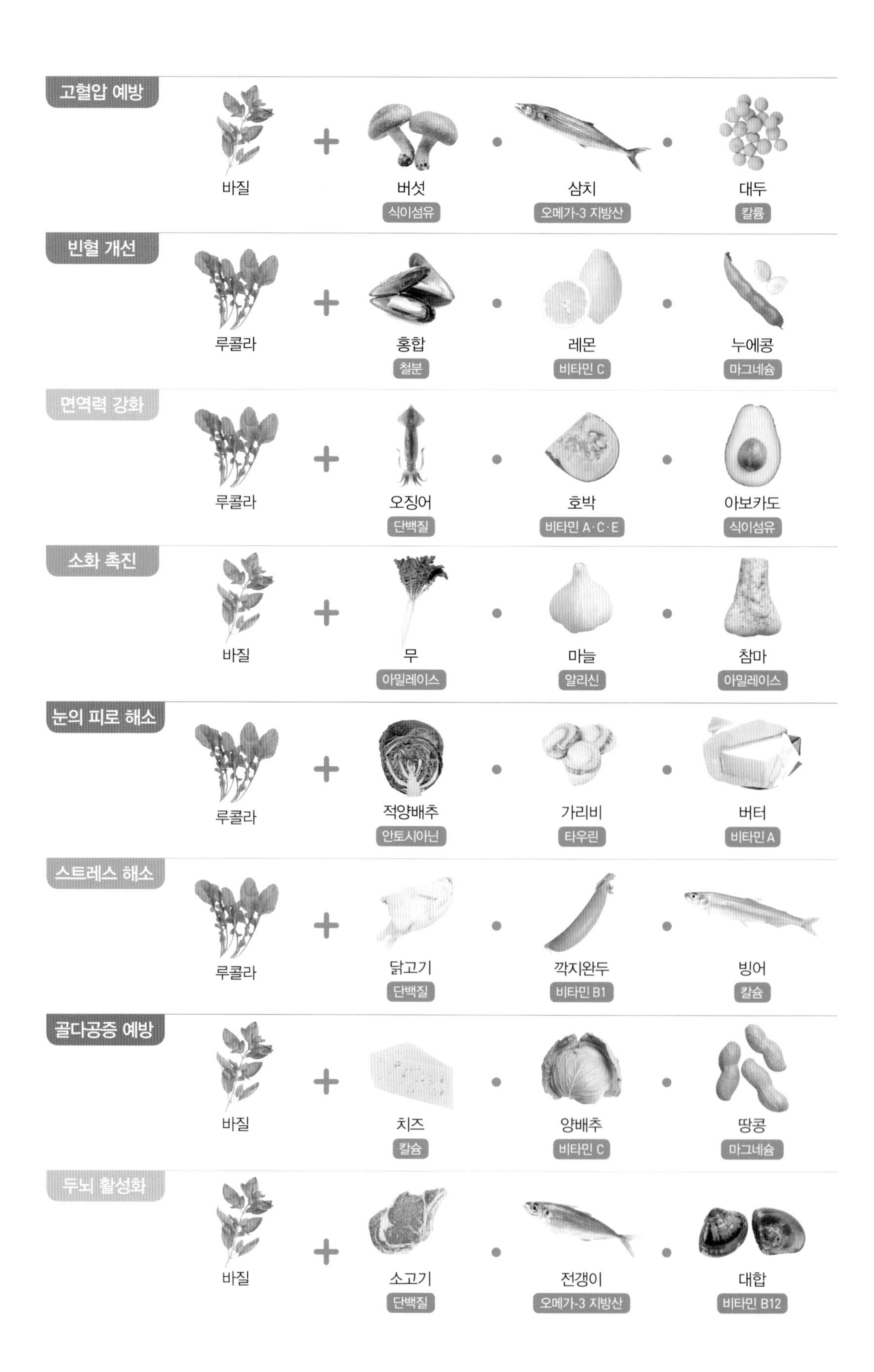
고혈압 예방
바질
버섯
식이섬유
삼치
오메가-3 지방산
대두
칼륨
빈혈 개선
루콜라
홍합
철분
레몬
비타민 C
누에콩
마그네슘
면역력 강화
루콜라
오징어
단백질
호박
비타민 A·C·E
아보카도
식이섬유
소화 촉진
바질
무
아밀레이스
마늘
알리신
참마
아밀레이스
눈의 피로 해소
루콜라
적양배추
안토시아닌
가리비
타우린
버터
비타민 A
스트레스 해소
루콜라
닭고기
단백질
깍지완두
비타민 B1
빙어
칼슘
골다공증 예방
바질
치즈
칼슘
양배추
비타민 C
땅콩
마그네슘
두뇌 활성화
바질
소고기
단백질
전갱이
오메가-3 지방산
대합
비타민 B12

루콜라 샐러드

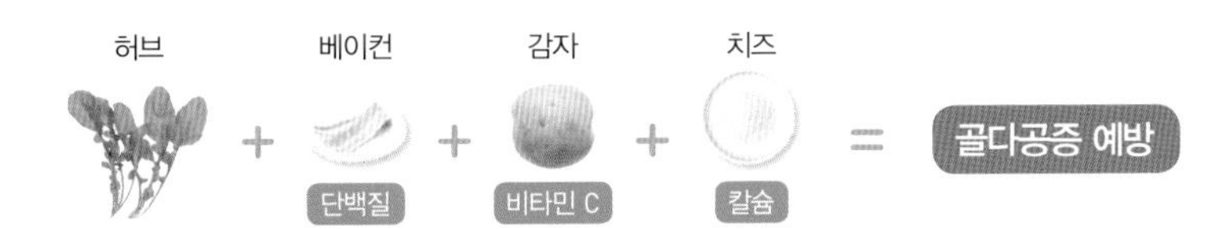

재료(2인분)

루콜라…1팩(80g)
감자…1개
블랙 올리브(씨 뺀 것)…3개
베이컨…1장
올리브유…1큰술
A | 치즈 가루…1큰술
소금…$\frac{1}{6}$작은술
후추…약간

만드는 법

1 루콜라는 4cm 길이로 자른다. 감자는 껍질을 벗기고 8등분해서 물에 씻은 후 물기를 뺀다. 블랙 올리브는 3등분하고 베이컨은 1cm 간격으로 썬다.
2 끓는 물에 감자를 넣고 5~6분 정도 삶은 다음 소쿠리에 담아 물기를 제거한다.
3 프라이팬에 올리브유를 두르고 베이컨이 노릇노릇할 때까지 굽는다.
4 3이 식으면 그릇에 A와 넣고 버무린 뒤 루콜라, 블랙 올리브, 2를 넣고 잘 섞는다.

현명한 우유 선택법

우유팩 패키지에는 다양한 정보가 기재되어 있다. 그 의미를 잘 파악해서 더욱 현명하게 우유를 선택해보자.

①제 품 명	○○	②식품유형	○○(○○○*) *기타표시사항
③업소명 및 소재지		○○식품, ○○시○○구○○로	
④유통기한	○년○월○일까지	⑤내 용 량	○○○ g
⑥원재료명	○○, ○○○○, ○○○○		
	○○*, ○○○* 함유 (*알레르기 유발 물질)		
⑦성분명 및 함량		○○○(○○mg)	
⑧용기(포장)재질	○○○	⑨품목보고번호	○○○○-○○
⑩(예시) 이 제품은 ○○○를 사용한 제품과 같은 시설에서 제조 ⑪정당한 소비자의 피해에 대해 교환, 환불		⑫서늘하고 건조한 곳에 보관 ⑬부정·불량식품 신고 : 국번없이 1399 ⑭고객상담실 : ○○○-○○○-○○○○	
⑮영양성분			

①제품명

②식품유형

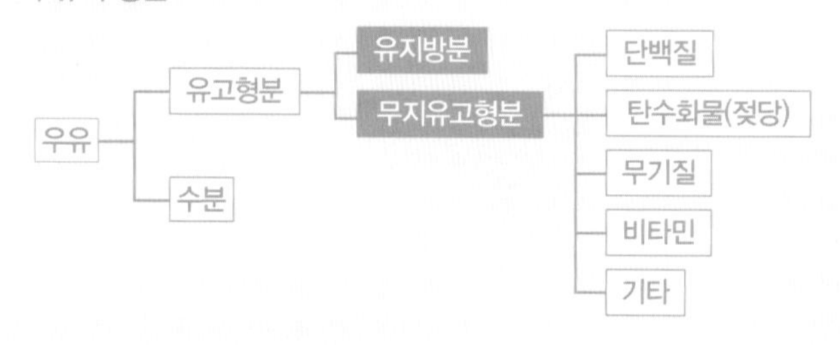

–종류별 명칭

- 우유 : 원유를 살균 또는 멸균 처리한 것을 말한다. 유지방분 3.0% 이상, 무지유고형분 8.0% 이상인 것이다.
- 특별우유 : 특별우유 착취 처리업을 허가 받은 시설에서 짠 원유로 제조한 것이며 유지방분 3.3% 이상, 무지유고형분 8.5% 이상이다.
- 성분조정우유 : 원유에 탈지분유를 섞어 영양 보급용으로 생산된 것이며, 유지방분 3.0~1.0%, 무지고형분 8.5~10.5%정도이다.
- 저지방우유 : 원유에서 유지방분을 일부 제거한 것. 유지방분 2.0% 이하, 무지유고형분 8.0% 이상이다.
- 무지방우유 : 원유에서 거의 모든 유지방분 0.5% 미만의 우유다.
- 가공유 : 원유에 버터나 탈지분유 등 유제품을 첨가해서 성분을 조절한 것. 첨가해도 되는 것은 유제품과 물뿐이다.
- 유음료 : 유고형분 4.0% 이상인 것. 원유, 우유 등의 유제품에 과즙이나 감미료, 칼슘, 철분 등의 영양소를 첨가해서 만든 음료다.

③업소명 및 소재지

④유통기한

용기 포장을 개봉하기 전, 정해진 방법에 따라 보존했을 때의 기한을 표시해놓았다. 냉동 또는 냉장보관·유통하여야 하는 제품으로 '냉동보관' 또는'냉장보관'으로 표시되어 있다.

· 소비기한 : 소비자가 식품을 먹어도 건강상에 이상이 없을 것으로 판단되는, 식품소비의 최종시한.
· 품질유지기한 : 식품의 특성에 맞는 적절한 보존방법이나 기준에 따라 보관할 경우 해당식품 고유의 품질이 유지될 수 있는 시한. 기한 경과해도 판매할 수 있다.
· 유통기한 : 정해진 방법으로 보존했을 경우 안전성이 결여될 위험이 없다고 인정받은 기한. 식품을 소비자에게 판매할 수 있는 최종시한.

⑤내용량

⑥원재료명

· 사용 원료 중 50퍼센트 이상인 원료가 있는 경우 그 원료가, 배합비율이 50퍼센트 이상인 원료가 없는 경우 배합비율이 높은 순으로 표시되어 있다.
· 알레르기 유발 물질은 함유된 양과 관계없이 원재료명이 표시되어 있고, 원재료명 표시란 근처에 바탕색과 구분되도록 별도의 표시란이 있다.

* 살균제품은 살균제품임을 표시해야 한다.
소비자가 안심하고 우유를 마실 수 있도록 원유에 열을 가해서 유해 세균을 사멸시킬 것을 식품위생법으로 정하고 있다. 살균 방법은 온도와 시간 차이에 따라 여러 가지가 있는데, 어떤 방법이든 영양가는 변함없다.

살균 방법	살균 온도	살균 시간	특징
초고온 순간 살균	120~150도	1~3초	가장 일반적으로 쓰는 방법. 대량 생산에 적합하다
고온 단시간 살균	72도 이상	15초 이상	원유에 가까운 풍미가 느껴진다
저온 살균	63~65도	30분	감칠맛과 걸쭉함이 늘어나지만 대량 생산에는 적합하지 않다

⑦성분명 및 함량

⑧용기(포장)재질

⑨품목보고번호

⑩혼입가능성이 있는 알레르기 유발 물질 표시

⑪의무 사항 표시

⑫추가표시사항

⑬부정·불량식품신고표시

⑭추가표시사항

⑮영양 성분

균질 우유, 무균질 우유란?

균질 우유
우유 속 유지방이 분리되지 않도록 지방 입자를 작게 분쇄해서 만든 우유. 마시는 처음부터 끝까지 균일한 맛을 즐길 수 있다. 다만 소화 흡수가 너무 잘되어 배탈이 나는 원인이 되기도 한다.

무균질 우유
지방 입자를 분쇄하지 않은 우유. 취급하기는 어려우나 원유에 가까운 자연스러운 맛을 즐길 수 있다. 또한 체내에서 천천히 소화 흡수되기 때문에 배탈이 비교적 적게 일어난다.

여러 가지 콩

콩은 피로 해소에 강력한 효과가 있는 양질의 단백질과 비타민 B군, 식이섬유 등의 무기질을 균형 있게 갖춘 건강식품이다.

대두

'밭에서 나는 소고기'라고 불리는 대두는 단백질과 비타민 B군, 무기질까지 풍부한 영양 식품이다.

검정콩

조림 요리에 흔히 사용되는데, 검정콩의 색소는 동맥경화 예방에 효과적인 항산화 작용을 한다.

푸르대콩

메주콩보다 맛이 달고 지방 성분이 적다. 유통량이 적어서 값이 비싼 편이다.

메주콩

큰 콩은 조림 등의 요리에, 중간 크기 이하의 콩은 된장이나 간장의 원료로 쓰인다.

강낭콩

단백질은 물론이거니와 대장암과 동맥경화, 변비 예방에 좋은 식이섬유, 칼슘, 철, 칼륨 등 무기질 성분을 풍부하게 포함하고 있다.

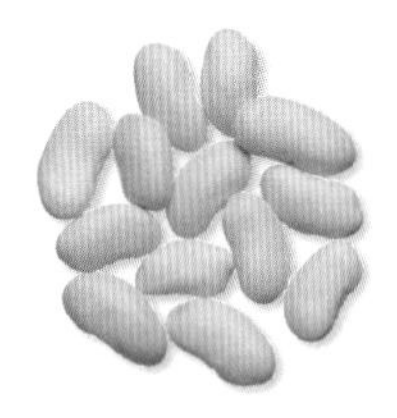

그레이트 노던 빈

풍미와 식감이 좋아 조림, 화과자 등에 가공되는 고급 품종이다.

화이트 키드니 빈

입자가 크고 조림이나 흰 앙금에 사용된다. 먹으면 포만감이 들어서 다이어트용으로 추천한다.

붉은 강낭콩

적자색으로 조림에 사용된다. 식이섬유가 풍부해 변비로 고생하는 사람에게 추천한다.

네이비 빈

알갱이가 작은 편이다. 흰 앙금이나 부대찌개에 들어가는 콩이다. 비타민 B군이 풍부하다.

팥

부종과 고혈압 예방에 좋은 칼륨과 사포닌, 간 기능 강화와 시력 회복에 도움을 주는 안토시아닌을 다량으로 함유하고 있다.

완두

피로 해소에 좋은 비타민 B1, 빈혈 예방에 효과적인 식이섬유뿐만 아니라 콩류에서 보기 드문 베타카로틴도 함유하고 있어 피부 트러블 예방에 도움이 된다.

얼룩콩

단백질과 당질이 풍부하고 동맥경화에 유효한 항산화 작용이 뛰어나며, 빈혈에 좋은 철도 시금치의 약 3배에 달한다.

동부콩

팥과 비슷한 영양 성분으로 피로 해소에 효과적인 비타민 B1·B2, 중성지방을 낮추는 사포닌과 식이섬유가 풍부하다.

렌틸콩

세포 활성화에 좋은 렉틴, 혈관 건강을 지켜주는 비타민 B2, 피부를 매끄럽게 유지해주는 비타민 B6를 많이 함유하고 있어서 미용에 좋은 콩이다.

병아리콩

피로 해소에 효과 있는 비타민 B군, 뼈 강화에 도움이 되는 칼슘, 빈혈 예방에 좋은 철분과 아연 등 무기질이 풍부하다.

*콩 삶는 방법

콩을 삶는 작업은 귀찮게 느껴질 수 있지만, 기본만 잘 기억하면 생각보다 간단하다. 콩을 대량으로 삶아서 냉동 보관해 놓으면 여러 요리에 바로 활용할 수 있다. 여기서는 냄비를 이용해 삶는 기본 방법을 소개한다.

추천 요리	삶는 시간	물에 불리는 시간	적합한 콩
카레, 조림, 수프	20~30분	없음	렌틸콩
팥죽, 단팥죽	30~60분	없음	팥
수프, 샐러드	40~60분	하룻밤	강낭콩
콩조림, 수제 두유	50~60분	하룻밤	대두
맛탕	120~180분	하룻밤	얼룩콩

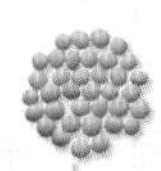

콩 가공품의 종류

찌다 · 삶다

삶은 콩, 데운 콩
보존 기간이 길고 쓰임새가 좋아서 자연 그대로의 대두에 가까운 영양가를 기대할 수 있다.

콩 통조림
껍질이 부드러워 소화가 잘되므로 위가 약한 사람이나 고령자에게 추천한다.

발효하다

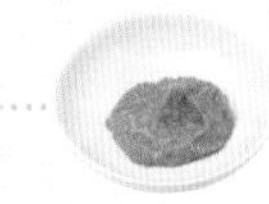

된장
발효, 숙성하면서 아미노산이 늘어난다. 간 기능을 향상시키는 아미노산이 함유되어 있다.

양조간장
부드러운 감칠맛이 나며, 아미노산과 무기질, 비타민 B군을 포함하고 있다.

낫토
혈전을 용해하는 낫토키나아제와 장 청소를 해주는 낫토균이 풍부하다.

추출하다

두유
암 억제 효과가 있는 아이소플라본, 배변 활동이 원활해지는 올리고당이 풍부하다.

비지
콩 가공품 중 칼로리가 가장 낮고, 식이섬유가 풍부해서 변비 예방에 탁월하다.

끓이다 · 굳히다

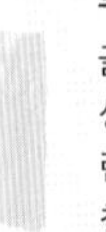

두부피
끓인 두부의 표면에 생긴 막을 건져 올린 것으로 칼슘과 철, 마그네슘이 풍부하다.

두부
두유를 간수 등 응고제로 굳혀 만든다. 목면두부, 연두부, 순두부 등이 있으며 소화와 흡수가 잘 된다.

얼리다

언두부
두부를 얼린 후에 해동 · 탈수시킨 것이다.

튀기다

튀긴 두부
물기를 뺀 두부나 연두부를 고온에서 튀긴 것이다.

두부볼
으깬 두부를 물기를 빼서 각종 채소와 함께 튀긴 완자다.

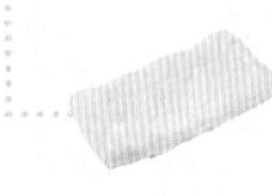

유부
두부를 얇게 썰어 튀긴 것으로 튀긴 두부보다 더 얇아서 속까지 튀겨진다.

볶다

볶은 콩
콩 자체의 영양가를 거의 유지하지만, 소화하기 힘드니 꼭꼭 씹어 먹어야 한다.

갈다

콩가루
볶은 대두를 가루로 낸 것인데, 가공품 중 아이소플라본이 가장 많다.

기름을 추출하다

콩기름
50% 이상이 리놀레산으로 콜레스테롤 수치를 낮추는 작용을 하지만, 너무 많이 섭취하지 않도록 주의해야 한다.

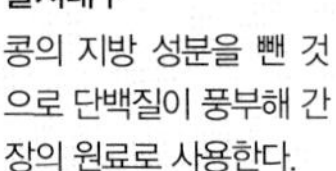

탈지대두
콩의 지방 성분을 뺀 것으로 단백질이 풍부해 간장의 원료로 사용한다.

발효하다

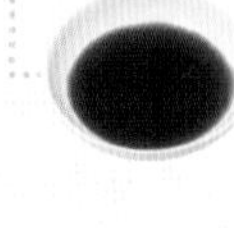

간장
강한 감칠맛이 특징이다. 식욕을 돋우는 향기 성분과 항균 작용이 있다.

콩에는 단백질, 비타민, 무기질, 식이섬유 외에도 콜레스테롤을 낮추는 대두레시틴, 항산화 작용을 하는 사포닌 등 여러 가지 성분이 함유되어 있다. 콩 가공품이라면 어떤 것이든 영양가가 높고 간편하게 섭취할 수 있으니 식탁 위에 자주 올리기 좋은 식재료다.

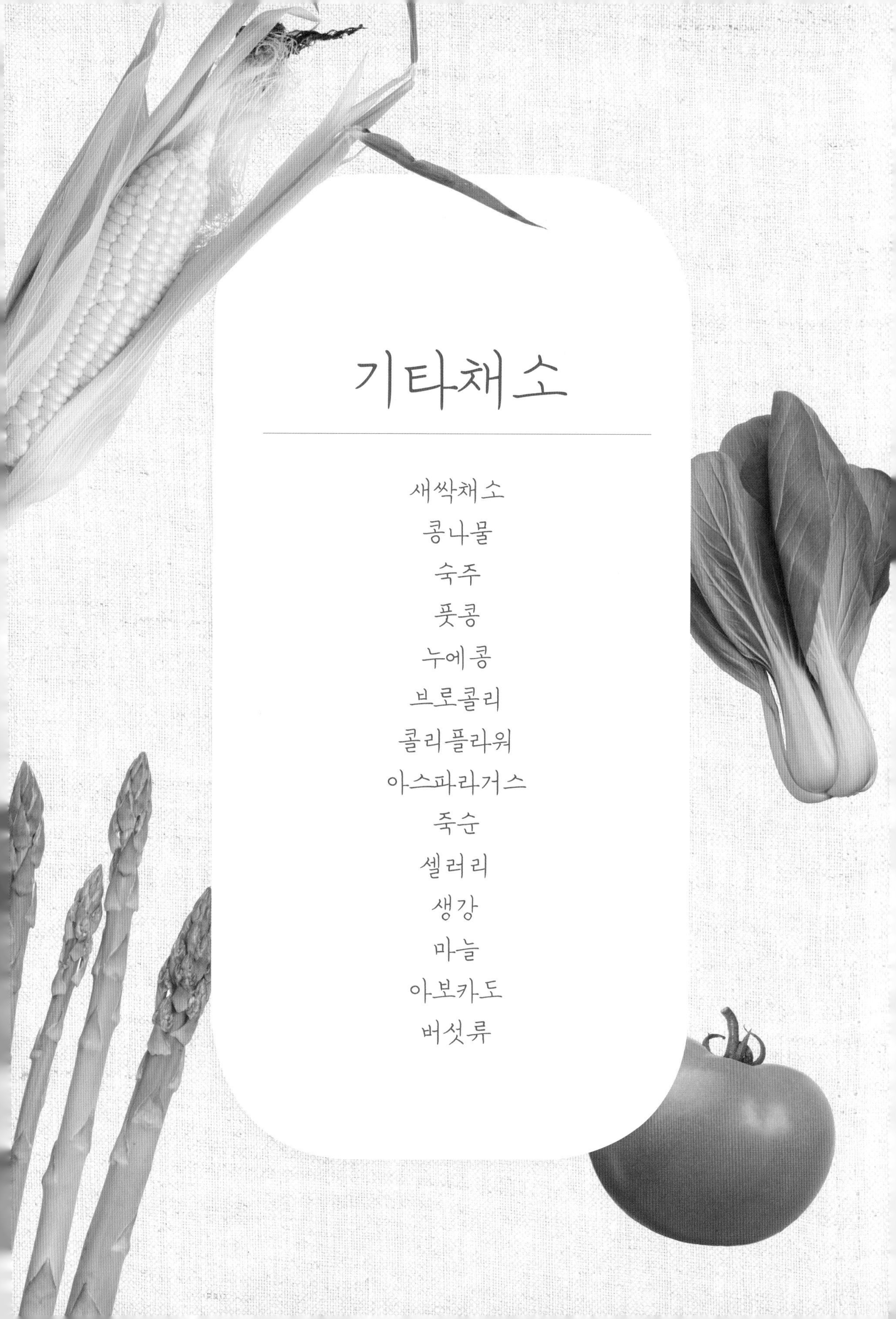

기타채소

새싹채소
콩나물
숙주
풋콩
누에콩
브로콜리
콜리플라워
아스파라거스
죽순
셀러리
생강
마늘
아보카도
버섯류

새싹채소

풍부한 영양소, 약동하는 생명력

새싹채소란 말 그대로 발아 채소의 총칭이다. 새싹채소는 씨앗이었을 때 영양소가 거의 없다가 싸기 트면서 영양소가 많아진다.

특히 피부 미용에 탁월한 비타민 C와 강력한 항산화 작용으로 노화를 억제하는 비타민 E 등 우리 몸의 기능 강화와 균형 조절 등에 작용하는 비타민류가 완숙한 채소보다 훨씬 많이 들어 있다. 또, 장 환경을 정돈해주는 식이섬유도 풍부하다.

최근 연구에서 브로콜리의 싹에 발암 억제 작용을 하는 '설포라판'이 발견되면서 새싹채소는 건강 식재료로서 한층 높은 주목을 받기 시작했다. 그리고 메밀싹, 적양배추싹, 겨자싹 등 다양한 새싹채소를 시장에서 만나볼 수 있게 되었다.

새싹채소는 기름이나 식초와 함께 요리하면 베타카로틴과 무기질의 흡수율을 더욱 높일 수 있다.

맛있는 새싹채소 고르기

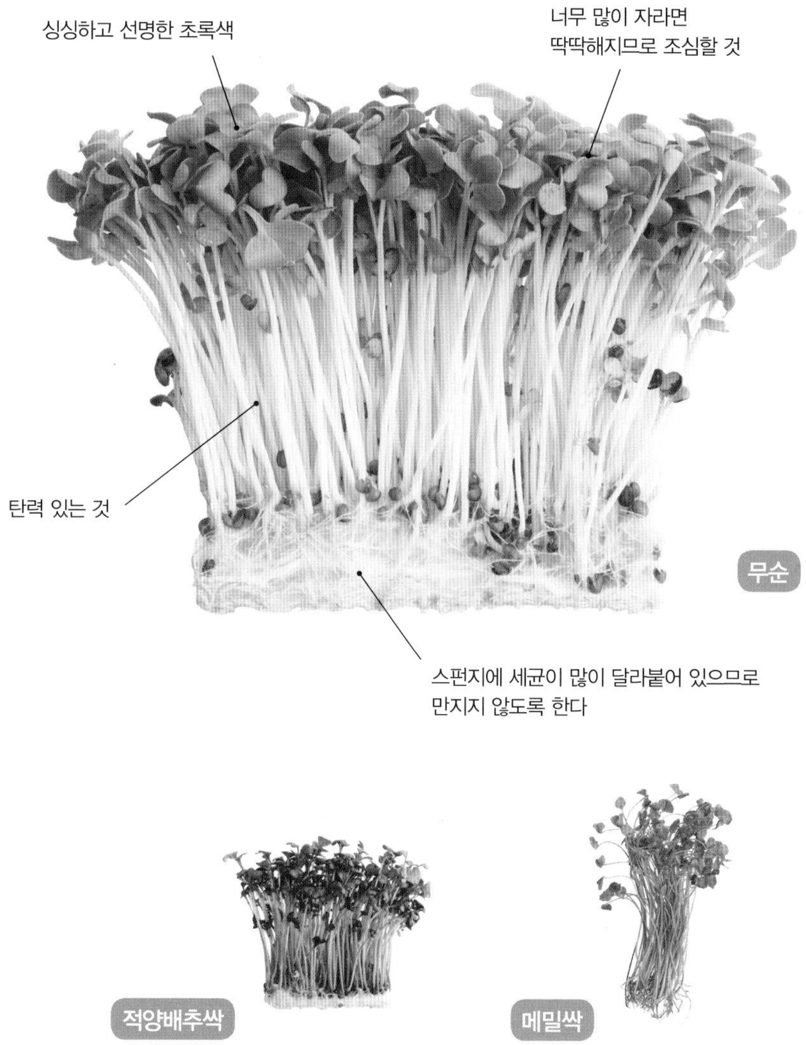

싱싱하고 선명한 초록색

너무 많이 자라면
딱딱해지므로 조심할 것

탄력 있는 것

무순

스펀지에 세균이 많이 달라붙어 있으므로
만지지 않도록 한다

적양배추싹

메밀싹

요리

새싹채소 씻는 방법

새싹채소는 반드시 씻은 후에 요리해야 한다. 볼에 물을 담은 다음 새싹채소를 거꾸로 넣어서 흔들어 씻어야 씨앗 껍질이 깨끗이 제거된다.

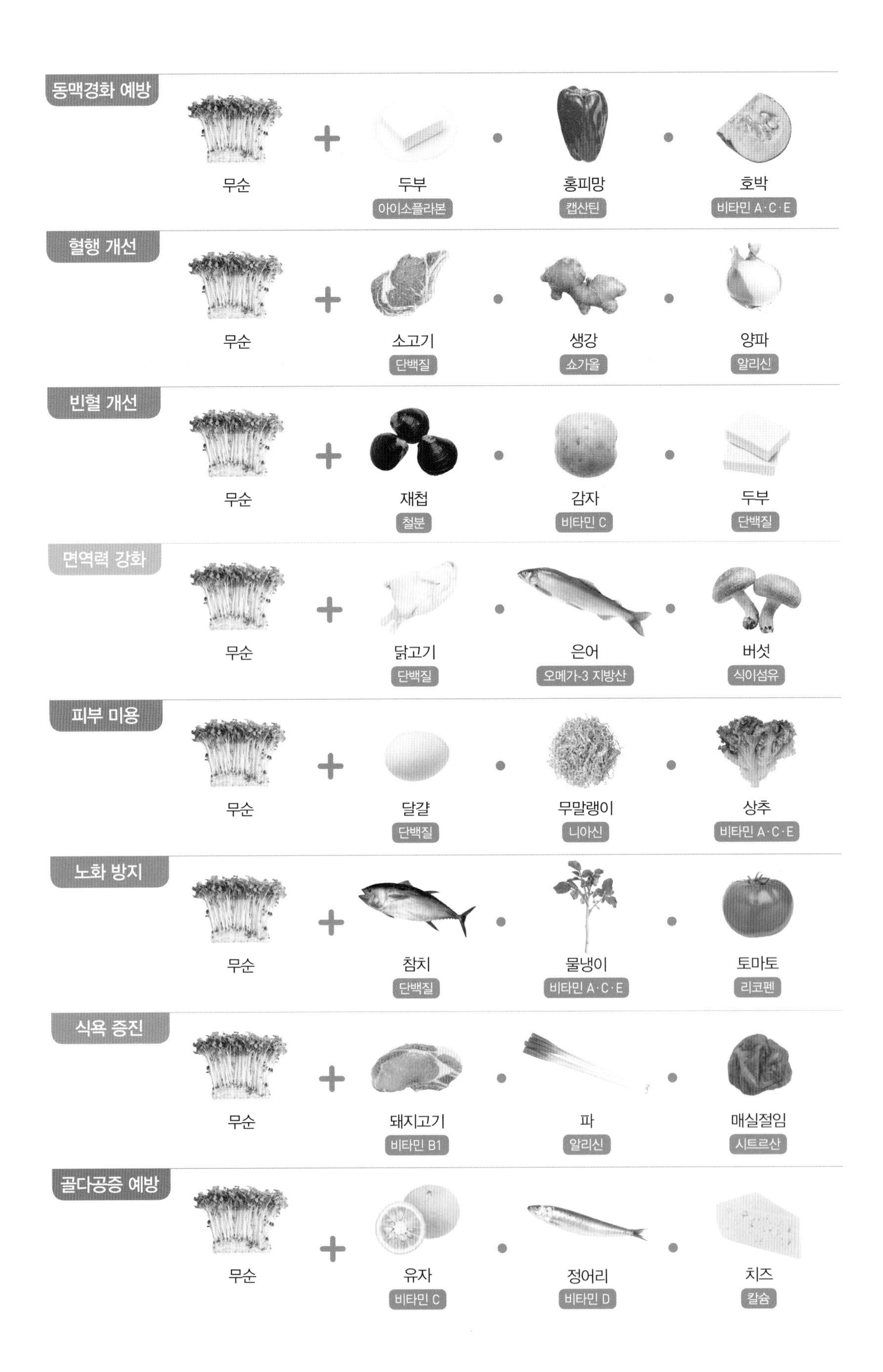
동맥경화 예방
무순
두부
아이소플라본
홍피망
캡산틴
호박
비타민 A·C·E
혈행 개선
무순
소고기
단백질
생강
쇼가올
양파
알리신
빈혈 개선
무순
재첩
철분
감자
비타민 C
두부
단백질
면역력 강화
무순
닭고기
단백질
은어
오메가-3 지방산
버섯
식이섬유
피부 미용
무순
달걀
단백질
무말랭이
니아신
상추
비타민 A·C·E
노화 방지
무순
참치
단백질
물냉이
비타민 A·C·E
토마토
리코펜
식욕 증진
무순
돼지고기
비타민 B1
파
알리신
매실절임
시트르산
골다공증 예방
무순
유자
비타민 C
정어리
비타민 D
치즈
칼슘

무순 메밀국수

재료(2인분)

무순…1팩
메밀면…2묶음
어묵…3cm
파…5cm
메밀 간장…적당량

만드는 법

1 무순은 뿌리를 제거하고, 어묵은 얇게 썰어 무순과 섞는다.
2 파는 송송 썰어둔다.
3 냄비에 물을 넣어 끓이고 메밀면을 삶는다.(구입 식품 설명서 참조) 차가운 물에 헹군 후 소쿠리에 담아 물기를 뺀다.
4 메밀면에 1을 올려 그릇에 담은 후 메밀 간장을 붓고 마지막으로 파를 얹는다.

콩나물·숙주

착한 가격에 영양도 풍부한 건강 채소

콩나물은 콩을 발아시킨 것이고 숙주는 녹두를 발아시킨 것이다.

영양 성분의 양은 그리 많지 않으나 에너지 대사를 높이는 비타민 B1·B6와 빈혈 예방에 좋은 철, 변비 개선에 효과적인 식이섬유가 함유되어 있다. 게다가 피로 해소에 좋고 콜레스테롤 수치를 낮춰주는 아스파라긴산까지 포함하고 있으며, 발아하면서 원래 콩에는 없었던 성분인 비타민 C가 늘어나서 철분의 흡수를 돕는다.

지방대사를 촉진하는 비타민 B2, 노폐물을 배출시키는 식이섬유를 함유하고 있어서 콩나물이나 숙주를 넣어 밥을 짓거나 샐러드 등으로 먹으면 다이어트용으로도 그만이다.

다만 오래 익히면 열에 약한 비타민 C가 손실될 뿐 아니라 식감도 나빠지기 때문에 될 수 있으면 단시간 익히는 것이 좋다. 또 귀찮더라도 콩나물 꼬리를 떼고 먹으면 풋내나 혀를 휘감는 느낌 없이 맛있게 먹을 수 있다.

맛있는 숙주 고르기

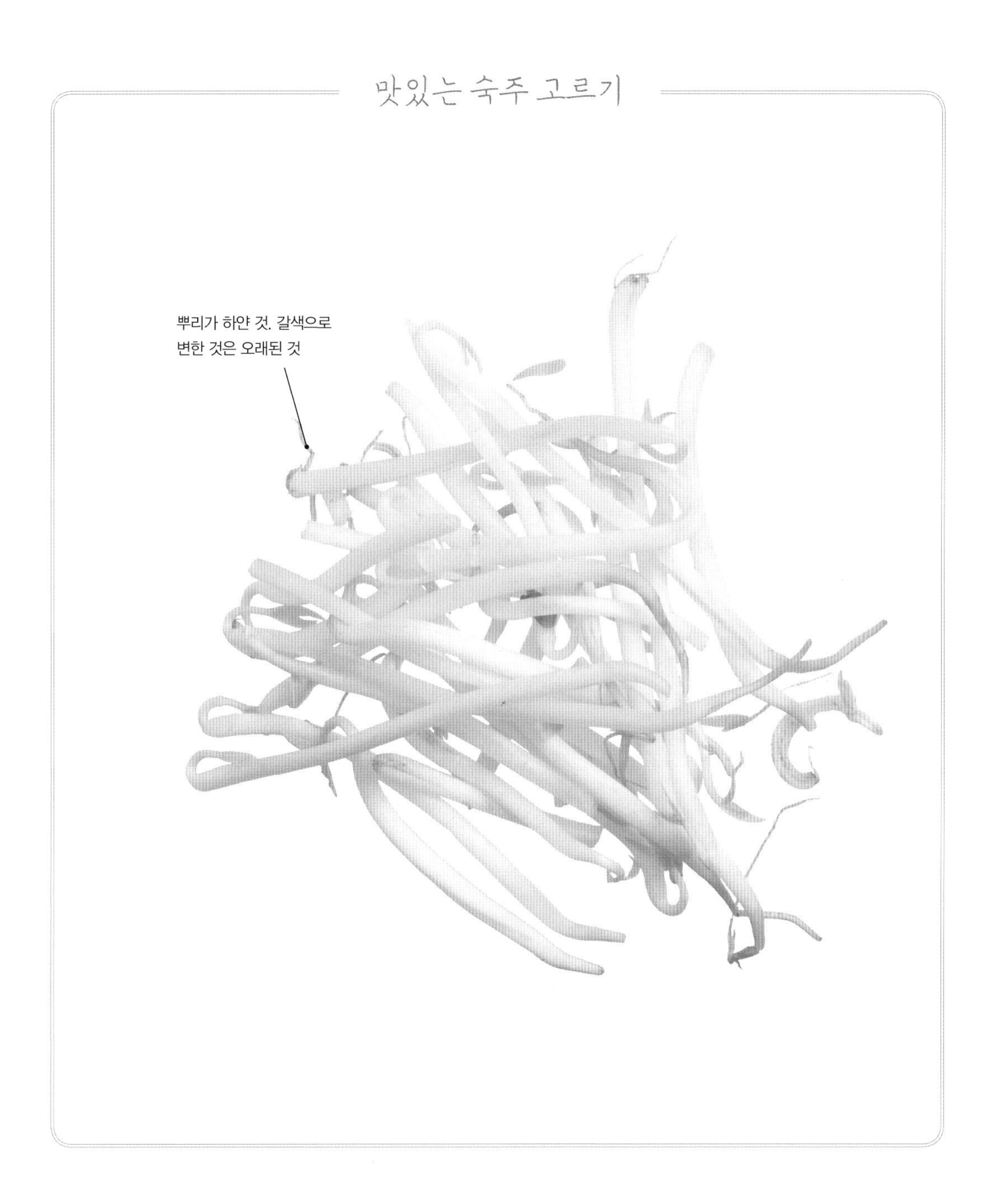

영양

영양 면에서 급이 다른 콩나물

높은 영양가를 원한다면 숙주보다는 콩나물을 추천한다. 칼로리는 숙주와 비슷하지만, 정신을 안정시켜주는 트립토판과 간 기능을 향상시키는 라이신 등 필수 아미노산이 포함되어 있어서 몸에 활력을 불어넣어 준다.

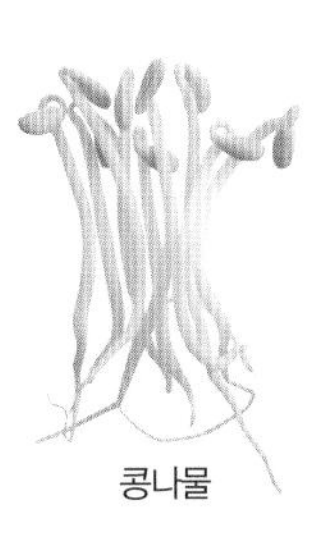
콩나물

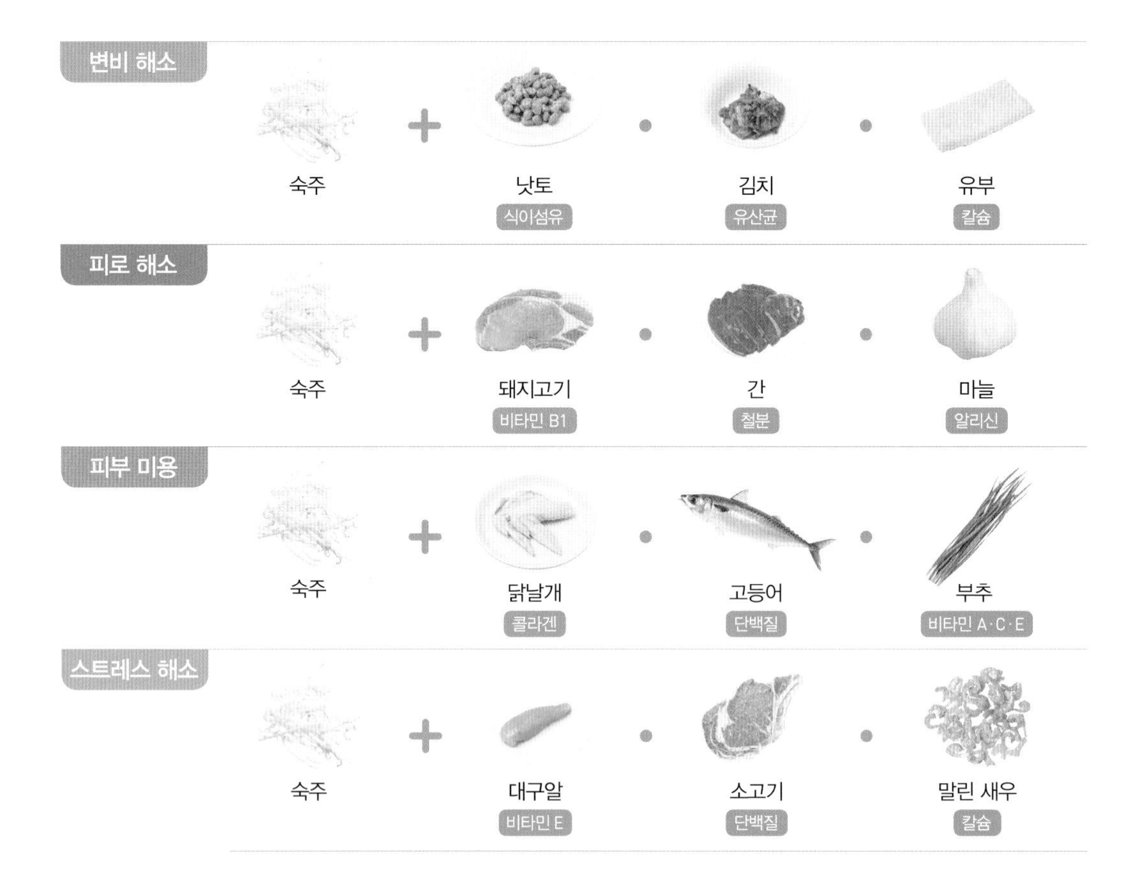

콩나물 대구알 마요네즈무침

콩나물은 소금물에 데쳐야 싱겁지 않고 아삭함을 유지할 수 있다. 소량의 뜨거운 물로 콩나물을 찌는 방법도 있다.

삶은 돼지고기 콩나물 무침

재료(2인분)

콩나물…$\frac{1}{2}$팩
돼지고기 삼겹살…50g
실파…2뿌리
A | 간장…2작은술
참기름…1작은술
고추기름…약간
소금…약간

만드는 법

1 콩나물은 되도록 꼬리를 떼고 실파는 4cm 길이로 썬다.
2 냄비에 물을 끓이고 소금을 약간 넣어서 돼지고기를 삶는다. 고기 색이 변하면 꺼내고 물에 뜨는 거품을 제거한 다음 콩나물을 넣고 다시 3~4분간 데친다.
3 콩나물을 꺼내기 직전에 파를 넣고 소쿠리에 함께 건진 후 물기를 뺀다. 돼지고기는 5mm 정도 너비로 썬다.
4 볼에 A를 넣어 잘 버무린 후 3을 넣고 무친다.

콩

풋콩

알코올 분해를 돕는 작용으로 맥주의 단짝 친구!

덜 익은 콩인 풋콩은 양질의 단백질과 지방 외에도 비타민 B1, 엽산, 칼륨, 칼슘, 철, 식이섬유 등이 대두만큼 풍부한 식재료다.

게다가 대두보다는 적지만 혈전 예방, 콜레스테롤 수치 저하, 간 기능 향상, 갱년기 증상 완화 등에 좋은 사포닌, 레시틴, 아이소플라본 등도 함유하고 있다. 한편 대두에는 없는 비타민 C를 포함하고 있어서 피부와 점막을 보호하여 피부 미용에 탁월하다.

또 필수 아미노산의 일종인 메티오닌도 풍부해서 비타민 B1·C와 함께 알코올 분해를 촉진하고 간과 신장을 지켜주므로 더할 나위 없는 술안주라고 할 수 있다.

풋콩은 익혀도 비타민 C가 별로 손실되지 않아 여름철 무더위에도 끄떡없는 몸을 만들어주고, 피로 해소 효과도 기대할 수 있다. 다만 소화와 흡수가 잘되지 않으니 위 상태가 좋지 않을 때는 섭취량을 줄여야 한다.

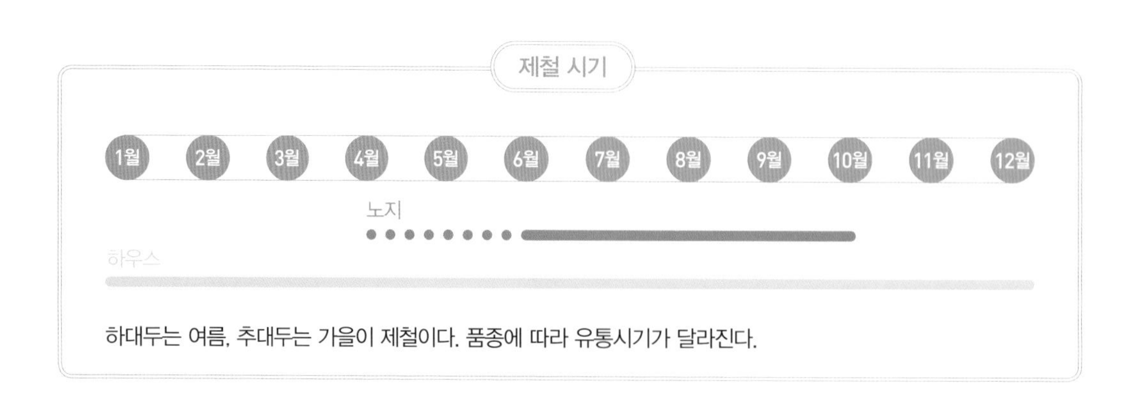

하대두는 여름, 추대두는 가을이 제철이다. 품종에 따라 유통시기가 달라진다.

요리

풋콩 맛있게 먹는 법

풋콩을 가장 맛있게 먹는 법은 신선하게 바로 먹는 것이다. 풋콩은 가지와 함께 있는 것이 신선하므로, 가지가 붙은 것을 사서 바로 조리해서 먹는 게 가장 맛있다.

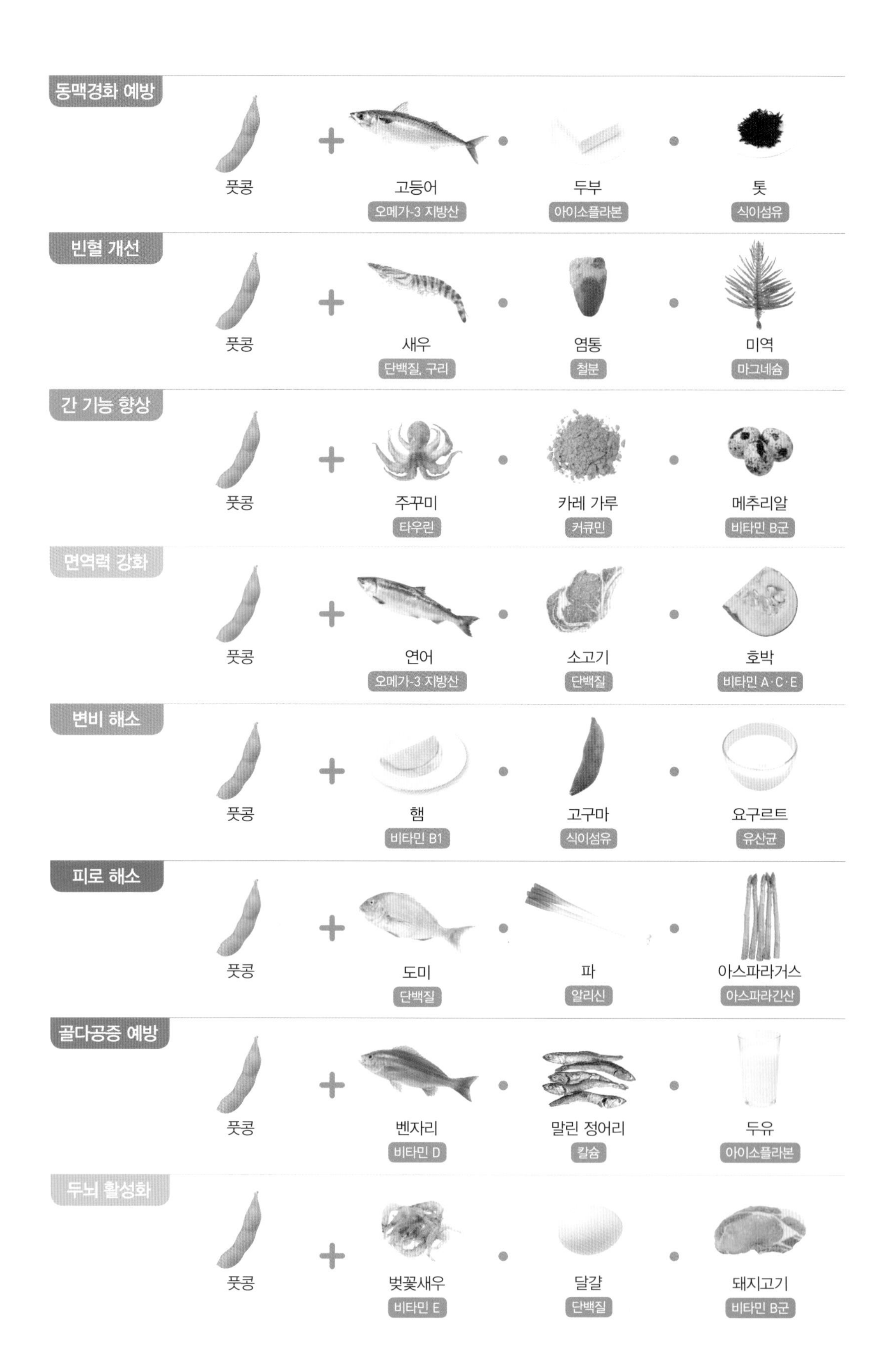

동맥경화 예방
풋콩
고등어
오메가-3 지방산
두부
아이소플라본
톳
식이섬유
빈혈 개선
풋콩
새우
단백질, 구리
염통
철분
미역
마그네슘
간 기능 향상
풋콩
주꾸미
타우린
카레 가루
커큐민
메추리알
비타민 B군
면역력 강화
풋콩
연어
오메가-3 지방산
소고기
단백질
호박
비타민 A·C·E
변비 해소
풋콩
햄
비타민 B1
고구마
식이섬유
요구르트
유산균
피로 해소
풋콩
도미
단백질
파
알리신
아스파라거스
아스파라긴산
골다공증 예방
풋콩
벤자리
비타민 D
말린 정어리
칼슘
두유
아이소플라본
두뇌 활성화
풋콩
벚꽃새우
비타민 E
달걀
단백질
돼지고기
비타민 B군

모듬콩 샐러드

재료(2인분)

풋콩…30깍지
모듬콩…1팩(50g)
방울토마토…4개
파슬리…$\frac{1}{2}$개

A
- 다진 양파…2큰술
- 식초, 올리브유…각 $\frac{1}{2}$큰술
- 간장…1작은술
- 소금, 후추…약간씩

만드는 법

1 풋콩은 꼬투리째 삶은 후 콩을 빼낸다.
2 방울토마토는 꼭지를 따서 8등분한다. 파슬리는 잎을 뜯어둔다.
3 그릇에 모듬콩을 담아 랩을 씌운 후 전자레인지로 1분간 돌린다.
4 볼에 A를 넣어 섞은 후 1, 2, 3을 넣고 버무린다. 그리고 15분 이상 두어서 간이 배게 한다.

콩

누에콩

피로 해소를 도와주는 듬직한 아군! 비타민 B군이 풍부

누에콩는 '하늘 콩'이라고 부르기도 하는데, 꼬투리가 하늘을 향해 뻗으며 자라는 모습에서 유래한 이름이다. 누에콩는 단백질, 당질, 베타카로틴, 비타민 B군, 식이섬유, 인, 철 등 다양한 영양소를 함유한 영양가 높은 채소다.

특히 피로 물질이 몸속에 쌓이지 않도록 하는 비타민 B1이 풍부해서 피로 해소에 도움이 된다. 또 지방에 함유된 레시틴은 혈중 콜레스테롤의 산화를 막아준다. 게다가 고혈압 예방에 좋은 칼륨 또한 풍부하여 식이섬유와의 상승 효과로 부종을 해소한다.

갓 나온 누에콩는 껍질째 먹을 수 있어서 더욱 많은 식이섬유를 섭취할 수 있다. 누에콩는 칼륨, 비타민 B군·C가 물에 잘 녹는 만큼 수프나 튀김으로 요리해도 좋고 꼬투리째 구워 먹는 것도 추천한다. 한편 누에콩는 수확한 순간부터 영양가가 떨어지므로 껍질째 구입해서 되도록 빨리 먹는 것이 좋다.

맛있는 누에콩 고르기

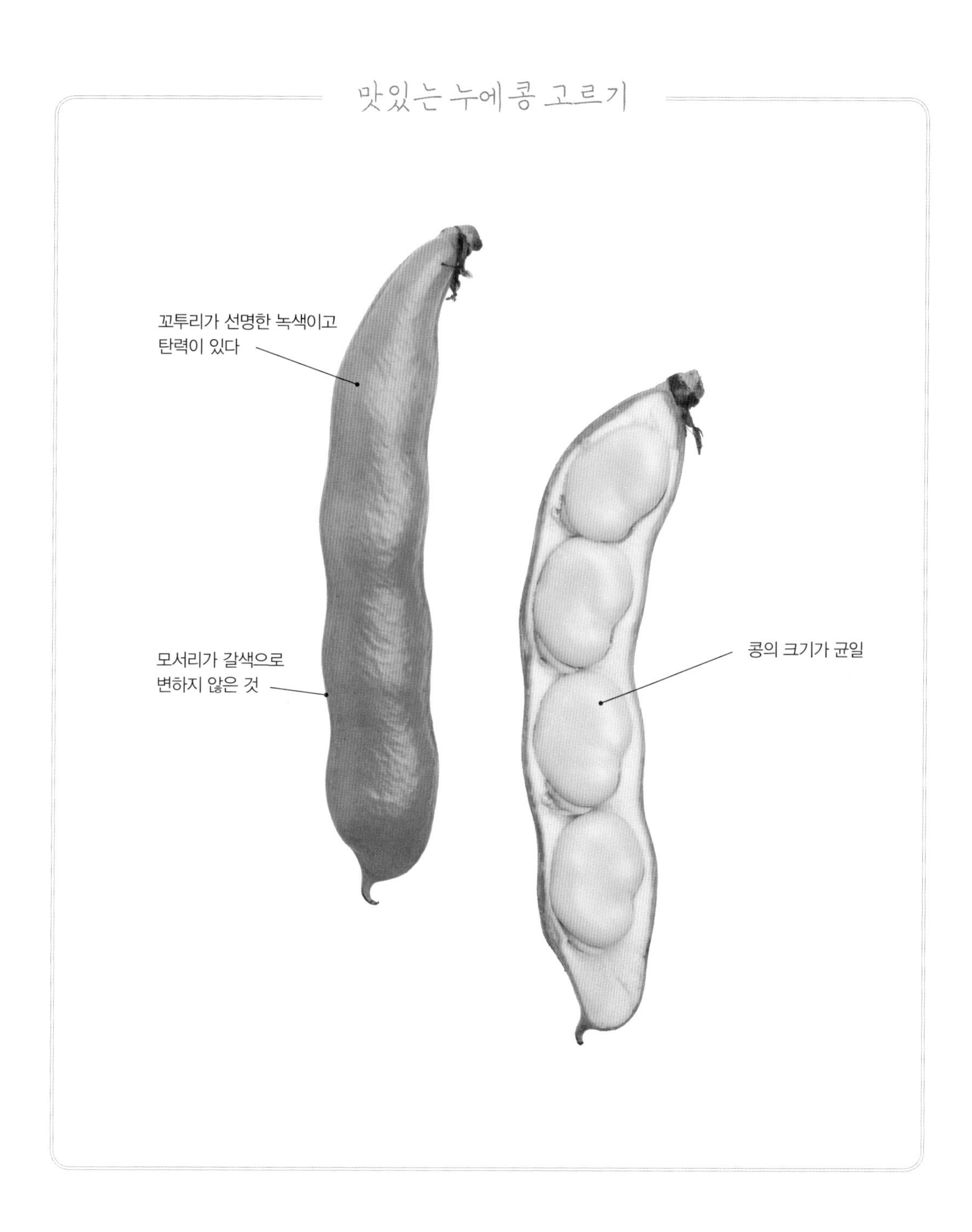

품종

여러 가지 누에콩

일반적으로는 누에콩는 15cm 정도 되는 크기지만, 생식용 누에콩인 '파베'는 그 길이가 대략 25cm로 더욱 긴 편이다.

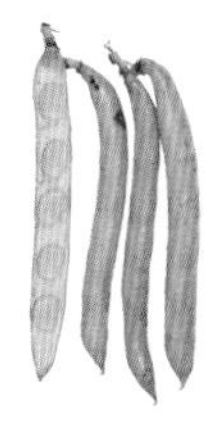
파베

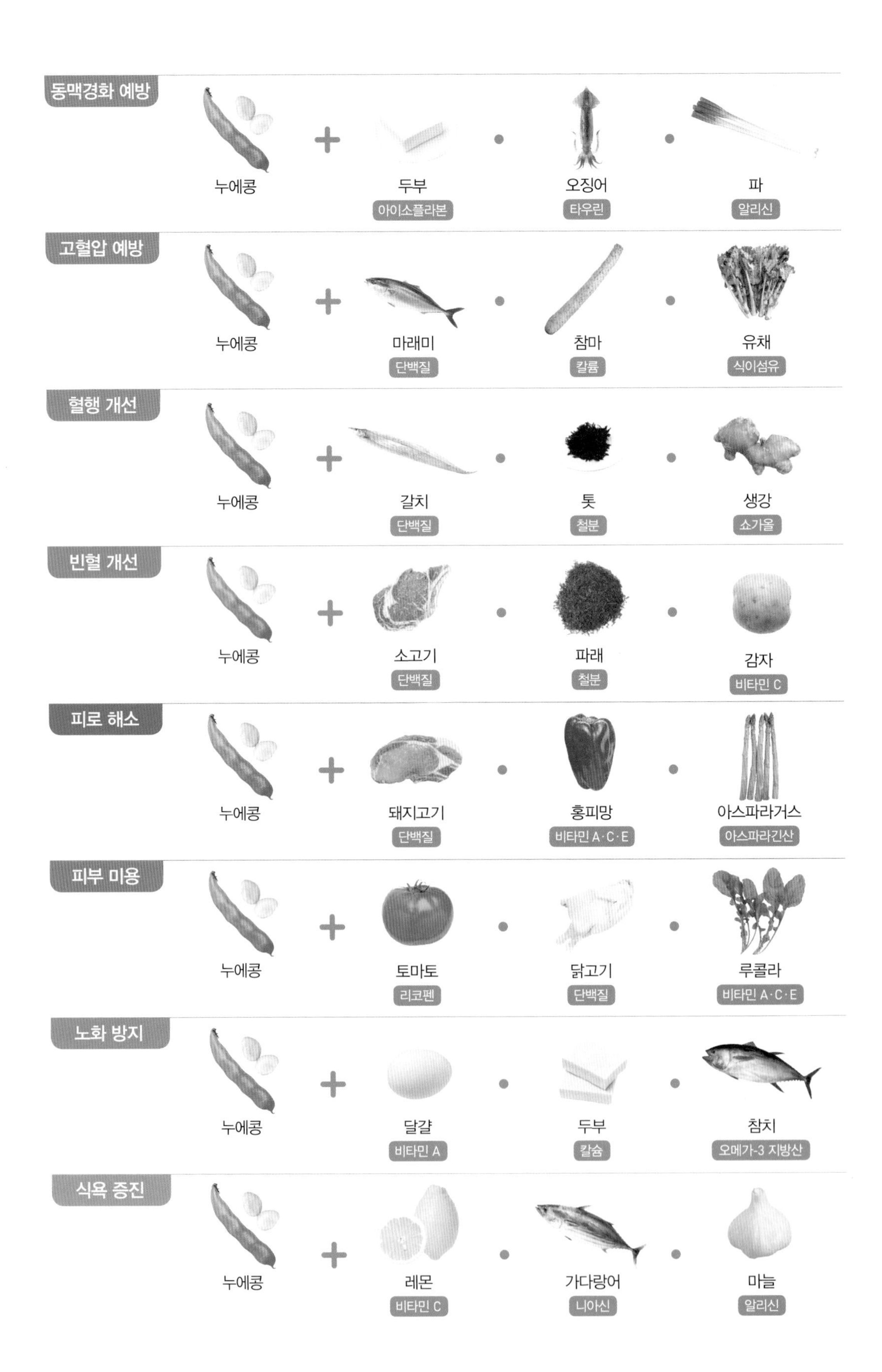

동맥경화 예방
누에콩
두부
아이소플라본
오징어
타우린
파
알리신
고혈압 예방
누에콩
마래미
단백질
참마
칼륨
유채
식이섬유
혈행 개선
누에콩
갈치
단백질
톳
철분
생강
쇼가올
빈혈 개선
누에콩
소고기
단백질
파래
철분
감자
비타민 C
피로 해소
누에콩
돼지고기
단백질
홍피망
비타민 A·C·E
아스파라거스
아스파라긴산
피부 미용
누에콩
토마토
리코펜
닭고기
단백질
루콜라
비타민 A·C·E
노화 방지
누에콩
달걀
비타민 A
두부
칼슘
참치
오메가-3 지방산
식욕 증진
누에콩
레몬
비타민 C
가다랑어
니아신
마늘
알리신

누에콩 채소튀김

재료(2인분)

누에콩(껍질째)…15깍지
양파…$\frac{1}{6}$개
깐 새우…100g
튀김가루…1큰술
튀김용 기름…적당량
레몬…$\frac{1}{4}$개
A | 소금, 청주…약간씩
B | 튀김가루…$\frac{1}{2}$컵
물…$\frac{1}{3}$컵
소금…$\frac{1}{6}$작은술

만드는 법

1 누에콩는 꼬투리에서 콩을 꺼내 살짝 삶은 후 콩 껍질을 벗긴다. 양파는 1cm 크기로 각썰기 하고 깐 새우에 A를 붓는다.
2 볼에 1과 튀김가루 1큰술을 넣고 잘 섞는다.
3 다른 볼에 B를 넣어 섞은 후 2를 넣고 골고루 묻힌다.
4 3의 $\frac{1}{4}$ 정도 되는 양을 나무뒤집개 위에 평평하게 올려서, 170도로 가열한 기름에 미끄러뜨리듯 넣고 양면을 바싹 튀긴다. 남은 것도 똑같은 방법으로 튀긴다.
5 그릇에 4를 담고 빗 모양으로 자른 레몬을 곁들인다.

브로콜리

싹과 줄기를 통째로 먹고 성인병을 물리치자!

베타카로틴과 비타민 B·C·E 등 채소에 포함된 거의 모든 비타민을 함유한 브로콜리는 영양가가 매우 높은 채소다. 특히 비타민 C가 레몬보다 12배나 많아서 100g이면 하루에 필요한 권장량을 섭취할 수 있으며, 항산화 비타민 트리오인 'A·C·E'를 함유해서 노화 방지와 면역력 강화, 피부 미용에 탁월하다.

그뿐만이 아니라 빈혈 예방에 좋은 철과 엽산, 나트륨 배출과 고혈압 방지에 좋은 칼륨, 동맥경화와 변비 예방에 유효한 식이섬유, 위궤양을 예방하는 비타민 U도 포함하고 있다. 그리고 브로콜리의 싹에는 '설포라판'이라는 성분이 있어서 암 예방 효과가 있다.

브로콜리는 떫은맛이 적으니, 비타민 C를 손실하지 않으려면 삶기보다는 볶거나 전자레인지로 익히는 편이 좋다. 브로콜리의 줄기에도 영양분이 있고, 단맛이 나서 맛있으므로 껍질을 굵게 벗겨내고 볶음 요리나 무침 등으로 요리해서 버리는 부분 없이 전부 활용하기를 권한다.

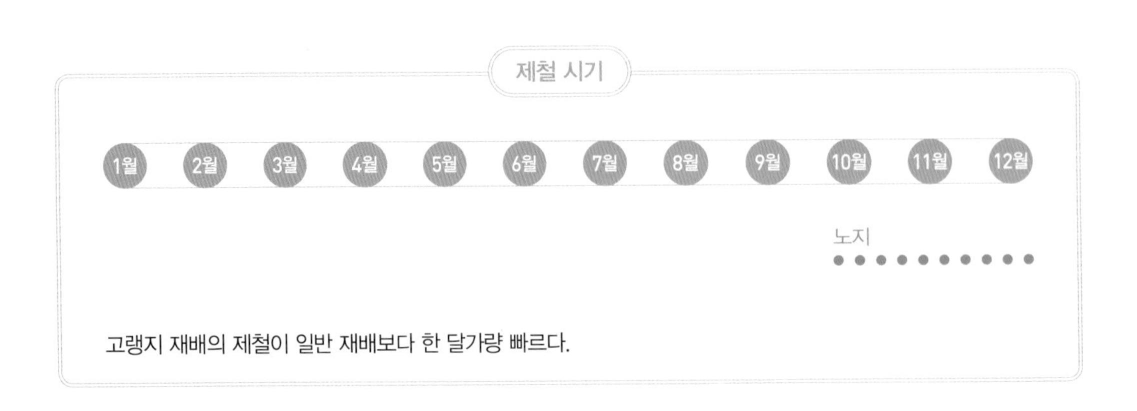

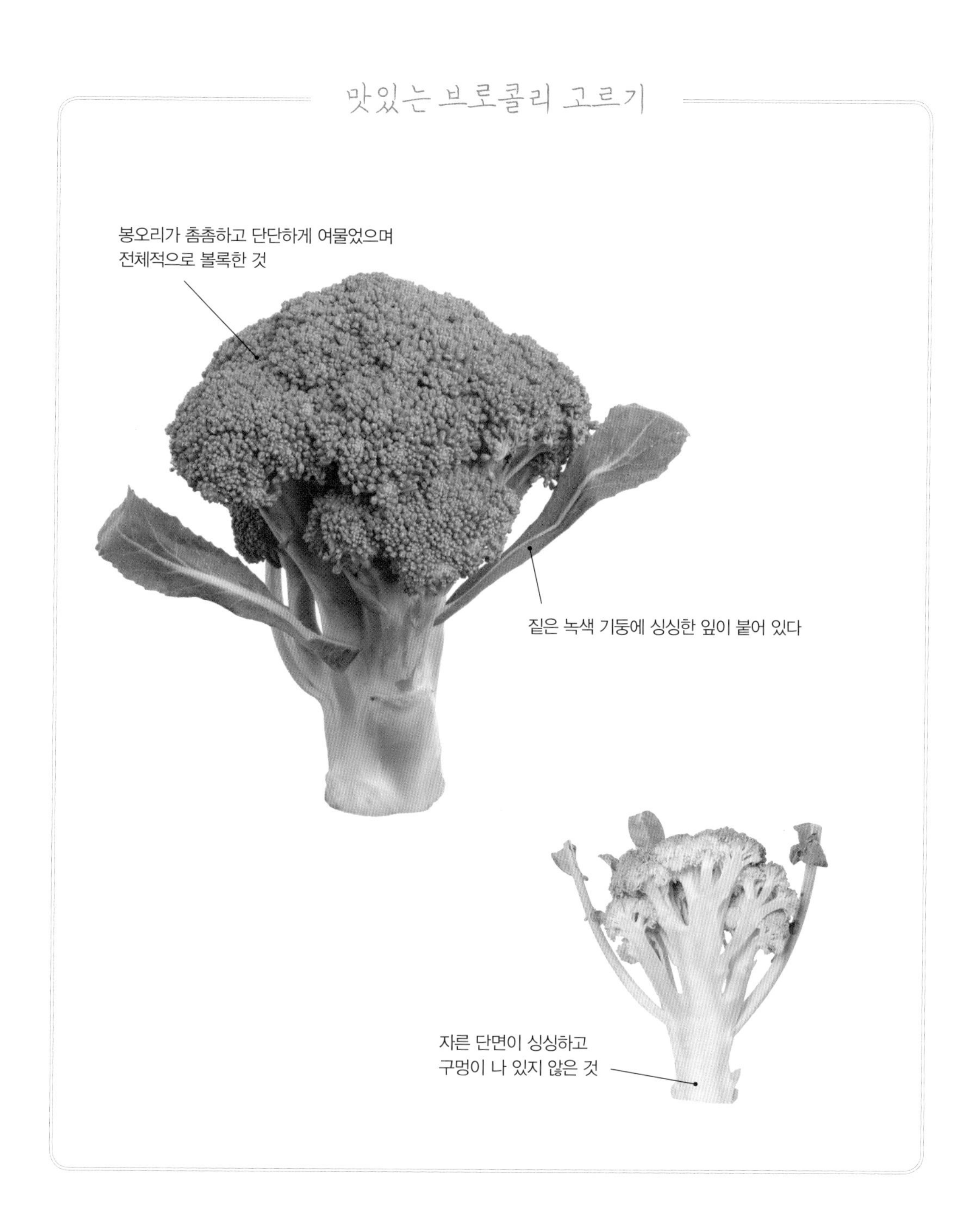

영양

봉오리가 단단할 때 먹자

추위를 이겨낸 브로콜리는 보랏빛을 띠고 단맛이 나는 특징이 있다. 브로콜리는 싹이 나면 영양소가 줄어드는 만큼 구입하면 빨리 먹는 것이 좋다.

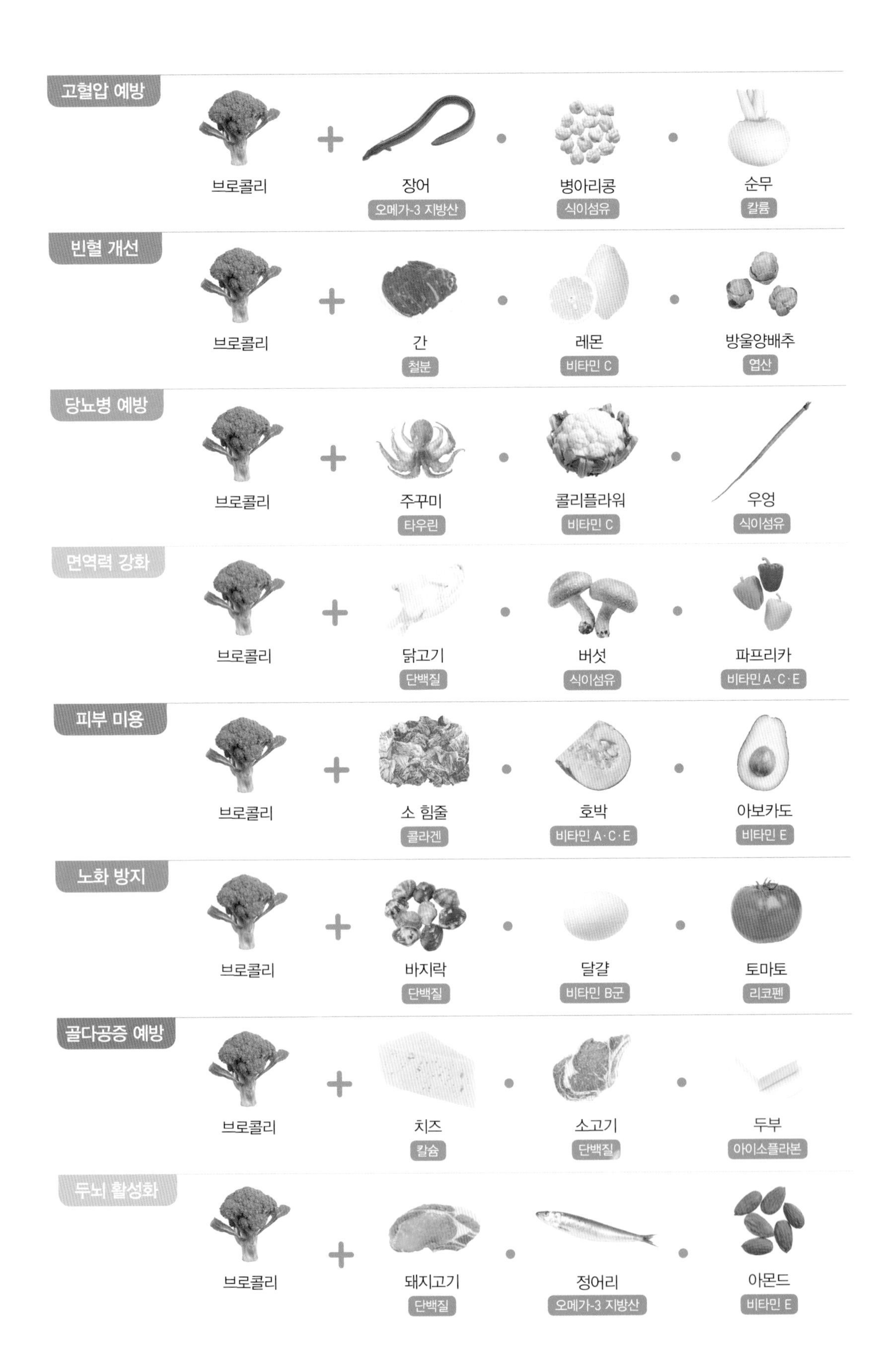
고혈압 예방
브로콜리
장어
오메가-3 지방산
병아리콩
식이섬유
순무
칼륨
빈혈 개선
브로콜리
간
철분
레몬
비타민 C
방울양배추
엽산
당뇨병 예방
브로콜리
주꾸미
타우린
콜리플라워
비타민 C
우엉
식이섬유
면역력 강화
브로콜리
닭고기
단백질
버섯
식이섬유
파프리카
비타민 A·C·E
피부 미용
브로콜리
소 힘줄
콜라겐
호박
비타민 A·C·E
아보카도
비타민 E
노화 방지
브로콜리
바지락
단백질
달걀
비타민 B군
토마토
리코펜
골다공증 예방
브로콜리
치즈
칼슘
소고기
단백질
두부
아이소플라본
두뇌 활성화
브로콜리
돼지고기
단백질
정어리
오메가-3 지방산
아몬드
비타민 E

브로콜리 닭볶음

브로콜리 + 닭고기 + 만가닥버섯 = 두뇌 활성화

+

단백질
+

비타민 B군

재료(2인분)

브로콜리…$\frac{1}{2}$개
닭 넓적다리살…$\frac{1}{2}$개
만가닥버섯…$\frac{1}{2}$팩
생강…1쪽
참기름…$\frac{1}{2}$큰술

A
- 소금, 후추…약간씩
- 녹말가루…$\frac{1}{2}$큰술

B
- 물…$\frac{2}{3}$컵
- 과립형 치킨스톡, 간장…각 1작은술
- 후추…약간
- 녹말가루…$\frac{1}{2}$큰술

만드는 법

1 브로콜리를 잘게 찢어 내열 그릇에 담고 랩을 씌운 후 전자레인지로 1~2분간 가열한다.
2 만가닥버섯은 밑동을 제거하고 잘게 찢는다. 생강은 채 썰고 닭고기는 한입 크기로 포 뜨듯이 자른 다음 그 위에 A를 붓는다.
3 달군 프라이팬에 참기름, 생강, 닭고기를 넣고 볶다가 고기 색이 변하면 브로콜리와 만가닥버섯을 넣는다. 전체적으로 기름이 잘 돌았을 때 섞은 B를 추가하고 걸쭉해질 때까지 끓인다.

꽃채소

콜리플라워

비타민 C의 힘으로 고운 우유 빛깔 피부를!

양배추의 개량종으로 탄생한 콜리플라워는 비타민 C 함유량이 양배추의 약 2배에 달한다. 비타민 C는 콜라겐 생성을 도와주고 색소 침착을 막아 피부 미용에 매우 효과적이다. 또한 면역력을 높이는 작용도 해서 감기 예방에 탁월하다. 유채과 채소 특유의 성분인 알릴 아이소티오시아네이트와 비타민 C의 상승 효과로 암 예방 효과도 주목받고 있다.

또한 콜리플라워는 노화 방지에 좋은 비타민 B2와 B6, 고혈압 예방에 도움이 되는 칼륨, 장 활동을 부드럽게 하는 식이섬유를 양배추보다 많이 함유하고 있다.

콜리플라워를 삶을 때 물에 식초와 레몬즙을 첨가하면 하얀색을 유지하면서 모양 그대로 단단하게 삶을 수 있다.

서양에서는 콜리플라워를 생으로 먹기도 하는데, 마요네즈 등을 뿌려 먹으면 시원하고 달콤한 식감을 느낄 수 있다. 콜리플라워를 보존할 때는 삶아서 물기를 완전히 뺀 후 잘게 나눠 냉동하면 된다.

맛있는 콜리플라워 고르기

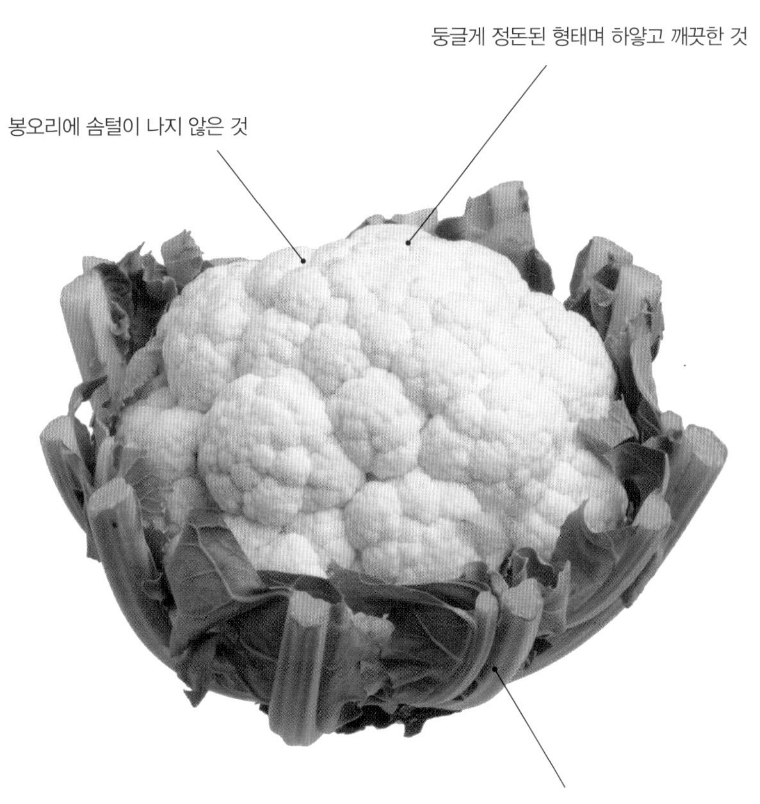

품종

주목할 품종은 로마네스코

요즘은 콜리플라워 품종의 색깔도 다양해졌는데 주황색 품종은 카로틴을, 보라색 품종은 안토시아닌을 함유하고 있다. 원뿔 모양인 로마네스코는 콜리플라워보다 영양가는 낮지만, 맛이 좋고 모양이 예뻐서 유통이 증가하는 추세다.

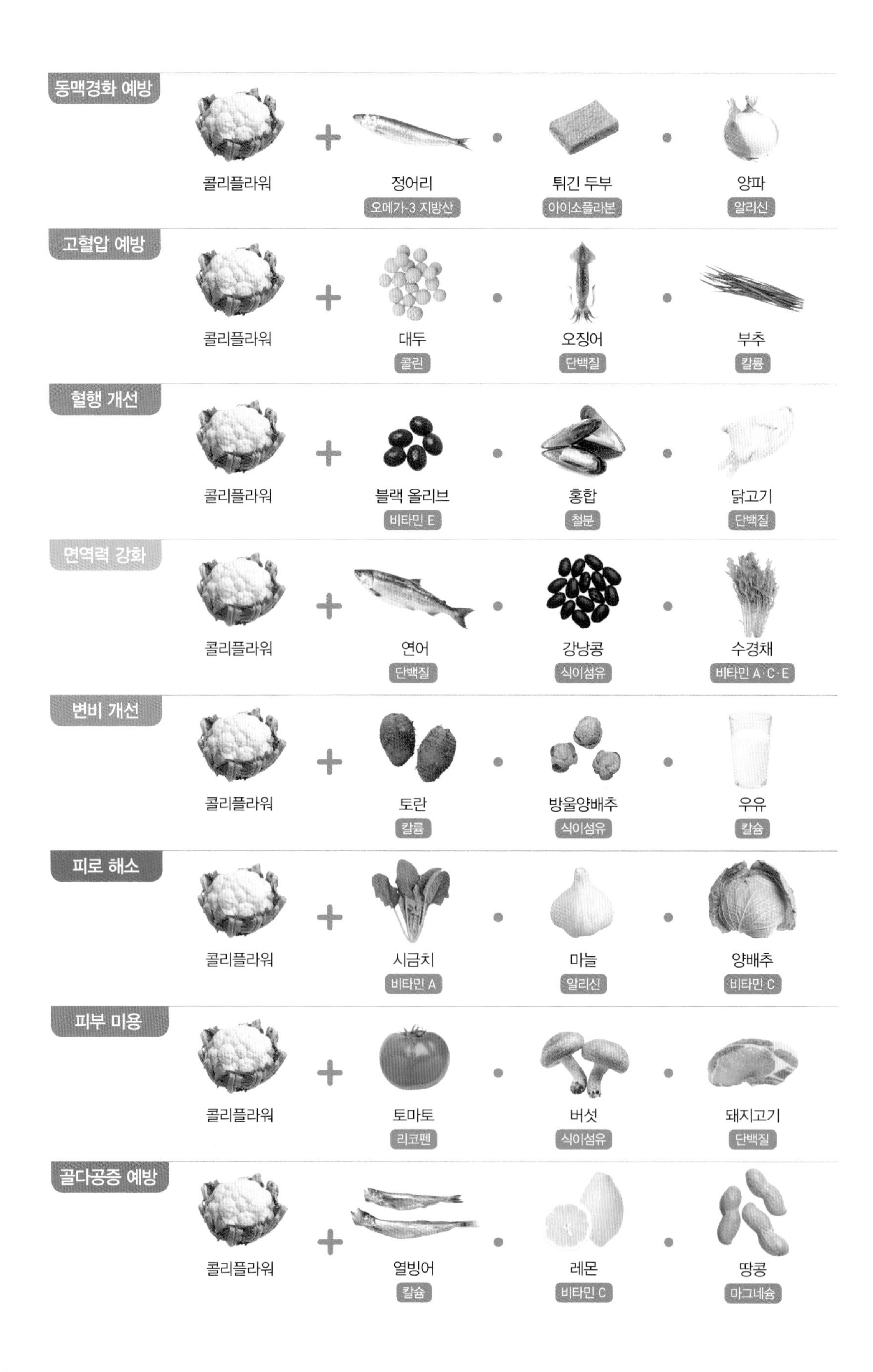
동맥경화 예방
콜리플라워
정어리
오메가-3 지방산
튀긴 두부
아이소플라본
양파
알리신
고혈압 예방
콜리플라워
대두
콜린
오징어
단백질
부추
칼륨
혈행 개선
콜리플라워
블랙 올리브
비타민 E
홍합
철분
닭고기
단백질
면역력 강화
콜리플라워
연어
단백질
강낭콩
식이섬유
수경채
비타민 A·C·E
변비 개선
콜리플라워
토란
칼륨
방울양배추
식이섬유
우유
칼슘
피로 해소
콜리플라워
시금치
비타민 A
마늘
알리신
양배추
비타민 C
피부 미용
콜리플라워
토마토
리코펜
버섯
식이섬유
돼지고기
단백질
골다공증 예방
콜리플라워
열빙어
칼슘
레몬
비타민 C
땅콩
마그네슘

콜리플라워 에그 샐러드

콜리플라워 + 달걀 + 파슬리 + 마늘 = **간 기능 향상**

콜린

철분

비타민 B군

재료(2인분)

콜리플라워…$\frac{1}{3}$개
달걀…1개
파슬리…1줄기
마늘…1쪽
올리브유…$1\frac{1}{2}$큰술

A
- 식초…$1\frac{1}{2}$큰술
- 소금…$\frac{2}{4}$컵
- 후추…약간

만드는 법

1 콜리플라워는 잘게 찢어 살짝 데친 후 소쿠리에 담아 물기를 뺀다.
2 달걀은 완숙으로 삶은 다음 곱게 으깬다.
3 프라이팬에 올리브유와 마늘을 넣고 볶다가 마늘이 갈색으로 변하면 불을 끈다. 그리고 A와 콜리플라워를 넣어 무친다.
4 그릇에 3을 담고 으깬 달걀과 파슬리를 뿌린다.

아스파라거스

체력 증강의 든든한 아군, 아스파라긴산이 풍부!

단백질, 비타민, 무기질을 균형 있게 함유한 아스파라거스는 특히 피로 물질인 젖산을 재빨리 연소시켜 피로 해소, 체력 증강을 돕는 아스파라긴산이 많다.

아스파라거스에서 처음 발견된 아스파라긴산은 어린 싹 부분에 집중되어 있어서 싹이 더 튼튼하게 자라도록 돕는다.

또 아스파라거스는 혈관을 튼튼하게 하고 혈행을 원활하게 해 고혈압 예방에 좋은 루틴과 간 해독 작용을 높이고 항산화 작용으로 암 예방에 효과적인 글루타티온도 다량 함유하고 있다.

한편, 햇빛을 차단해서 재배하는 화이트 아스파라거스는 그린 아스파라거스에 비해 영양가가 조금 떨어진다.

아스파라거스는 뿌리 쪽 단단한 부분을 제거하고, 필러로 껍질을 벗겨낸 후 요리한다. 수입산보다 국내산이 더 영양가가 많다는 보고도 있으므로 제철 시기에는 되도록 국산을 선택하는 것이 어떨까?

맛있는 아스파라거스 고르기

이삭 끝이 단단히 오므라져 있다

선명한 녹색이고 줄기가 곧게 뻗은 것

잎 비늘이 균일한 간격을 이루는 것

단면이 둥글고 희며, 싱싱하다

종류

신종 채소, 보라색 아스파라거스

보라색 아스파라거스의 껍질 부분에는 항산화 작용을 하는 안토시아닌이 함유되어 있다. 하지만 보라색을 띠는 시기가 어릴 때 잠깐뿐이어서 수확하기 어렵고 유통량도 적은 편이다. 아직은 귀하디 귀한 채소라고 할 수 있겠다.

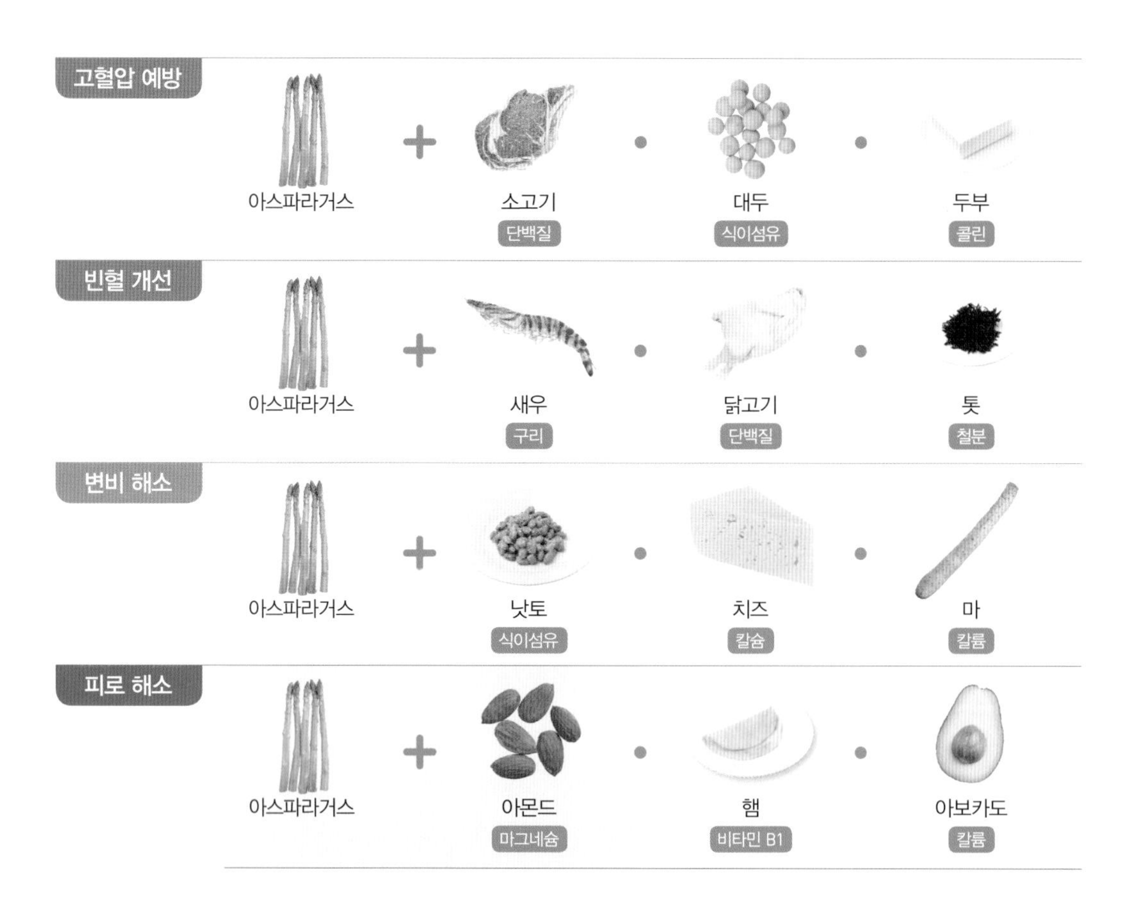

아스파라거스 땅콩볶음

땅콩에는 리놀레산 등 불포화지방산과 비타민 E가 듬뿍 들어 있다. 항콜레스테롤, 동맥경화 예방에 효과 만점이다.

아스파라거스 고기김밥

아스파라거스 + 돼지고기 (단백질) + 김 (비타민 A) = **피로 해소**

재료(2인분)

그린 아스파라거스…1대
갈아놓은 돼지고기…200g
양파…$\frac{1}{4}$개
구운 김…1장
참기름…1작은술
초간장…적정량
A | 녹말가루, 간장…각 2작은술
  | 생강즙, 청주…각 1작은술

만드는 법

1. 아스파라거스는 뿌리 쪽 딱딱한 부분을 제거하고 껍질을 벗겨 데친 후 소쿠리에 담아 물기를 뺀다. 양파는 잘게 다진다.
2. 갈아놓은 돼지고기와 다진 양파, A를 볼에 담고 끈적한 점액이 나올 때까지 버무린다.
3. 2를 김 위에 끝 2cm를 남겨두고 펴 바른다. 그 위에 데친 아스파라거스를 얹고 김을 만 후 반으로 자른다.
4. 달군 프라이팬에 참기름을 두른 뒤 3을 넣고 이리저리 굴리면서 6~7분간 굽는다. 김밥이 좀 식으면 2cm 간격으로 썬다.
5. 그릇에 4를 담고 초간장을 곁들인다.

줄기채소

죽순

강한 생명력을 느낄 수 있는 파워풀 고영양가 채소

봄에 나는 죽순은 무기질과 비타민류를 함유하고 있으며, 특히 몸속 나트륨을 배출해서 고혈압을 예방하는 칼륨과 칼슘 대사와 관련된 망간이 풍부하다. 죽순의 칼륨은 열을 가해도 별로 손상되지 않는다.

죽순을 잘랐을 때 나오는 하얀 가루는 감칠맛을 내는 성분 '타이로신'이라는 아미노산으로 신경전달물질과 갑상선 호르몬의 원료이며, 스트레스 완화에 도움이 된다. 게다가 역시 아미노산의 일종인 아스파라긴산도 함유되어 있어서 그 상승 효과로 피로 해소와 스태미나 증강 작용이 일어난다. 그뿐만이 아니라 죽순에는 불용성 식이섬유인 셀룰로오스가 많아서 변의 양을 늘려 배변 활동이 원활해진다. 또 장내 유해 물질을 흡착해서 체외로 배출하는 작용을 하므로 대장암 예방의 든든한 아군이라고 할 수 있다.

한편 금방 캐낸 죽순은 알싸한 맛이 적지만, 시간이 지날수록 떫은맛을 내는 성분인 옥살산이 나오므로 요리하기 전에 미리 떫은맛을 제거하는 것이 좋다.

맛있는 죽순 고르기

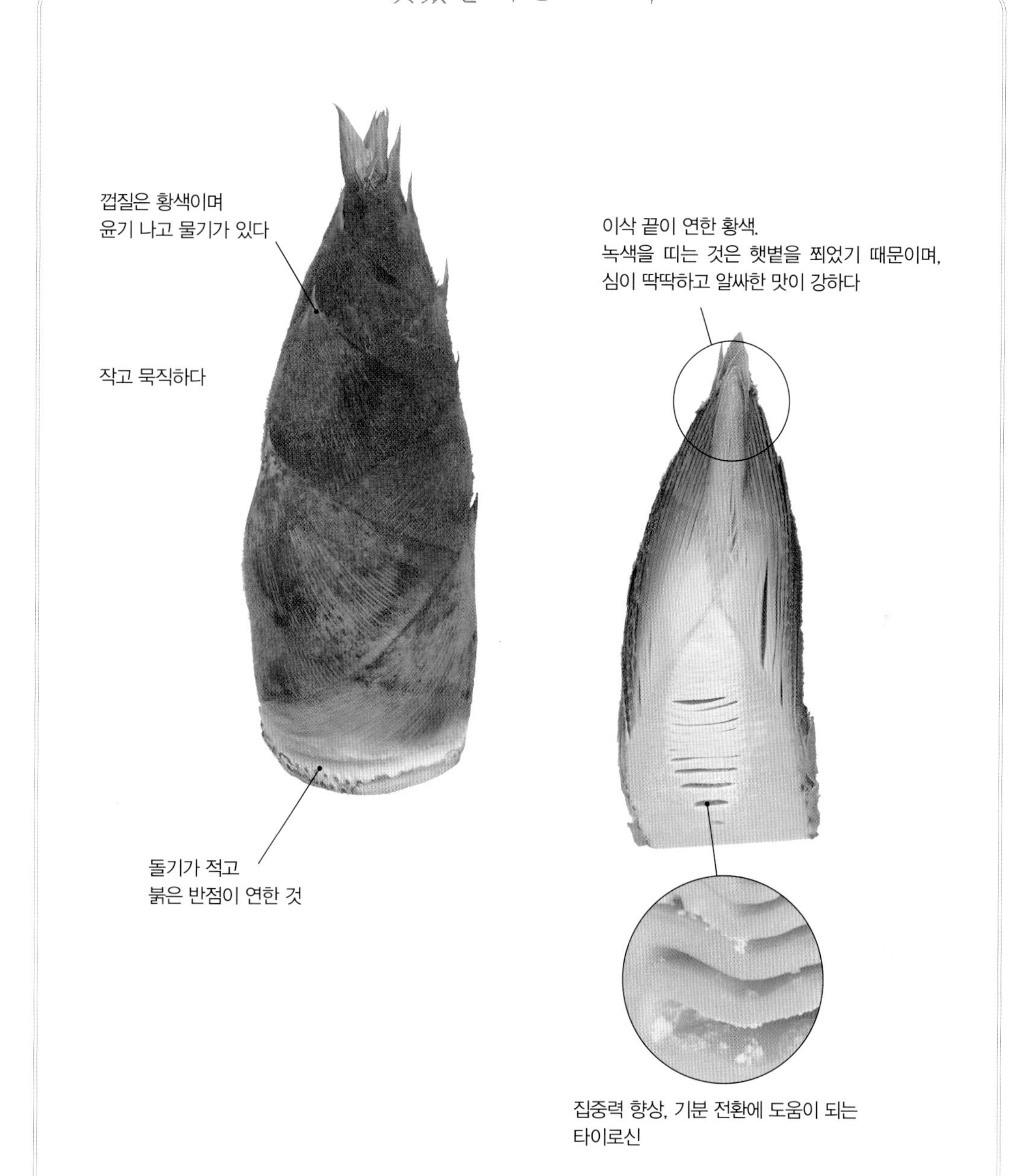

제철

봄에서 초여름까지 즐기는 죽순

두껍고 부드러운 '맹종죽'은 봄철 품종. 초여름에 출하되는 것은 가늘고 떫은맛이 적은 '담죽'과 '섬대'다.

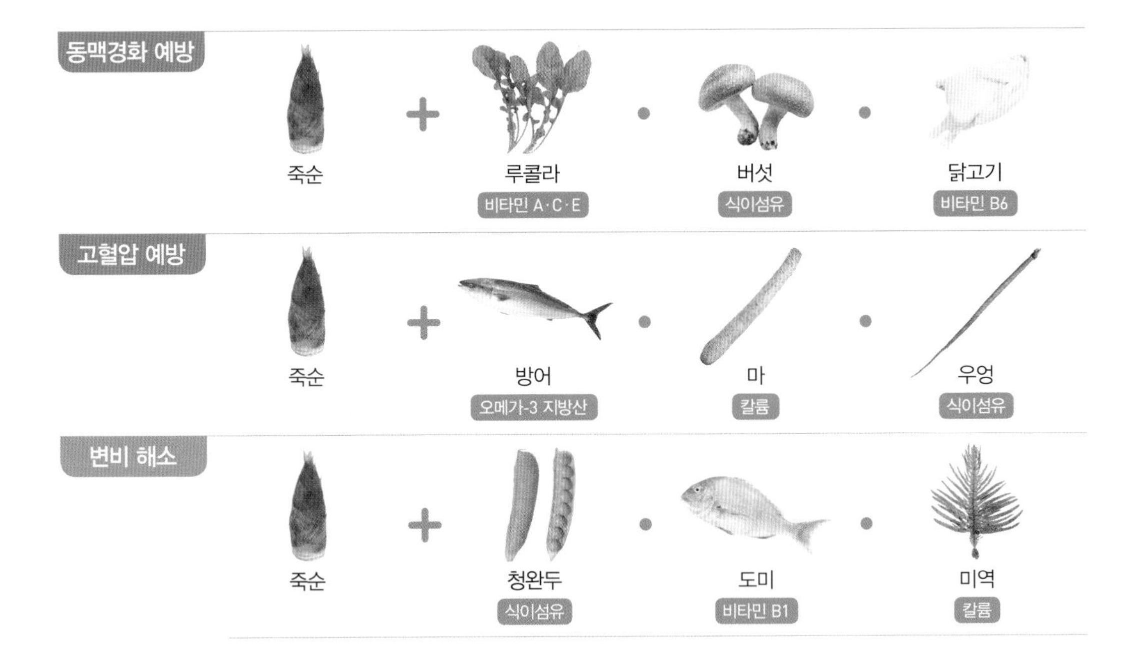

죽순 청완두 조림

식이섬유가 많은 죽순, 식이섬유와 비타민 A·B군이 많은 청완두를 함께 요리하면 동맥경화 예방과 피부 미용 효과까지 기대할 수 있다.

죽순 스테이크

죽순  + 소고기  = 고혈압 예방

콜린

재료(2인분)

삶은 죽순…$\frac{1}{2}$개
소고기(스테이크용)…작은 것 2장
실파…1뿌리
소금, 후추…약간씩
버터…10g
A | 된장, 맛술(미림), 청주…각 1큰술

만드는 법

1 죽순 밑동은 1cm 굵기로 통썰기 해서 격자 모양으로 칼집을 넣고, 이삭 끝은 4등분한다. 소고기는 힘줄에 칼집을 넣은 다음 소금과 후추를 뿌린다. 실파는 10cm 길이로 자른다.
2 프라이팬에 버터를 발라 달군 후 죽순과 소고기를 넣고 굽는다.
3 그릇에 A를 담고 잘 섞은 다음 전자레인지로 40~50초간 익힌다.
4 접시에 소고기를 담고 그 위에 죽순을 올린다. 마지막으로 실파를 얹고 3을 뿌린다.

줄기채소

셀러리

매혹적인 향이 자율 신경을 바로잡아준다

고대 그리스에서 약용으로 귀한 대접을 받았었던 셀러리는 특유의 강렬한 향이 매력적인 향신채소다.

특히 아핀과 세네린에는 신경 완화, 식욕 촉진 작용이 있어서 불안감과 두통, 식욕 증진에 효과가 있다. 게다가 피라진이라는 성분에는 혈전을 방지하고 혈액을 맑게 하는 작용이 있다. 또한, 비타민 B1·B2·C, 엽산, 식이섬유, 칼륨 등 무기질 성분도 비록 소량이지만 포함되어 있어서, 피부 트러블과 변비, 고혈압, 신장병 예방에 좋다.

셀러리는 육류 누린내와 고기 비린내를 제거해주므로 조림이나 마리네이드 등의 요리에 적합하다. 살짝 익히면 강한 향이 완화되므로 볶거나 삶아서 초무침을 해도 좋고, 샐러드 등으로 만들어도 듬뿍 먹을 수 있다.

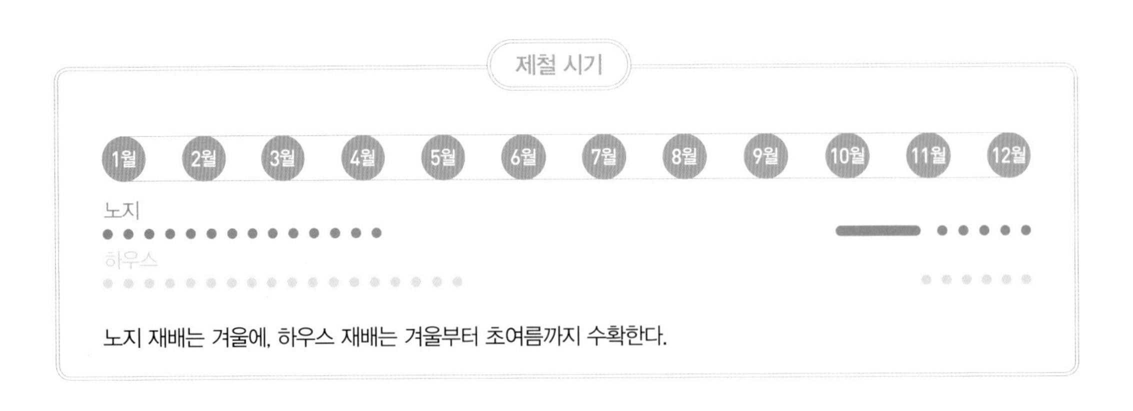

노지 재배는 겨울에, 하우스 재배는 겨울부터 초여름까지 수확한다.

특징

셀러리를 고를 때

셀러리는 중심 부분에 새로운 줄기가 점점 늘어나면서 성장한다. 바깥쪽보다 안쪽 줄기가 어리고 향도 좋아 보다 부드럽게 섭취할 수 있다.

셀러리 닭똥집 볶음

볶음 요리는 셀러리의 강한 향을 꺼리는 사람도 비교적 잘 먹을 수 있다. 다만 식감과 영양을 생각한다면 불을 너무 오래 가하지 않는 것이 좋다.

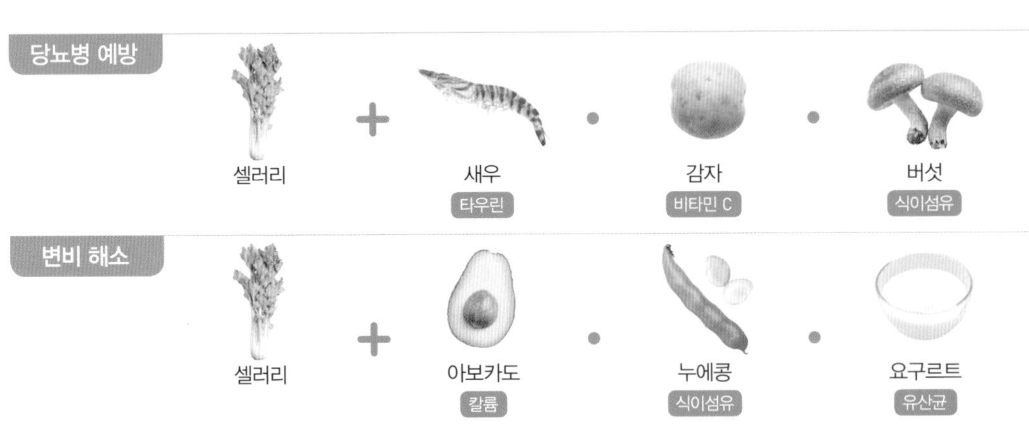

셀러리 어묵 조림

셀러리  + 참깨  세사민 + 어묵  단백질 = 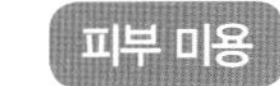

재료(2인분)

셀러리…2줄기
긴 어묵…1줄
A
- 설탕…$\frac{1}{2}$큰술
- 간장, 맛술(미림)…1큰술씩
- 붉은 고추…$\frac{1}{2}$개
- 가쓰오부시…2g
- 볶은 깨…1작은술

만드는 법

1 셀러리는 심을 제거하고 5mm 굵기로 어슷썰기 한다.
2 긴 어묵은 세로로 반 잘라서 5mm 굵기로 어슷썰기 한다.
3 냄비에 A와 1과 2를 넣고 약중불에서 국물이 없어질 때까지 저어가며 7~8분간 조린다.

향신채소

생강

신진대사를 원활하게 하는 만능 향신채소

육류의 누린내와 생선 비린내를 없애주고 간을 맞추는 데 없어서는 안 되는 향신채소의 대표명사 생강은 매운 향과 성분이 특징이다. 생강의 매운 성분 진저롤은 열을 가하면 쇼가올로 바뀌는데, 두 성분 모두 몸을 따뜻하게 해주는 효과가 있어서 냉증이나 방광염 개선에 유효하다. 쇼가올은 항균 작용과 항산화 작용을 도와 암 예방에도 효과적이다.

또한, 향 성분인 '진기베렌'에는 위장을 튼튼하게 하는 작용, 구역질·기침 억제 작용, 신경통과 월경통 완화 작용까지 있다고 한다.

이러한 매운맛과 향 성분은 생강을 잘게 썰수록 더 진해지기 때문에 다지거나 갈아서 사용하면 효능을 높일 수 있다. 또한 단백질이 풍부한 육류와 함께 요리할 때 생강즙을 뿌리면 누린내가 사라지고, 단백질 분해 작용으로 육질이 한결 부드러워진다. 다만 자극이 너무 강하기 때문에 위가 약한 사람은 한꺼번에 많이 섭취하지 않도록 주의해야 한다.

맛있는생강 고르기

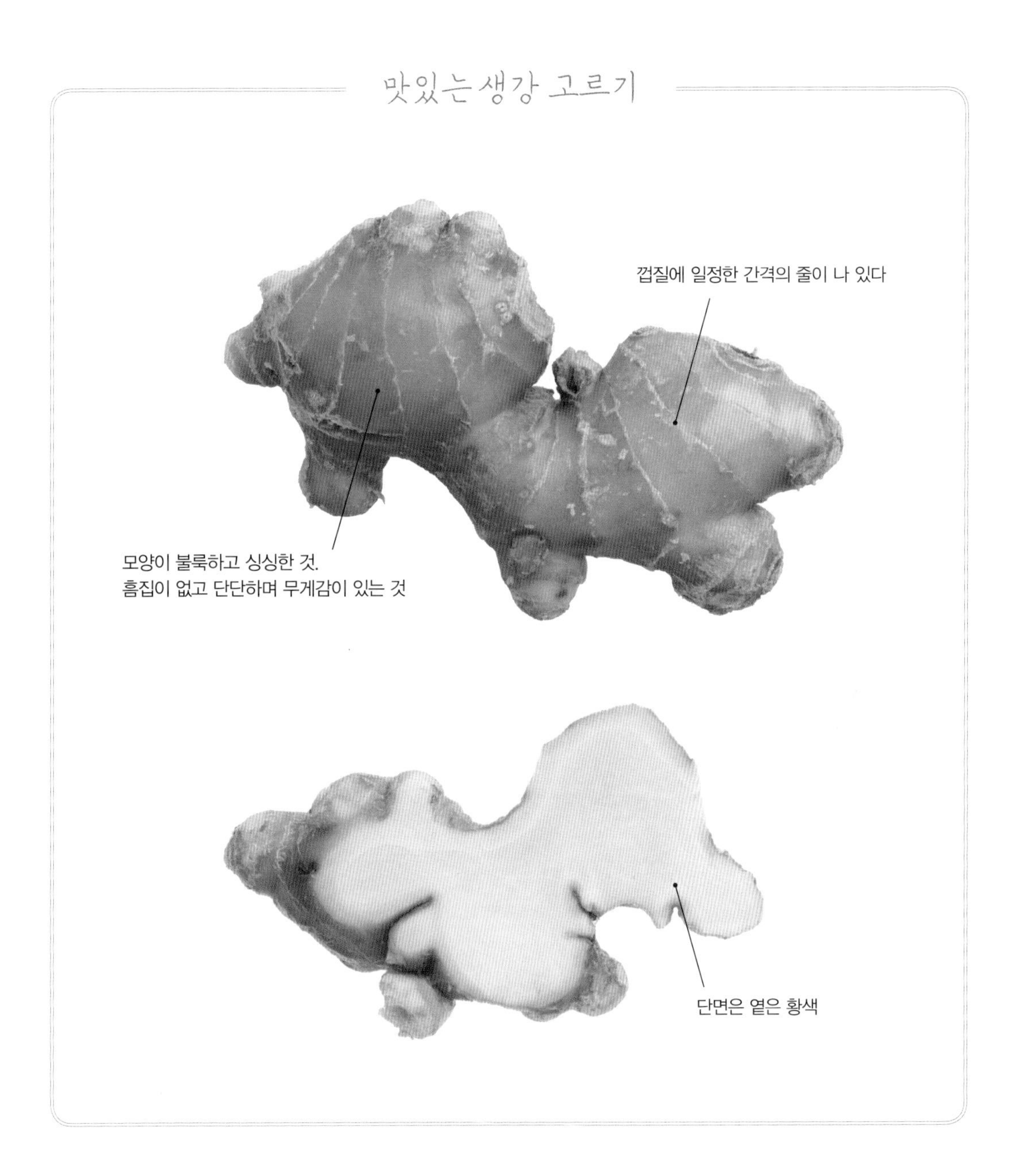

요리

생강 껍질 쉽게 벗기는 방법

생강의 향 성분은 껍질 부분에 많으므로 굵게 벗기지 말고 살짝 긁어내는 것이 좋다. 숟가락을 이용하면 쉽게 벗겨진다.

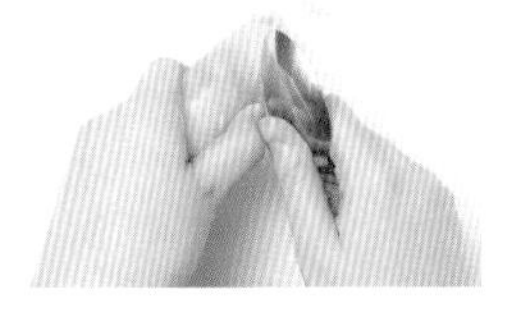

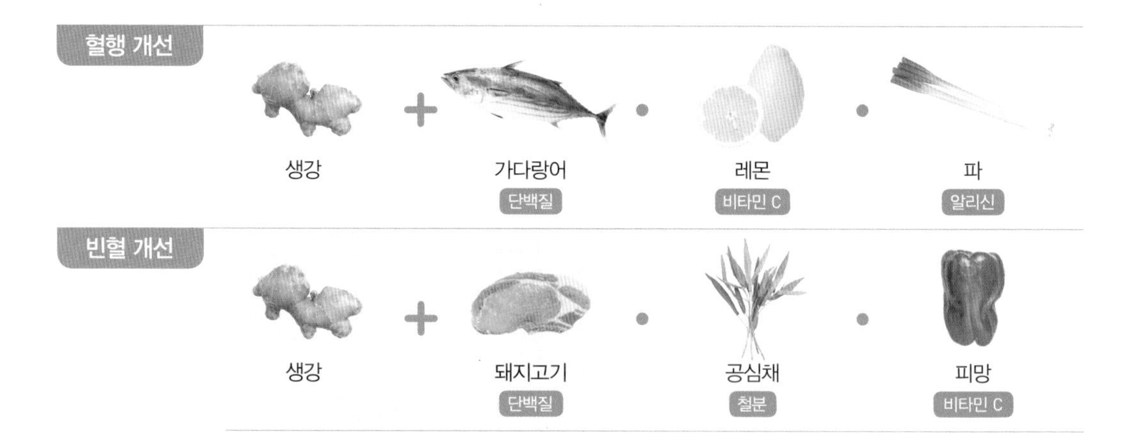

돼지고기 생강구이

돼지고기에는 피로 해소에 좋은 비타민 B1이 풍부하다. 항스트레스에도 도움이 되므로 현대인에게 여러모로 유용한 요리다.

꽁치 생강 조림

생강 + 꽁치 + 우엉 = 면역력 강화

꽁치: 단백질 / 우엉: 식이섬유

재료(2인분)

꽁치…2마리
생강…큰 것 1쪽
우엉…10cm

A
- 물…$\frac{3}{4}$컵
- 청주…$\frac{1}{4}$컵
- 설탕, 간장…각 $1\frac{1}{2}$큰술
- 식초…$\frac{1}{2}$큰술

만드는 법

1 꽁치는 머리와 내장을 제거한 후 3~4토막을 내서 속을 깨끗이 씻고, 물기를 닦는다.
2 생강은 껍질을 벗긴 후 얇게 썬다. 우엉도 껍질을 벗겨서 5cm 길이로 썰어 6등분한 다음, 물에 담갔다가 물기를 뺀다.
3 냄비에 A와 생강을 넣고 불을 올린다. 어느 정도 끓으면 꽁치와 우엉을 넣고 물에 뜨는 거품을 제거한 후 뚜껑을 살짝 닫는다. 이따금 휘저으면서 국물이 줄어들 때까지 15분 정도 조린다.

향신채소

마늘

생기 넘치는 몸을 만드는 스태미나 채소

예부터 스태미나 식재료로 알려진 마늘은 특유의 자극적인 향이 나는데, 황 화합물의 일종인 알리신 성분이 바로 그 정체다.

알리신은 스태미나 보충에 필수인 비타민 B1의 흡수를 촉진해서 피로 해소와 체력 증강에 효과를 발휘한다. 게다가 식중독의 원인인 병원성 대장균 O-157을 죽이는 등 강한 항균 효과, 소화 촉진, 혈행 개선, 암 예방 효과는 물론이고 콜레스테롤 상승을 억제하는 작용도 한다. 또한, 알리신은 기름과 함께 가열하면 '아존'이라는 성분으로 바뀌면서 혈전 예방에도 도움을 준다.

알리신은 원래 포함된 '알리인'이라는 아미노산과 '알리이나아제'라는 효소가 작용하며 생성되는 것으로, 다지거나 갈면 그 효과가 배로 늘어난다. 다만 한꺼번에 너무 많이 섭취하면 위가 상하고 빈혈을 일으킬 수 있으므로 적당히 먹어야 한다.

마늘을 생으로 먹을 때는 하루에 한 쪽, 익혀 먹는다고 해도 세 쪽을 넘기지 않는 것이 좋다. 또 껍질을 벗긴 마늘을 기름이나 간장에 담가두면 필요할 때 바로 활용할 수 있어 편하다.

맛있는 마늘 고르기

줄기가 길게 자랐거나 껍질이 갈색인 것은 피한다

알이 크고 단단하게 맺혔으며,
전체적으로 중량감이 느껴지는 것

마늘 심은 요리할 때 타기 쉬워 쓴맛이 잘 난다
냄새도 고약하므로 미리 제거하고 요리하는 것이 좋다

요리

마늘 조미료를 나만의 요리 필살기로!

마늘의 풍미를 고스란히 담은 조미료를 미리 만들어놓으면 요리할 때 아주 편리하다. 마늘을 한 쪽씩 분리해서 얇은 껍질을 벗겨내고 간장, 된장, 벌꿀, 올리브유 등에 담가두기만 하면 끝!

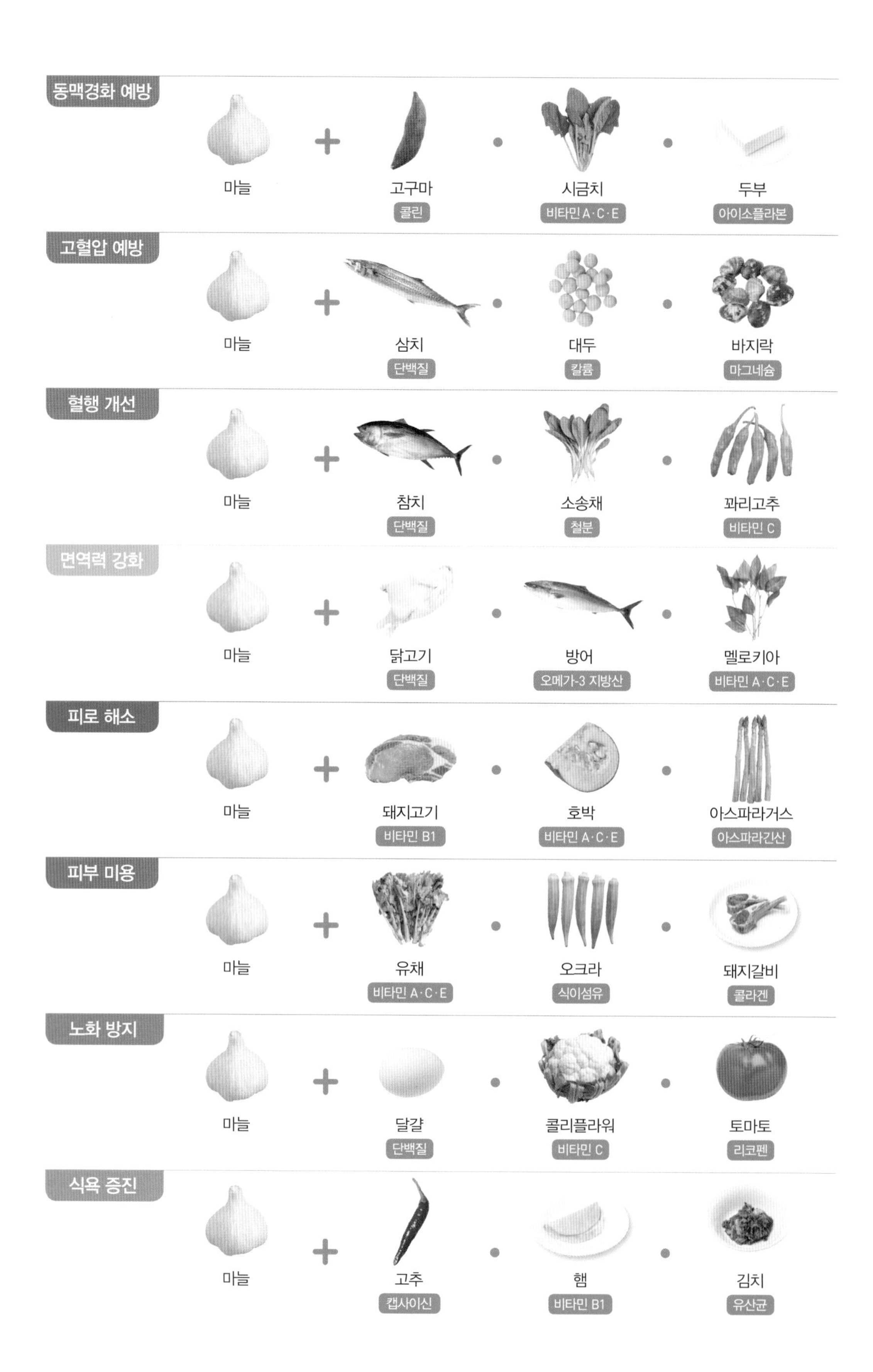

동맥경화 예방
마늘
고구마
콜린
시금치
비타민 A·C·E
두부
아이소플라본
고혈압 예방
마늘
삼치
단백질
대두
칼륨
바지락
마그네슘
혈행 개선
마늘
참치
단백질
소송채
철분
꽈리고추
비타민 C
면역력 강화
마늘
닭고기
단백질
방어
오메가-3 지방산
멜로키아
비타민 A·C·E
피로 해소
마늘
돼지고기
비타민 B1
호박
비타민 A·C·E
아스파라거스
아스파라긴산
피부 미용
마늘
유채
비타민 A·C·E
오크라
식이섬유
돼지갈비
콜라겐
노화 방지
마늘
달걀
단백질
콜리플라워
비타민 C
토마토
리코펜
식욕 증진
마늘
고추
캡사이신
햄
비타민 B1
김치
유산균

마늘 달걀수프

마늘  + 베이컨  (단백질) + 달걀  (콜린) = 두뇌 활성화

재료(2인분)

마늘…2쪽
베이컨…1장
달걀…2개
올리브유…1큰술
파프리카 분말…약간
A
- 물…2컵
- 치킨스톡 큐브…1개
- 소금, 후추…약간씩

만드는 법

1 마늘은 껍질을 벗겨 심을 제거하고 얇게 썬다. 베이컨은 잘게 다진다.
2 냄비에 올리브유와 마늘, 베이컨을 넣고 약불에서 3~4분 동안 정성껏 볶는다.
3 마늘이 갈색으로 바뀌면 A를 첨가해 한소끔 끓인 후 달걀을 깨 넣는다. 물 위에 뜨는 거품을 걷어낸 뒤 뚜껑을 덮고 2~3분간 더 끓인다.
4 그릇에 담고 파프리카 분말을 뿌린다.

열매채소

아보카도

세계 최고로 영양가 높은 '숲의 버터'

지방이 많고 영양가도 뛰어나다고 해서 '숲의 버터'라고 불리는 아보카도는 특히 불포화지방산인 올레산과 리놀레산을 많이 함유했다는 점에 주목할 필요가 있다. 두 성분은 악성 콜레스테롤을 감소시키고 몸에 좋은 콜레스테롤은 늘리는 작용으로 동맥경화, 뇌경색 예방에 매우 효과적이다.

또 아보카도는 베타카로틴, 비타민 B1·B2·C·E 등 아홉 종류의 비타민도 함유하고 있어서 세포 산화를 방지하고 젊고 건강한 몸을 유지해준다. 이 중 비타민 E는 발암 물질을 억제하고 불포화지방산의 흡수력을 높여주므로 성인병 예방에 효과적이다.

아보카도는 또한 혈압을 내려주고 부종 해소에 좋은 칼륨과 장 청소에 탁월한 식이섬유 등 무기질이 풍부하며, 그 함유량이 과일 중에서도 최고 수준을 자랑한다.

아보카도는 샐러드로 먹거나 고추냉이를 푼 간장에 찍어 먹어도 맛있고, 으깨서 마요네즈나 요구르트와 섞어 딥 소스를 만드는 것도 추천한다.

맛있는 아보카도 고르기

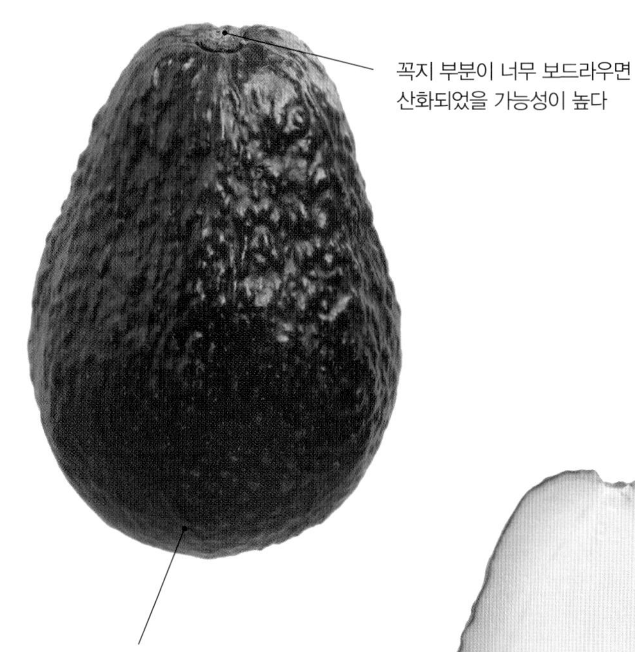

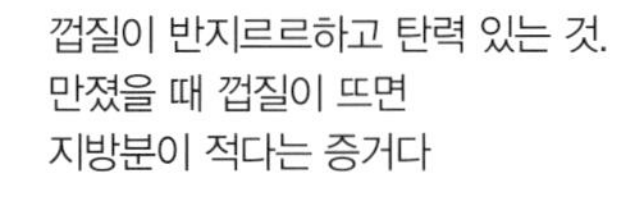

요리

변색 방지에는 레몬즙을!

아보카도는 색이 변하기 쉬우므로 먹기 직전에 요리하고, 미리 레몬즙을 뿌려두는 것이 좋다. 단단한 열매는 실온에 며칠 동안 두면 부드러워진다.

동맥경화 예방
아보카도
가리비
타우린
대두
아이소플라본
소송채
비타민 A·C·E
고혈압 예방
아보카도
청완두
식이섬유
참치
오메가-3 지방산
아몬드
비타민 E
빈혈 개선
아보카도
물냉이
엽산
콜리플라워
비타민 C
가다랑어
철분
면역력 강화
아보카도
장어
비타민 A·E
키위
비타민 C
게
아연
피로 해소
아보카도
돼지고기
비타민 B1
양파
알리신
경수채
비타민 A·C·E
피부 미용
아보카도
닭날개
콜라겐
토마토
리코펜
버섯
니아신
노화 방지
아보카도
소고기
단백질
홍피망
비타민 A·C·E
브로콜리
엽산
두뇌 활성화
아보카도
달걀
콜린
레몬
비타민 C
연어
오메가-3 지방산

아보카도 연어 요구르트 샐러드

재료(2인분)

아보카도…1개
소금에 살짝 절인 연어…1도막
경수채…$\frac{1}{8}$단
양파…$\frac{1}{10}$개

A
- 플레인 요구르트…2큰술
- 마요네즈, 샐러드유…각 1큰술
- 소금…$\frac{1}{4}$작은술
- 후추, 설탕…약간씩

만드는 법

1. 아보카도는 껍질과 씨를 제거한 후 1cm 굵기로 썬다.
2. 연어는 한입 크기로 포를 뜨고 익힌 후 소쿠리에 담아 물기를 뺀다.
3. 경수채는 4cm 길이로 자르고 양파는 잘게 다진다.
4. 접시에 경수채를 깔고 아보카도와 연어를 담는다. 그 위에 다진 양파를 얹은 후 잘 버무린 A를 뿌린다.

버섯

버섯류

성인병 치료에 좋은 저칼로리 우수 식재료

표고버섯, 만가닥버섯, 잎새버섯 등 연중 내내 출하되는 버섯류에서 특히 주목할 영양소는 다당류이자 불용성 식이섬유 중 하나인 '베타글루칸'이다. 베타글루칸은 버섯 특유의 영양소로 바이러스 등으로부터 우리 몸을 보호하고 면역력을 높여주며, 항암 작용 성분으로 주목받고 있다.

또한, 버섯에는 칼슘 흡수율을 높여 뼈 강화와 발육 등을 돕는 비타민 D도 들어 있다.

버섯은 식이섬유가 많고 칼로리도 낮은 식재료여서 다이어트와 전반적인 성인병 예방에 유효한 건강식품이라고 할 수 있다. 특히 표고버섯은 몇 시간만 햇볕에 내놓아도 비타민 D의 양이 기하급수적으로 늘어난다.

버섯은 감칠맛을 내는 성분인 구아닐산을 대량으로 함유한 만큼 다시마 등 글루탐산이 많은 맛국물과 함께 요리하면 상승 효과가 일어나 감칠맛이 한층 깊어진다.

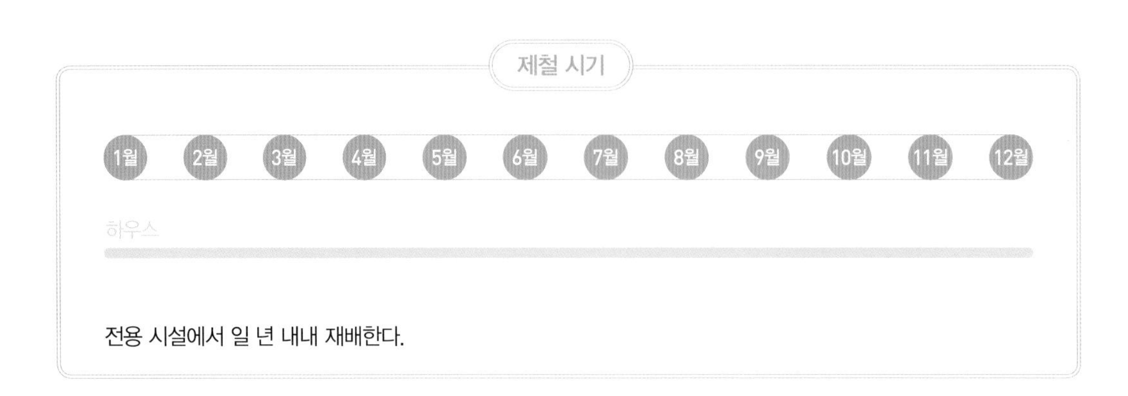

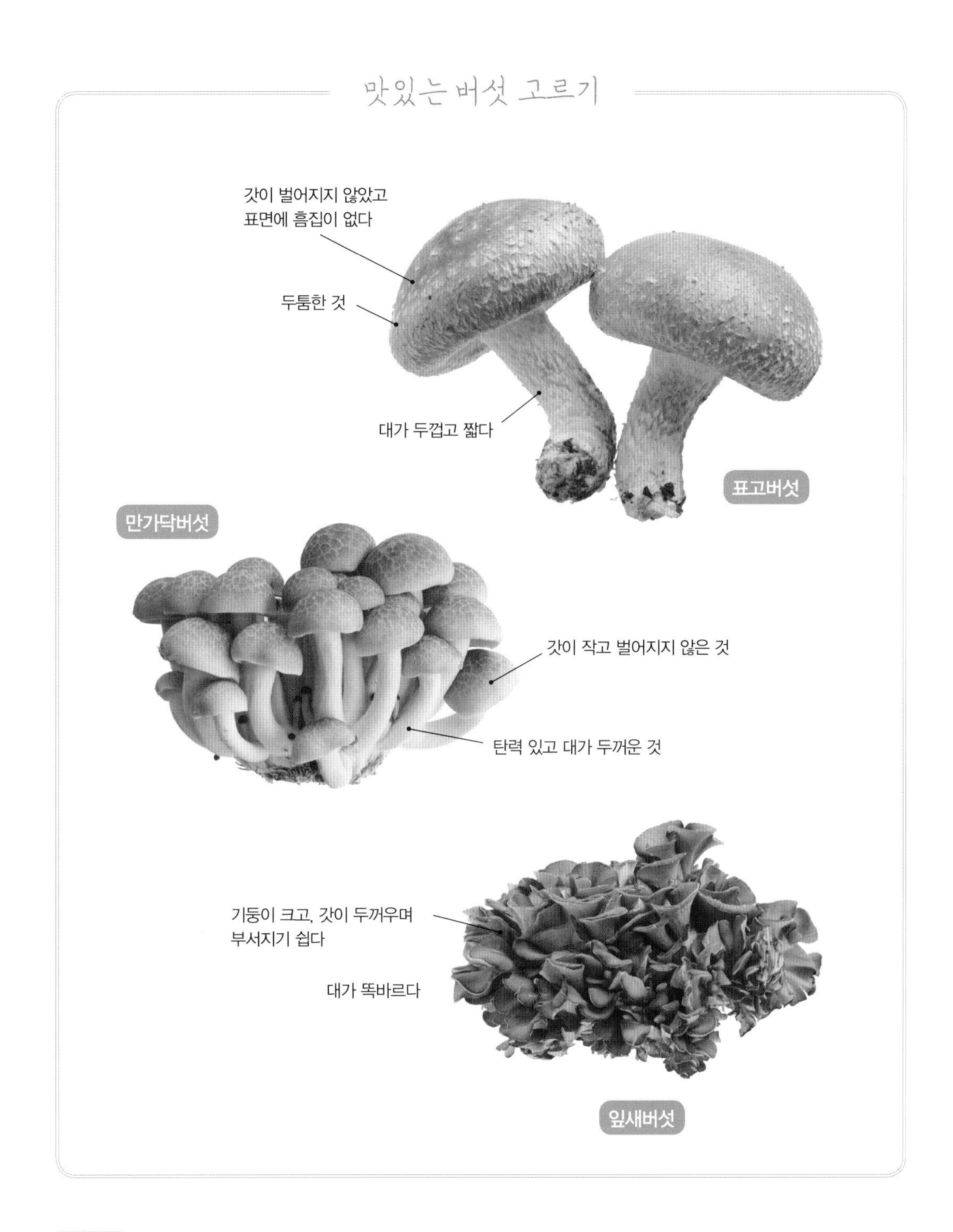

요리

냉동 보관으로 한층 깊어지는 풍미

버섯을 냉동하면 세포가 파괴되면서 감칠맛이 늘어난다. 표고버섯은 한입 크기로, 잎새버섯과 만가닥버섯은 가닥가닥 잘게 분리해 냉동시켰다가 요리에 쓸 때 그대로 꺼내서 익히면 된다.

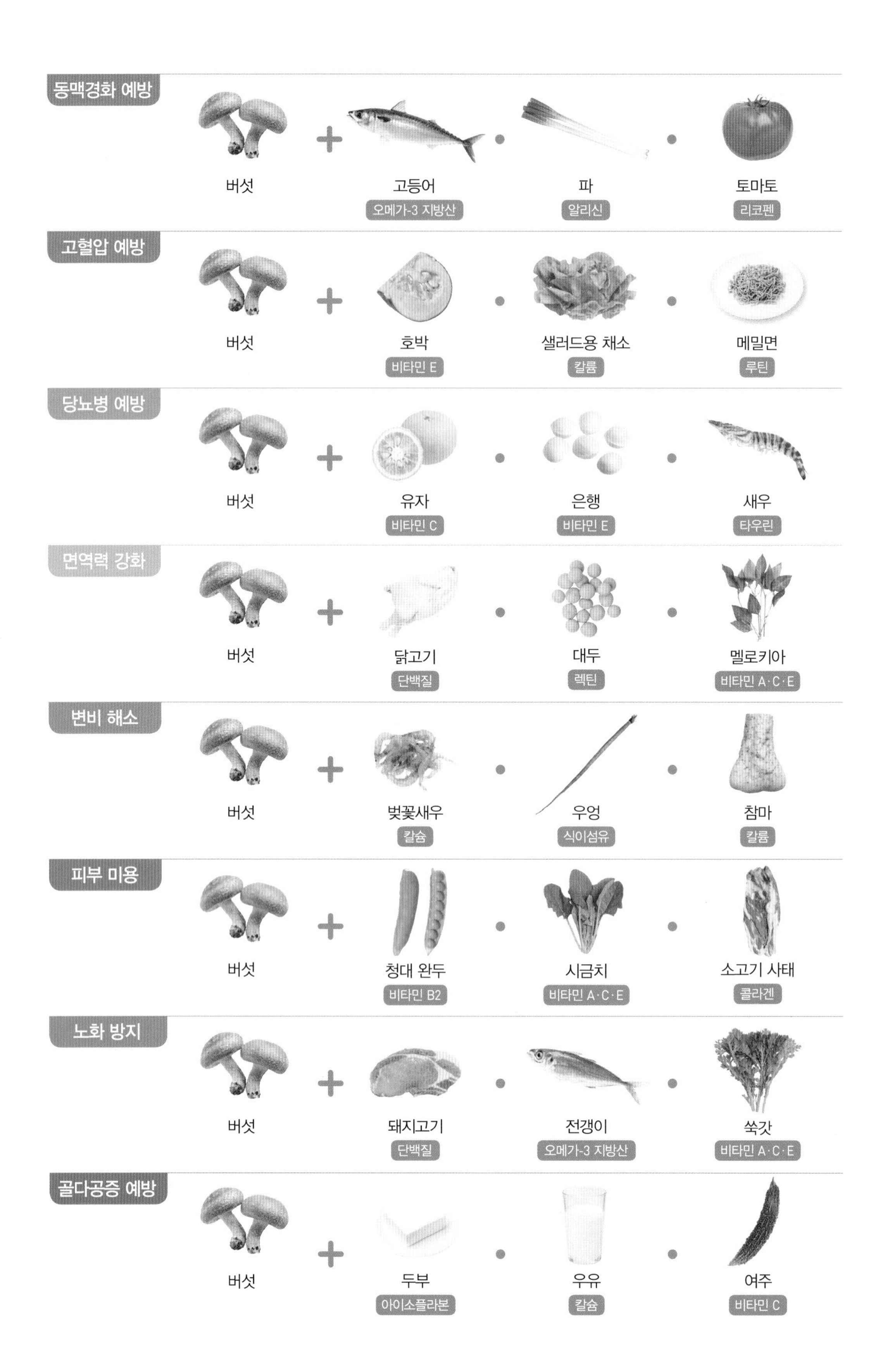
동맥경화 예방
버섯
고등어
오메가-3 지방산
파
알리신
토마토
리코펜
고혈압 예방
버섯
호박
비타민 E
샐러드용 채소
칼륨
메밀면
루틴
당뇨병 예방
버섯
유자
비타민 C
은행
비타민 E
새우
타우린
면역력 강화
버섯
닭고기
단백질
대두
렉틴
멜로키아
비타민 A·C·E
변비 해소
버섯
벚꽃새우
칼슘
우엉
식이섬유
참마
칼륨
피부 미용
버섯
청대 완두
비타민 B2
시금치
비타민 A·C·E
소고기 사태
콜라겐
노화 방지
버섯
돼지고기
단백질
전갱이
오메가-3 지방산
쑥갓
비타민 A·C·E
골다공증 예방
버섯
두부
아이소플라본
우유
칼슘
여주
비타민 C

매운 버섯 유부 볶음

버섯 유부

 +  = 변비 해소

칼슘

재료(2인분)

표고버섯…2개
만가닥버섯…$\frac{1}{2}$팩
잎새버섯…$\frac{1}{2}$팩
유부…$\frac{1}{2}$장
샐러드유…1큰술
A | 간장…1큰술
A | 청주…$\frac{1}{2}$큰술
A | 두반장…$\frac{1}{4}$작은술

만드는 법

1 표고버섯은 대를 뗀 다음 4등분하고, 만가닥버섯과 잎새버섯은 밑동을 잘라 가닥가닥 분리한다.
2 유부는 반으로 자른 다음 얄팍하게 썬다.
3 달군 프라이팬에 샐러드유를 두르고 1, 2를 볶다가 버섯이 나긋나긋해지면 A를 넣고 충분히 볶는다.

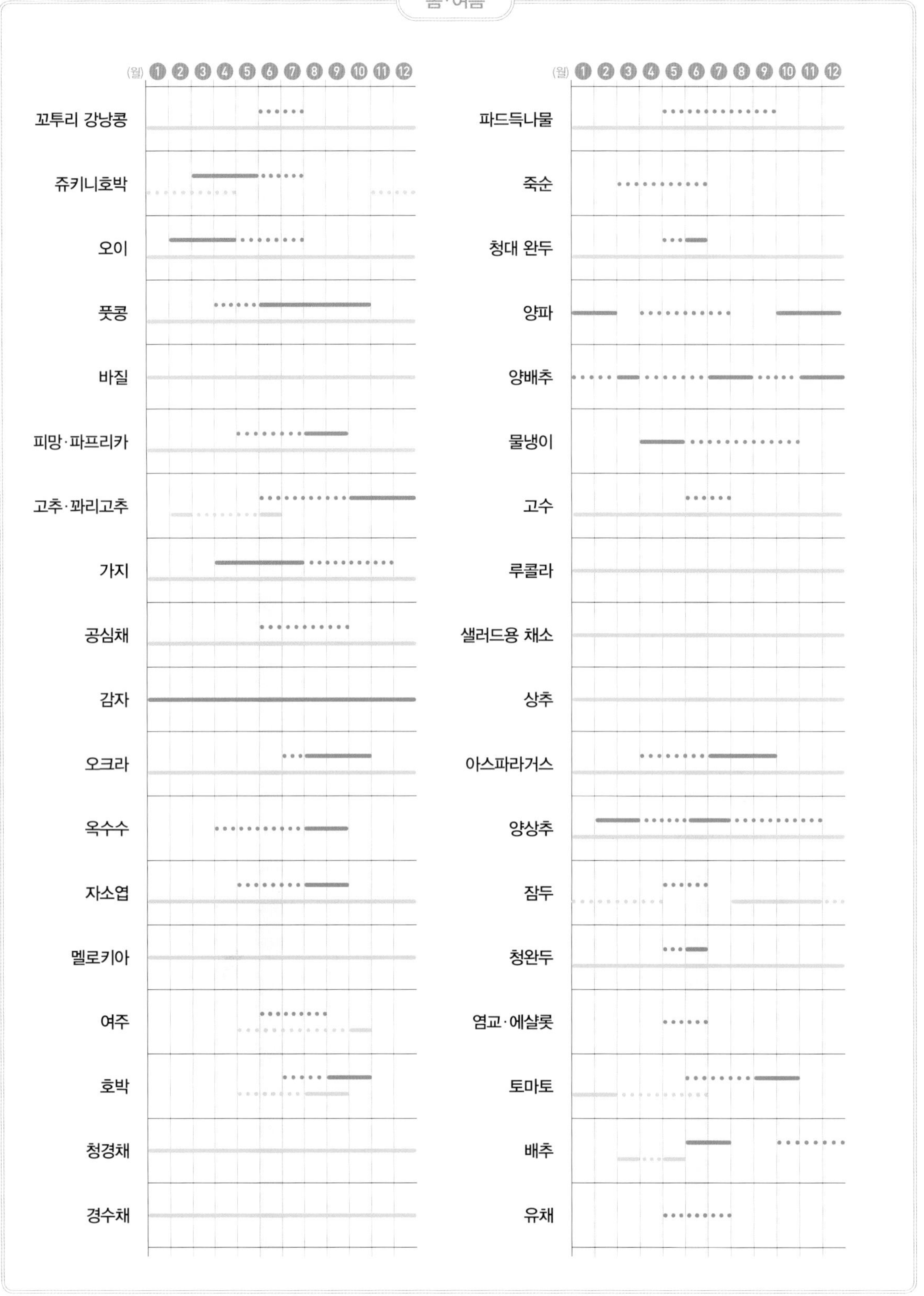
제철
유통기간
노지
하우스
수입
봄·여름
(월) 1 2 3 4 5 6 7 8 9 10 11 12
꼬투리 강낭콩
쥬키니호박
오이
풋콩
바질
피망·파프리카
고추·꽈리고추
가지
공심채
감자
오크라
옥수수
자소엽
멜로키아
여주
호박
청경채
경수채
파드득나물
죽순
청대 완두
양파
양배추
물냉이
고수
루콜라
샐러드용 채소
상추
아스파라거스
양상추
잠두
청완두
염교·에샬롯
토마토
배추
유채

가을·겨울

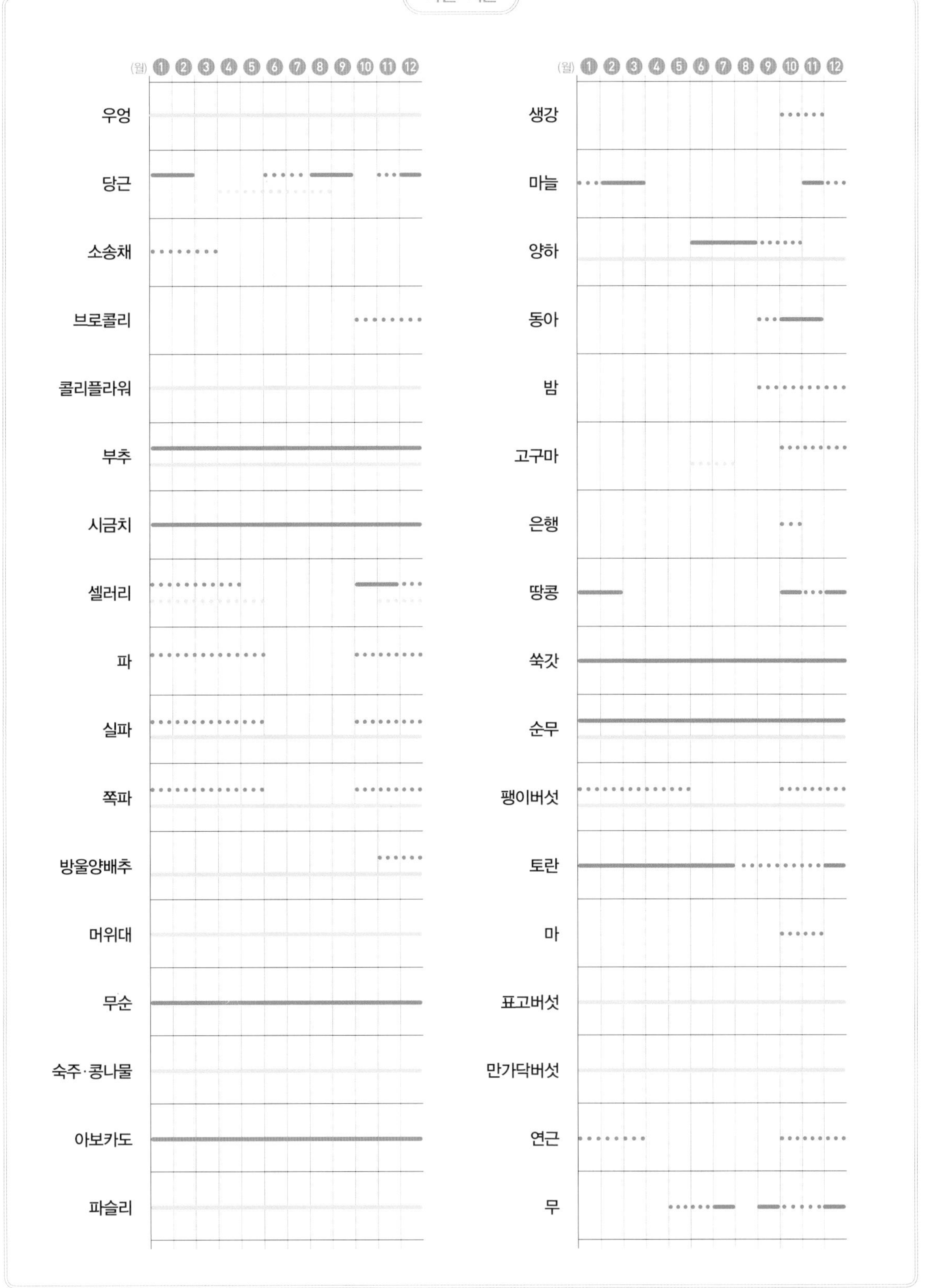
(월) 1 2 3 4 5 6 7 8 9 10 11 12
우엉
당근
소송채
브로콜리
콜리플라워
부추
시금치
셀러리
파
실파
쪽파
방울양배추
머위대
무순
숙주·콩나물
아보카도
파슬리
(월) 1 2 3 4 5 6 7 8 9 10 11 12
생강
마늘
양하
동아
밤
고구마
은행
땅콩
쑥갓
순무
팽이버섯
토란
마
표고버섯
만가닥버섯
연근
무

책에 등장하는 영양소와 영양 성분을 소개한다.

3대 영양소

단백질 근육과 뼈, 혈액 등 몸의 주요 부위를 형성하며, 약 20종류의 아미노산이 결합한 구조를 띠는 영양소다. 대부분의 아미노산은 체내에서 만들어지지만, 음식으로도 꾸준히 보충해야 한다. 질 좋은 단백질은 육류, 어패류, 달걀, 대두, 유제품 등에 많이 함유되어 있다.

지방 주요 에너지원. 세포막을 형성하는 재료이자 체온 유지에 도움이 되는 지방에는 콜레스테롤을 늘려 혈액의 점도를 높이는 포화지방산과 콜레스테롤을 줄여 혈액을 맑게 하는 불포화지방산이 있다. 둘 다 너무 많이 섭취하면 비만으로 직결되니 적당히 섭취해야 한다.

탄수화물 두뇌와 신체 활동에 중요한 역할을 하는 에너지원. 탄수화물이 부족하면 기초대사량이 낮아져 쉽게 지치고 피부 트러블이 일어난다. 또 지나치게 많이 섭취하면 체내에 지방으로 축적되어 비만의 원인이 되고 성인병으로 이어지는 만큼 균형을 유지하도록 주의해야 한다.

비타민

비타민 B1 탄수화물을 에너지로 변환시켜주는 영양소. 젖산을 분해해서 피로 해소에 효과적일 뿐만 아니라 정서 불안도 예방할 수 있다. 돼지고기, 현미, 소 간, 대두에 많다.

비타민 B2 3대 영양소의 물질대사 효소 작용을 돕는 성분. 성장을 촉진하고 피부와 고막을 보호한다. 소 간, 장어, 정어리, 낫토, 우유 등에 많다.

비타민 B6 3대 영양소의 물질대사 보조 효소. 비타민 B6가 결핍되면 피부염이나 구강염 등을 일으킨다. 녹황색 채소, 어패류, 견과류에 많이 포함되어 있다.

비타민 B12 엽산과 함께 적혈구의 헤모글로빈 합성을 돕는다. 비타민 B12가 결핍되면 빈혈, 권태감 등의 증상이 일어난다. 채소에는 없고 동물성 식품에 함유되어 있다.

니아신 3대 영양소의 물질대사를 돕고, 알코올 분해와 혈액순환을 촉진하는 영양소. 부족하면 식욕 부진, 불안감 등이 증상이 일어난다.

엽산 비타민 B12와 함께 적혈구 형성을 돕고, 태아의 정상적인 발육에 관여한다. 엽산이 부족하면 빈혈과 신경 장애를 초래한다.

판토텐산 3대 영양소를 에너지로 바꾸는 데 꼭 필요한 비타민으로 스트레스에 대한 저항력과 면역력 강화, 몸에 좋은 콜레스테롤 합성을 돕는 작용을 한다.

비타민 A 피부와 눈, 코의 점막을 강화하고 면역 세포의 활동을 활성화시키며, 암과 전염병 예방에 좋은 비타민이다. 소 간, 장어, 버터, 녹황색 채소에 많이 함유되어 있다.

비타민 C 면역력 강화, 항산화 작용, 콜라겐 생성, 항스트레스, 철 흡수 촉진 등 다양한 작용을 하는 영양소다. 감기와 암, 기미 및 주근깨 예방에 효과적이다.

비타민 D 칼슘 흡수를 돕고 이와 뼈를 튼튼하게 유지하게 하는 영양소로 골다공증 예방에 도움이 된다. 영양제 등으로 과다하게 섭취하면 신장 기능 장애가 일어날 수 있다.

비타민 E 강한 항산화 작용을 하는 '노화 억제' 비타민. 동맥경화, 성인병 예방은 물론이고 혈액순환도 원활하게 해서 냉증과 어깨 결림을 개선해준다.

비타민 K 칼슘이 뼈에 저장되는 것을 돕고 출혈이 일어났을 때 피를 응고해주는 영양소다. 낫토와 쑥갓 등에 많다.

무기질

칼슘 인체에 가장 많이 포함된 무기질. 체내 모든 칼슘의 99%는 뼈와 치아의 경조직 성분으로 존재하고, 나머지는 혈액 등 신경과 근육 조절 등의 역할을 한다.

칼륨 나트륨과 함께 체내의 수분 균형을 조정해서 세포 활동을 도와주는 영양소다. 근육의 수축을 원활하게 해주고 혈압을 내리며, 부종을 해소하는 효과도 있다. 채소, 과일, 해조류에 많이 포함되어 있다.

나트륨 소화액의 분비를 촉진하며, 칼륨 등과 함께 체내 수분량을 일정하게 유지하는 역할을 한다. 보통 소금으로 섭취할 수 있으므로 결핍보다는 과다 섭취로 인한 고혈압과 동맥경화를 주의해야 하는 영양소다.

철 적혈구의 구성성분으로 빈혈 예방에 좋고, 면역력 강화는 물론 체내 구석구석까지 산소를 운반하는 역할도 담당하는 영양소. 흡수율이 낮으므로 올바른 음식 섭취를 통해 흡수율을 높여야 한다.

인 뼈와 치아, 세포막의 재료가 되며, 에너지와 지방 대사에 중요한 역할을 한다. 가공식품에 많이 포함되어 있고, 과다하게 섭취하면 칼슘을 배출해버리므로 주의가 필요하다.

마그네슘 칼슘을 뼈와 이에 정착시키는 데 필요한 영양소. 근육 수축 운동을 돕고 체온과 혈압을 조절하며, 신경 흥분을 억제한다. 종실류와 잎채소에 많이 들어 있다.

망간 뼈와 단백질 형성에 필요한 성분이며 당질과 지방 대사를 촉진하는 효소 성분이다. 여러 가지 식품에 함유되어 있어 평소 식사로도 충분히 섭취할 수 있다.

구리 철분의 사용 효율을 높여서 헤모글로빈의 합성을 돕고 뼈와 혈관을 튼튼하게 하며, 면역 기능과 항산화 기능에 관여하는 영양소다. 부족하면 빈혈이 일어나고 뼈에도 이상이 생긴다.

아연 단백질과 세포, 호르몬 합성에 관련된 영양소. 생식 기능과 미각의 정상적인 유지에 빼놓을 수 없다. 아연이 부족하면 미각 장애와 성장 장애, 피부 트러블, 탈모 등을 초래할 위험이 있다.

피토케미컬

과일과 채소에 포함된 화학 성분의 총칭. 영양소는 아니지만, 강한 항산화 작용을 통해 성인병과 암, 노화 등의 원인이 되는 활성산소를 물리치고 면역력을 높이는 특징이 있다.

폴리페놀류 과일 껍질과 잎에 함유된 색소와 쓴맛, 떫은 맛을 내는 성분이며 강한 항산화 작용을 한다. 대표적으로 안토시아닌, 카테킨, 아이소플라본 등을 들 수 있다.

카로티노이드 녹황색 채소에 많이 함유된 빨강, 노랑, 주황 등의 색소 화합물을 총칭한다. 강력한 항산화 작용이 있어서 활성산소를 제거하고 동맥경화와 당뇨병, 암 예방에 도움이 된다.

황 화합물 양파와 마늘, 무 등에 함유된 향 성분으로 함황 화합물이라고도 부른다. 강력한 항산화 작용을 해서 혈전을 방지하고 혈행을 원활하게 하는 작용도 한다.

식이섬유

사람의 분해 효소로는 소화되지 않는 식품 속 난소화성 성분의 총칭이다. 물에 녹지 않는 불용성 식이섬유와 물에 녹는 수용성 식이섬유로 나눌 수 있다. 둘 다 균형 있게 섭취해야 하며, 성인의 하루 목표 섭취량은 17~19g 이상이다.

불용성 식이섬유 장 속 수분을 흡수해서 팽창하는 불용성 식이섬유는 변의 양을 늘리고 연동 운동을 촉진하여 변비 해소에 효과를 발휘하는 한편 뾰루지, 대장암 예방에도 도움이 된다. 채소, 조개류, 콩류에 많다.

수용성 식이섬유 장 속에 있는 수분을 끌어들여 점성 물질로 바뀌는 수용성 식이섬유는 당분과 콜레스테롤, 지방 흡수를 억제하고 당뇨병과 동맥경화 예방, 고지혈증에 도움이 된다. 잘 익은 과일, 해조류에 많이 포함되어 있다.

기타

시트르산 유기산의 하나로 레몬즙, 오렌지즙에 함유된 신맛을 내는 성분이다. 피로 물질인 젖산을 억제, 분해하고 피로 해소와 혈행 개선에 도움이 된다.

유산균 요구르트와 절임 등 발효 식품에 많이 포함된 세균의 총칭. 장 환경을 개선해주기 때문에 변비 개선과 면역력 강화를 기대할 수 있다.

아밀레이스 무, 순무, 참마 등에 들어 있는 녹말 분해 효소. 소화를 도와 위를 튼튼히 유지해주기 때문에 위염, 위궤양 예방에 효과적이다.

참고 자료

참고 문헌

《제철 채소 영양사전》, 엑스날리지

《우리 몸에 좋은 음식사전》, 이케다쇼텐

《채소의 모든 것》, 독립행정법인 농축산업진흥기구

《식품학 I, II》, 난코도출판사

《편리한 채소 수첩》, 다카하시쇼텐

《최신판 우리 몸에 좋은 영양 성분 바이블》, 주부와생활사

《음식 의학관》, 쇼가쿠칸

《새로운 영양학》, 다카하시쇼텐

《영양 성분 사전》, 신세이출판사

《새로운 식품성분표 일본식품표준성분표 2010년 준거》, 문부과학성 과학기술·학술심의회 자원조사분과회 보고

《우리 몸에 좋은 채소 수첩》, 다카하시쇼텐

《우리 몸에 더 좋은 채소 수첩》, 다카하시쇼텐

참고 웹사이트

일본 독립행정법인 국립건강·영양 연구소
http://www.nih.go.jp/eiken/

일본 독립행정법인 농축산업 진흥기구
http://www.alic.go.jp/

일본 농림수산성
http://www.maff.go.jp

농촌진흥청 '농사로'
http://www.nongsaro.go.kr